315_例搞定

315例搞定

电动机控制系统

故障诊断

胡学明 等编著

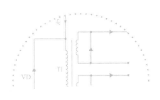

 化学工业出版社

·北京·

电动机的控制系统错综复杂，故障现象千差万别。本书针对其中的一些疑难故障，以 315 个具体的故障实例，介绍故障的诊断和处理过程。这些实例都是来自电动机使用和维修的第一线，具有较强的针对性和实用性。

本书所涉及的电动机，既有传统的电动机，也有许多新型电动机。所选择的故障实例，都是以电动机的控制系统为主线，从各种疑难故障的现象着手，循序渐进地进行逻辑分析，由浅入深，去伪存真，一步一步地排除非故障因素，最终查找出真正的故障原因，并进行针对性的处理和经验总结。全书的重点是叙述故障排查的过程，为电动机控制系统故障的诊断和处理提供一些有益的经验。

本书故障分析透彻，语言通俗易懂，适合从事电气设备维修工作的维修工人、技术人员阅读使用，同时也可用作职业院校、培训学校等相关专业的教材及参考书。

图书在版编目（CIP）数据

315 例搞定电动机控制系统故障诊断/胡学明等编著.
北京：化学工业出版社，2017.4
ISBN 978-7-122-29120-2

Ⅰ.①电…　Ⅱ.①胡…　Ⅲ.①电动机-控制电路-故
障诊断　Ⅳ.①TM320.12

中国版本图书馆 CIP 数据核字（2017）第 033942 号

责任编辑：耍利娜　　　　　　　　　　　　　　　装帧设计：刘丽华
责任校对：宋　玮

出版发行：化学工业出版社（北京市东城区青年湖南街 13 号　邮政编码 100011）
印　　刷：北京市永鑫印刷有限责任公司
装　　订：三河市宇新装订厂
787mm×1092mm　1/16　印张 15　字数 386 千字　2017 年 5 月北京第 1 版第 1 次印刷

购书咨询：010-64518888（传真：010-64519686）　　售后服务：010-64518899
网　　址：http://www.cip.com.cn
凡购买本书，如有缺损质量问题，本社销售中心负责调换。

定　　价：58.00 元

电动机是将电能转化为机械能的电力拖动装置，在国民经济、工农业生产、日常生活的各个领域中，它的重要性是不言而喻的。电动机的控制系统千差万别。在使用和运行过程中，电动机及其控制系统不可避免地会出现各种各样的故障，要求电气维修人员具有过硬的技术、丰富的经验，能及时排除故障，减少设备停机所造成的损失。但是，故障现象千奇百怪，某些故障错综复杂，而一些维修人员能力和经验不足，不能及时排除故障，导致设备长时间不能投入使用。

目前书市上阐述电动机控制原理、控制电路的书籍比比皆是，而众多的电气维修人员处于生产第一线，他们所需要的介绍故障诊断实例的图书非常稀有。本书主要作者胡学明是电气自动化专业高级工程师，具有比较扎实的电气理论知识。在30多年的摸爬滚打中，诊断和处理了大量的电动机控制系统故障，在实践中积累了丰富的经验。为了满足同行业读者的需求，作者对自己和多位电气工程师、电气技师的技术经验进行整理和总结，编写了这本书。因此，它特别适合生产第一线的电气维修人员参阅和借鉴。

随着新技术、新装备的推广，一些新型电动机（如伺服电动机、步进电动机、变频电动机、测速发电机等）的应用日趋广泛，它们的控制系统更为复杂。在使用过程中，这些电动机及控制系统也不可避免地出现各种故障。这类故障的诊断和处理，与传统电动机控制系统有较大的区别。在本书中，用一定的篇幅介绍这类故障的诊断和处理方法。

本书介绍了315个典型的疑难故障维修实例。从内容的安排上，以电动机控制系统为主线，突出了实用性。针对各种疑难故障，重点阐述故障的分析、诊断过程和处理方法，使读者从中得到一些有益的启迪，提高故障诊断和处理的能力，在排查故障的过程中，克服盲目性和片面性，达到又快又好的效果。

本书主要由胡学明编著，参与本书编写的电气工程师、电气技师还有虞又新、段明明、王乐、吴佳伟、杨德春、胡长青、邹小蔚、程蒙、王军、张旺年、虞炀、黄香伟、贺爱军、姚秋林、江洋、卢康林、陈友贵、龙建军、王茹等。

由于作者的技术水平有限，书中难免有不妥之处，恳请读者批评指正。

编著者

目录

第1章 低压异步电动机控制系统疑难故障诊断 <<<

第2章　高压电动机控制系统疑难故障诊断　◀◀◀

第3章 直流电动机控制系统疑难故障诊断 ◂◂◂

第4章 变频电动机控制系统疑难故障诊断 ◂◂◂

第8章 测速发电机控制系统疑难故障诊断 <<<

第9章 其他电动机控制系统疑难故障诊断 <<<

参考文献 <<<

低压异步电动机控制系统疑难故障诊断

例 001　C616 型车床不能启动

故障设备：低压三相交流异步电动机，用于驱动 C616 型车床中的主轴。

控制系统：继电器-接触器控制电路。

故障现象：在车削工件的过程中，车床的主轴电动机突然不能启动。

诊断分析：

1）检查电源电压，进线处的三相 380V 交流电压在正常状态。但是在交流接触器主回路进线侧测量，有一相没有电源。

2）向前级检查，有一相的熔丝烧断。

3）检查主轴的交流接触器，主触头严重烧蚀。分析认为，主触头烧蚀后导致接触不良，电动机缺相运行，负载电流加大，又导致熔丝烧断。

4）更换熔丝和接触器后，能正常使用一段时间，但是不到一个月，故障又再次出现。

5）观察车工的操作，发现其为了提高工效，进行违章操作。当车床在高速旋转时，频繁地"打反车"进行制动。这种反接制动，要求电动机在瞬间产生反向力矩，使主轴迅速停止转动。这势必在接触器的动、静触头上产生大电流和大电弧，使触头严重烧蚀，甚至烧毁主电动机。

故障处理：加强设备管理，要求员工严格执行操作规程，安全地进行操作。

经验总结：进行反接制动时，在电源相序反接的瞬间，转子中的感应电动势比启动时还要高。如果是鼠笼式异步电动机，其定子制动电流要超过启动电流若干倍，而且在整个减速和制动过程中，这一大电流几乎保持不变，接触器触头上的电弧是十分可观的。在强烈电弧产生的高温作用下，触头很容易烧损，甚至动、静触头粘连。

例 002　矿井抽风机不能启动

故障设备：JS 128-8 型低压三相交流异步电动机，155kW，用于拖动某矿井的主抽风机。

控制系统：自耦降压启动柜，其控制电路见图 1-1。

故障现象：操作工关闭风门后，按下启动按钮 SB2，风机立即运转起来。可是约 20s

后，自动开关 QF 突然跳闸。再次启动后，结果也是一样。

诊断分析：

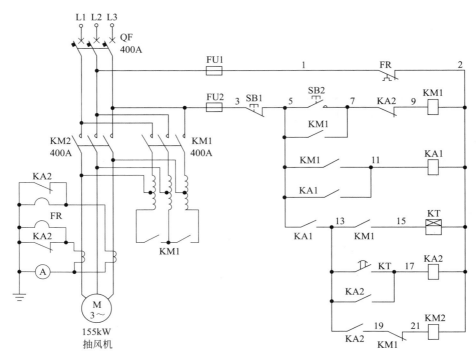

图 1-1　抽风机自耦降压启动电路

1）抽风机是事关矿工安全的关键设备，必须马上排除故障！维修电工迅速赶到现场，反复进行检查，电路接线和元器件均无异常情况。

2）再次试车。启动约 20s 后，配电柜内"啪啪"一响，启动接触器 KM1 释放，运转接触器 KM2 吸合，可是就在这时，风机再次跳闸。跳闸之时，操作工观察到电流表指针处于最大位置。

3）分析认为，具有降压启动功能的启动装置，当电流表指针从最大电流下降到正常电流时，才能进行接触器的切换，即由降压启动转为全压运行。而这台装置在电流尚处在最大位置时，接触器就进行切换，说明启动时间太短，启动过程尚未结束。

4）在图 1-1 中，接触器的转换是由时间继电器 KT（JS 7-A 型）控制的，这很可能是KT 定时器变值，使启动时间缩短，接触器提前切换。

故障处理：试换一只新的时间继电器，参照原来的启动时间 30s 进行整定。再次试车，风机顺利地启动了。

经验总结：这种型号的时间继电器，常用于降压启动系统中。它采用了"锥阀型阻尼延时机构"，在长期振动和尘埃的影响下，整定值容易发生改变，难以保证其延时精度。

例 003　引风机旋转 10s 便跳闸

故障设备：HM 2-315L1-4 型，160kW 电动机，用于拖动引风机。

控制系统：Y 9-38. NO. 11. 2D 型引风机控制柜（配置 CGR 系列 1000 型软启动器）。

故障现象：引风机的配电回路如图 1-2 所示。引风机启动后，旋转约 10s 便跳闸，软启动器显示故障代码 E102。其含义是"电流超限故障"。

诊断分析：

1）脱开电动机与引风机之间的联轴器，进行空载启动，十几秒钟后，电动机启动成功，这说明控制电路、动力线路和电动机基本正常，初步判断故障原因是机械负荷过重。

2）检查引风机的进风电动阀，已经全部关闭，风叶无明显变形，也未吸附大量灰尘。用手盘风机，没有太大的阻力。这说明故障也可能在电气方面。最有可能是软启动器存在问题。

3）软启动器在轻负载时可以启动，但是这不能说明它完全正常，它带动轻负载和重负载的结果是不同的。带动重负载时，有可能因为电流过大而出现软击穿。

4）对软启动器的参数进行调整，将限流值200%调至最大（500%），启动限制时间由 60s 调至最长（120s），再次试机，故障现象不变，偶尔还显示故障代码 E103，提示软启动器过热，这说明确实存在过流故障。

5）拆除软启动器，改用 180kW 的自耦降压启动柜启动引风机，风机旋转起来。但启动电流约为 1000A。测量电动机接线盒处的线电压，未启动时为 400V，刚启动下降到 250V，启动成功后，电压才接近 340V，远远低于正常值 380V。

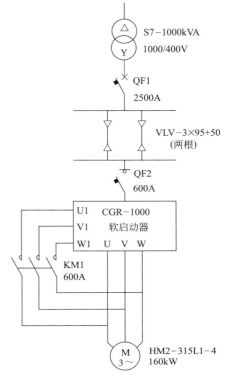

图 1-2　引风机的配电回路

6）检查供电线路，引风机与低压配电室之间的距离长达 500m，供电电缆为两根 VLV-3×95+1×50 型铝芯电缆并联。设启动电流约为 1000A，功率因数为 0.8，查阅《工厂配电设计手册》（水利电力出版社）第 326 页中的"电压损失表"，可知此时电压损失率约为39%，即 156V。此时，软启动器的电源电压下降到 244V（400−156），与实测的数值非常接近。由于软启动器的控制电压大大降低，所以不能维持正常工作。而自耦降压启动柜采用热继电器作过流保护，保护不够灵敏，故可以启动。

故障处理：改用铜芯电缆供电，用两根 VV-3×120+1×70 型铜芯电缆并联，此后线路压降减小，用软启动器可以将风机正常启动。

经验总结：在低压大电流系统中，需要考虑到线路压降对电路的影响，供电线路要尽可能缩短。

例 004　液压电动机不能启动

故障设备：低压三相交流异步电动机，用于拖动数控动平衡自动去重机床中的液压油泵。

控制系统：PLC 可编程序自动控制。

故障现象：机床停用两个多月后，液压电动机不能启动。

诊断分析：

1）测量电源电压，在正常范围；CNC 的 24V 直流电源也正常。

2）检查机床的强电控制回路，在完好状态。

3）将控制液压电动机接触器的中间继电器触点短接后，液压电动机可以启动了。由此判断故障出在 PLC 的 IN/OUT 模块上，这个模块的型号是 I/O Module PP72/48。

4）液压电动机控制信号来自输出模块上的输出点 Q3.4。按照常规方法，需要更换输出模块，但是观察发现这个模块上还有一个空闲的输出点 Q1.7。因此可以不更换模块，而是采取软修复的方法。用 Q1.7 来置换 Q3.4，但是必须修改相关的程序。

故障处理：

1）起用 PLC 的编程软件，选择 802D（PPI），并且设定正确的通信参数。

2）将 802 系统内部的 PLC 项目文件上载到计算机，把程序指令中的 Q3.4 置换为 Q1.7，再将 PLC 项目文件下载至 CNC 系统。

3）关断电源后重新启动，液压电动机工作正常。

经验总结： 在诊断 PLC 电路的故障时，如果没有梯形图程序，会有较大的难度。但是，PLC 控制系统中所出现的故障，其原因大部分在外围电路中，并反应在输入和输出端的指示灯上。所以通过对 PLC 上各个输入、输出点信号灯的观察，就可以发现一些异常现象，进而排除很大一部分故障。

例 005 注塞泵电动机不能启动

故障设备： 200kW 低压三相交流异步电动机，用于驱动某油田的一台注塞泵。

控制系统： BCK 型磁控式软启动器启动，其操作简单，启动平滑。可以对电动机进行启动、监控和保护。

故障现象： 在试运行期间，电动机经常出现不能启动的现象，但是没有出现故障报警。

诊断分析：

1）图 1-3 是软启动器的主回路和有关部分的控制电路，它与一般的降压启动电路大同小异。按下启动按钮 SB2，KM1 吸合，软启动器接入电动机主回路，电动机降压启动。同时时间继电器 KT 通电延时。约 10s 之后，启动电流下降到一定的数值，KT 延时接通的常开触点闭合，中间继电器 KA 吸合。KA 的常闭触点断开，使 KM1 释放，软启动器退出运行。KA 的常开触点闭合，使 KM2 吸合，电动机转入全压运转。

2）检查注塞泵，在完好状态。

3）对照图纸检查主回路和控制回路，元器件和接线都没有差错。

4）分析控制电路，发现存在触点竞争现象：在启动瞬间，KM1、KT 的线圈同时得电，此时 KM1 尚未吸合，不能进行自保。而 KT 得电后，其瞬时动作的常闭触点断开，导致 KM1 线圈的电流回路被切断，KM1 无法吸合。

故障处理： 在电路中，KT 瞬时动作的常闭触点作用不大，可以弃之不用，现在按图 1-3 中的虚线所示，将这对常闭触点短接。再次投入运行后，没有出现类似的故障。

例 006 同步电动机不能启动（1）

故障设备： TDK-118/44-12 型同步电动机。

控制系统： 同步电动机控制装置。

故障现象： 接通电源后，同步电动机启动，但启动转矩很小，不能加速旋转，几秒钟之

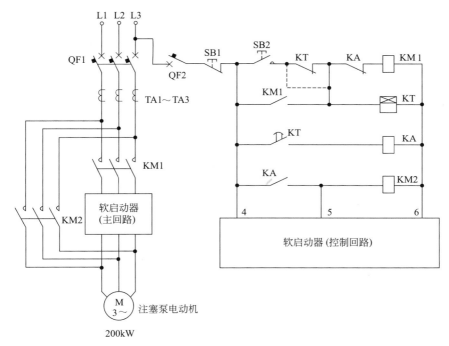

图 1-3　软启动器的主回路和有关部分的控制回路

后，定子主回路的交流接触器跳闸断电。

诊断分析：

1）对定子回路中的元件、线路进行检查，都在完好状态。

2）如果转子主回路有故障，也会影响到同步电动机的启动。转子主回路由线圈和阻尼笼两部分组成。线圈通过电刷与灭磁电阻、二极管、晶闸管相连。对这部分电路进行细致的检查，没有发现异常之处。

3）经了解，在电动机故障跳闸时，光字牌上显示出励磁故障。查看励磁机电路板，板上的过流故障灯也亮了。看来有必要对励磁控制电路进行检查。

4）这部分电路见图 1-4。其工作原理是：同步电动机在启动初期，转子的速度低于定子旋转磁场的转速，励磁绕组感应出较强的交变电压信号，这个信号经 R1 和 R2 降压、VT1 稳压后，加到三极管 VT2 的基极与发射极，使其饱和导通。此时电容器 C1 被 VT2 短路，因而不能充电，脉冲变压器 MB 的初级和次级都没有电源，晶闸管 VT7 截止，接触器 KM 不能吸合，不能投入励磁电源。在启动快要结束时，转子的速度接近于定子旋转磁场的转速，励磁绕组所感应的交变电压信号大大减小。此时 VT2 接近于截止状态，C1 可以充电了。当 C1 所充的电压值达到 VT3 的分压比电压时，便通过 VT3 向脉冲变压器 MB 放电，晶闸管 VT7 被触发导通，KM 吸合，投入励磁电源。

5）对图 1-4 中的元件进行检查，发现电阻 R6 虚焊开路，因此在启动初期，VT2 无法导通，C1 可以充电，VT7 被触发导通，KM 吸合，提前投入了励磁电源。导致电动机过早地被投励，无法正常启动运转，造成了这起故障。

故障处理：重新焊接好 R6 后，故障不再出现。

经验总结：同步电动机在启动过程中，不能过早地向励磁绕组投励，否则不能正常启动。

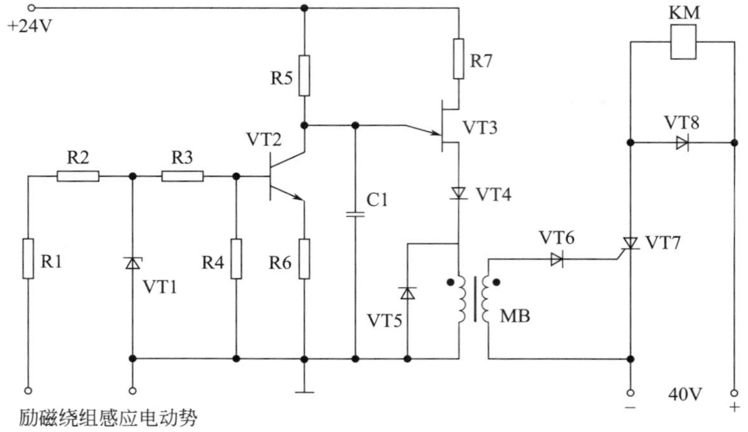

图 1-4　励磁控制电路

例 007　同步电动机不能启动（2）

故障设备：320kW 低压同步电动机，用于拖动某甲醇车间的一台压缩机。

控制系统：同步电动机控制电路。

故障现象：在启动过程中，电动机转动一下就停止下来，而且不能再次启动。

诊断分析：

1）这台同步电动机的主回路如图 1-5 所示。进行直观检查，没有发现异常现象。

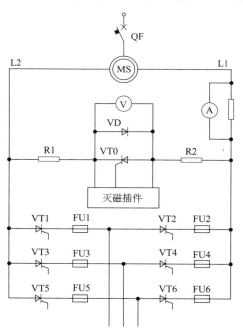

图 1-5　同步电动机的主回路

2）如果灭磁电阻 R1 或 R2 烧断，或者连接线断开，都会导致灭磁部分不能投入工作，转子感应交变电压的正、负半波均出现很高的数值，造成主电路晶闸管击穿，电动机不能启动。经检查，不存在这种问题。

3）如果灭磁晶闸管 VT0 和硅整流管 VD 不导通，或 VT0、VD 的连接导线开路，都会导致启动时转子感应出很高的交变电压。当 L1 点为正、L2 点为负时，可能将主回路的晶闸管反向击穿。经检查，VT0、VD 和它们的连接导线都在完好状态。

4）在启动过程中，转子感应电压可以达到 10 倍左右的额定励磁电压，如果主电路晶闸管耐压不合格，很容易造成晶闸管击穿，电动机启动失败，经检查，晶闸管 VT1 和 VT2 果然击穿，阳极与阴极之间完全短路，并引起熔断器 FU1 烧断。

故障处理：更换晶闸管 VT1 和 VT2、熔断器 FU1，并将晶闸管的耐压提高一个等级。

经验总结：在同步电动机的主回路中，灭磁电阻、灭磁晶闸管、硅整流管、主回路晶闸管、熔断器等元器件容易损坏，并导致电动机启动失败。

例 008　排涝水泵不能启动

故障设备：JSL12-8 型，155kW 低压三相交流异步电动机，用于驱动 28LZB-70 型立式轴流水泵。

控制系统：自耦降压启动电路。

故障现象：接通电源后，按下"启动"按钮，电动机可以启动。达到额定转速时，按下"运转"按钮，断路器马上跳闸，水泵停止运转。

诊断分析：

1）检查自耦降压启动柜，主回路和控制回路都在正常状态。

2）检查断路器，在完好状态，其额定电流符合设备的要求。

3）拆掉水泵联轴器的钢性螺栓，单独试验电动机，启动和运转完全正常，这说明故障在水泵部分。

4）用扳手扳动水泵轴，能轻松地旋转，没有异常的阻力。

5）将水泵解体检查，发现有一个叶片的紧固螺母断裂，叶片脱落下来。水泵启动后，在水流和压力的作用下，叶片被顶到管壁上然后被卡死。

6）在这种情况下，如果按下"运转"按钮，则自耦变压器脱开，电动机以全压运行，电流急剧上升，引起断路器跳闸。

故障处理：重新安装一个完好的叶片后，水泵恢复正常工作。

经验总结：当电动机的机械负载出现卡塞等故障时，不要频繁地启动电动机，以避免因为过电流而烧坏电动机。

例 009　降压启动箱不能启动

故障设备：55kW 的低压三相交流异步电动机，用于拖动碎石机。

控制系统：XJ01-75kW 自耦降压启动箱。

故障现象：这台降压启动箱在前一天运行正常，第二天早晨上班时出现故障。按下启动按钮进行启动时，启动箱冒出火花，电动机完全不能启动。

诊断分析：

1）检查启动按钮、停止按钮，都在完好状态。

2）检查主回路和控制回路的连接导线，没有短路、开路、接触不良的问题。

3）检查 3 只主接触器、中间继电器、时间继电器，没有发现任何故障。

4）对启动箱进行仔细地观察，发现有比较严重的潮湿气体。遂用 500V 兆欧表测量接线端子板的绝缘电阻，阻值为 0.3MΩ，看来绝缘电阻很低。

5）用一根导线，一端连接到 220V 相线上，另一端搭接在接线端子板的绝缘部位，再用试电笔测量接线板，结果发现试电笔在越靠近接线的地方显示越亮，而越远的地方显示也越暗。从而断定故障原因就是接线端子板绝缘电阻太低，导致启动箱不能正常工作。

故障处理：更换接线端子板后，故障得以排除。

例 010　正转和反转都不能启动

故障设备：55kW 的变频电动机，用于 3.4M 立式车床中的主轴。

控制系统：佳灵 JP6C-T9 型变频器（75kW）和 PLC 可编程序自动控制。

故障现象：主轴（旋转工作台）正转、反转都不能启动。

诊断分析：

1）在主轴启动之前，要先启动油泵，使油压检测继电器 16KA 吸合，16KA 的常开触点接通主轴的控制电源后，主轴才能启动。经检查，油泵已经启动，16KA 也可靠地吸合，故障不在此处。

2）主轴电动机受变频器控制，用点动方式操作主轴，正转、反转都可以运转，这说明变频器、主轴电动机和机械部分都没有问题。

3）调出与主轴启停控制有关的 PLC 梯形图，如图 1-6 所示。用手持编程器监视此梯形图的运行，发现其中的 14.5 的状态为"1"。14.5 是 PLC 内部执行"主轴停止"指令的辅助继电器，它为"1"说明 PLC 已经发出了"主轴停止"的指令，主轴电机当然不能启动了。

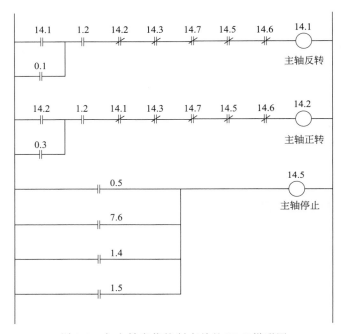

图 1-6　与主轴启停控制有关的 PLC 梯形图

4）查找 14.5 为"1"的原因。从梯形图可知，导致 14.5 的状态为"1"的条件有四个。

① 输入点 0.5：它是"主机停止"按钮的输入点；

② 输入点 7.6：它是"导轨超温"继电器的输入点；

③ 输入点 1.4：它是"齿轮啮合"检测开关 3XK 的输入点；

④ 输入点 1.5：它是"齿轮啮合"检测开关 4XK 的输入点。

检查这四个输入点，0.5、7.6、1.4 的状态都是"0"，而 1.5 的状态为"1"。这说明主轴的齿轮没有啮合好，或检测开关 4XK 误动作。

5）检查主轴齿轮的啮合情况，在完好状态。再检查 4XK，开关没有问题，但是连接导线绝缘破损，芯线碰在一起。这造成 PLC 输入点 1.5 的状态为"1"，内部继电器 14.5 的状态也为"1"，PLC 发出"主机停止"的指令，主轴电机无法启动。

故障处理：更换破损的导线。

例 011 系统电源无法启动

故障设备：某低压三相交流异步电动机，用于驱动某数控车床中的液压油泵。

控制系统：继电器-接触器控制电路。

故障现象：正常关机后，接着再次开机，系统电源无法启动。

诊断分析：

1）观察电源单元的指示灯（发光二极管 PIL），已经点亮了，这说明内部输入单元的 DC24V 辅助电源正常。而 ALM 灯也亮起，由原理图可知，它说明系统内部的 ＋24V、±15V、＋5V 电源模块报警，或外部的报警信号 E. ALM 接通，使继电器吸合，引起互锁而无法通电。

2）进一步检查，发现外部报警信号 E. ALM 确实接通。根据机床电气原理图，逐一检查这个报警信号接通的各个条件，最终查明故障原因是液压电动机主回路跳闸，而引起跳闸的原因是主回路热继电器整定值太小。

故障处理：适当加大热继电器整定值，使它约等于液压电动机的额定电流，此后机床供电恢复正常。

例 012 自动状态下主轴不能启动

故障设备：低压三相交流异步电动机，用于驱动 B401S750 型数控高精度轴颈端面磨床的主轴。

控制系统：N01 型主轴控制器。

故障现象：机床通电后，在自动加工状态下，主轴电动机不能启动。

诊断分析：

1）改用手动方式，主轴可以工作了。这说明主轴电源、电动机和机械部分都是正常的。

2）分析认为，在手动方式下，由控制面板上的按钮直接控制交流接触器；而在自动方式下，主轴控制器要参与工作，故障可能就在主轴控制器 N01 中。

3）主轴控制器原理图见图 1-7。打开电气控制柜，按照图纸进行检查，发现 A1 端子上连接的快速熔断器 FU1 熔断，导致主轴控制器 N01 没有控制电压。

故障处理：更换熔断器 FU1 后，机床恢复正常工作。

例 013 降压启动变为全压启动

故障设备：75kW 的低压三相交流异步电动机，用于拖动水泵。

控制系统：95kW 的自耦降压启动柜。

故障现象：这台自耦降压启动柜用于控制水泵电动机，使用几年之后，断路器 QF 在启动时频频跳闸，水泵不能正常抽水。

诊断分析：

1）有关部分的电气原理图见图 1-8。按下启动按钮 SA2，电动机只是点动一下就停止下来。过了 10s 左右，电动机又突然转动起来，发出较大的吼叫声，电流表的指针一下子甩到尽头并不停地抖动，几秒钟后 QF 又跳闸了。

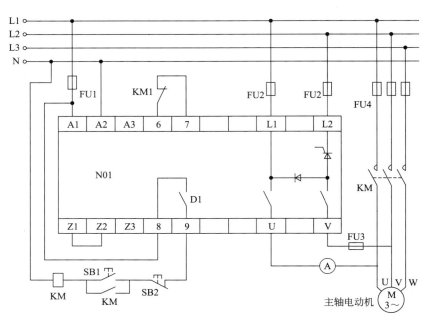

图 1-7   主轴控制器原理图

2）分析认为，电动机没有正常启动，只是点动一下，很可能是启动控制回路没有自保。对有关元件进行检查，发现启动接触器 KM1 的辅助触点（5，7）锈蚀发黑，严重接触不良。

3）图 1-8 中的电路还存在着隐患：当这对触点接触不良时，按下 SB2，KM1 吸合，电动机减压启动。而松开 SB2 时 KM1 就释放。启动立即结束。但 KM1 的另一对辅助触点（5，11）并没有故障，它使 KA1 吸合并自保。这时候时间继电器 KT 开始通电延时。到达预定的时间后，KT 动作，KA2 吸合并自保，使接触器 KM2 通电吸合，电动机全压直接启动，造成上述故障。

故障处理：针对图 1-8 中电路的隐患，需要做一点改进。KM1 还有一对多余的辅助常开触点。可以把（13，15）之间的 KM2 辅助常闭触点断开，按虚线所示换接成 KM1 的辅助常开触点。这时若（5，7）之间的 KM1 辅助触点接触不良造成点动，KT 就无法通电延时，避免了电动机在大电流下直接启动而造成事故。

例 014   异步电动机自行启动（1）

故障设备：3kW 低压三相交流异步电动机，用于拖动液压油泵。

控制系统：继电器-接触器控制电路。

故障现象：这台液压油泵的控制电路见图 1-9（a），YJ 是压力继电器的触点。按照设计要求，先要将油泵接触器 KM1 启动，油压达到一定的数值后，YJ 闭合，才能合上旋钮 SA1、SA2，最后按下启动按钮 SB4 使接触器吸合。但是操作员工一时疏忽，没有启动油泵就直接将旋钮 SA1 合上，奇怪的是，此时继电器 KA1、接触器 KM2 都吸合了，电动机自行启动，运行指示灯 HD 也亮起来了。

诊断分析：

1）测量 KA1、KM2 线圈上的电压，在 200V 左右，而指示灯 HD 上的电压在 400V

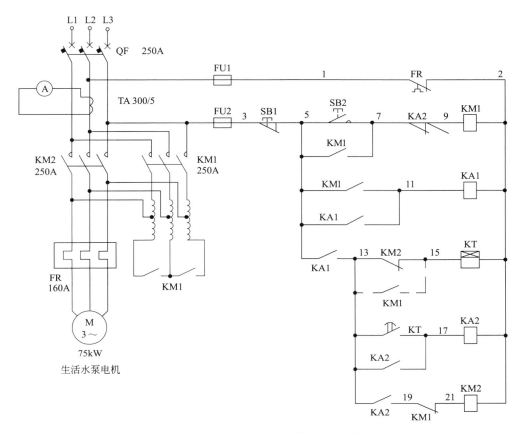

图 1-8　带有隐患的自耦降压启动电路

左右。

2）对图 1-9 中的电路进行分析，发现设计有错误。在油泵没有启动或 YJ 没有闭合的情况下，如果 SA1（或 SA2）闭合，KA1（或 KA2）、KM2 与 HD 就会组成一个串联电路，连接在 220V 的控制电源上。回路中的电流路径是：

L→FU1→SA1→KA2 常闭触点→KA1 线圈→KM2 线圈→KH2→HD→N

从表面上看，三个元件串联之后，线圈上的电压应该不足以使继电器和接触器动作。但由于 HD 是一个电容指示灯，而 KA1 和 KM2 是感性线圈。串联之后，相当于一个 R、L、C 串联电路，如图 1-9（b）所示，图中的 R 等效于线圈的直流电阻。

3）碰巧的是，这三个元件的参数组合恰好使电路谐振在 50Hz 左右。在串联谐振状态下，KA1 和 KM2 上的电压与 HD 上电压的极性相反，各个元件上的电压有效值之和会高于总电压。此时，两个线圈上的电压又都达到 200V。使得 KA1、KM2 可以吸合，从而产生了上述故障现象。

故障处理：将图 1-9（a）中指示灯 HD 右边的连接线与 N 切断，再连接到 M 点。这样，当 YJ 没有闭合时，不能执行其他的操作，不会出现上述故障现象。

例 015　异步电动机自行启动（2）

故障设备：55kW 的低压三相交流异步电动机，用于拖动引风机。

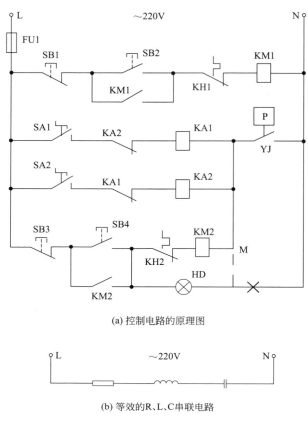

(a) 控制电路的原理图

(b) 等效的R、L、C串联电路

图 1-9   液压油泵的控制电路

控制系统： Y-△降压启动柜。

故障现象： 电源开关合上后，还没有按下启动按钮，引风机就自行启动了。

诊断分析：

1）引风机的主回路和原来的控制回路见图 1-10（a），这是一个 Y-△降压启动电路。KM2 是 Y 启动接触器，KM3 是△运转接触器。按下启动按钮 SB2 后，交流接触器 KM1 和 KM2、时间继电器 KT1 的线圈同时通电，电动机的三相绕组接成 Y 形进行启动，使启动电流降低至△形启动时的 1/3。当 KT1 达到预定的延时后（此时电动机转速升高，电流下降），KT1 的常闭触点断开，使 KM2 释放；KT1 的常开触点闭合，使 KM3 通电吸合。此时电动机绕组自动转换成△形连接，进行全压运行，这样有效地避免了启动电流对电动机的冲击。

2）针对自行启动的故障，对电路中的元件进行检查，没有发现异常情况。

3）控制回路的电源是～220V。检查控制回路的接线，发现时间继电器 KT1 的接线被他人改动，如图 1-10（b）所示。经了解，KT1 原来的线圈电压也是～220V，线圈烧坏后，手头中没有同型号的时间继电器，只有线圈电压为～380V 的时间继电器。为了恢复生产，便用上了这只时间继电器，并改动了线路。

4）线路改动之后，从表面上看控制功能没有改变，应该可以工作，为何出现电动机自行启动的故障？这是因为改动之后，在未按下启动按钮 SB2 的情况下，KM1、KM2、KT1 组成了一个串、并联的局部电路，它们连接在零线 N 与相线 L2 与之间，共同承受 220V 交流电压，如图 1-10（c）所示。

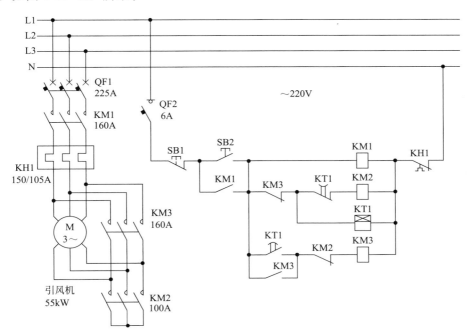

(a) 引风机的Y-△启动电路

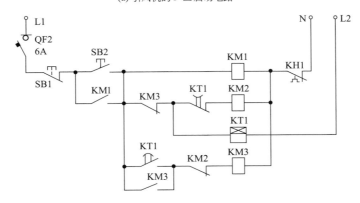

(b) 采用380V时间继电器的接线

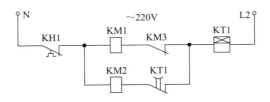

(c) KM1、KM2、KT1组成的一个串、并联局部电路

图 1-10　引风机的电路

5）从表面上看，这 3 只元件各自承受的电压都低于 220V，不应该吸合。但是，经过试验发现，线圈额定电压为～220V 的继电器、接触器，在施加几十伏的交流电压时，就会出现振动，在 100V 以上时就可能吸合。KM1、KM2、KT1 就是在这种情况下吸合了，从而

导致上述的电动机自行启动故障。

6）诱发这起故障的另一个因素是电源电压的问题。在改用～380V 的时间继电器时，电网电压偏低，KM1、KM2、KT1 线圈上的电压相对较低，没有出现误吸合的情况。而最近调整了电力变压器的分接头，将系统电压提高，在夜间～380V 电压可以达到～420V 以上，刚好使这几个元件可以吸合。

故障处理：将时间继电器 KT1 的线圈恢复为～220V，并按图 1-10（a）恢复接线。

例 016 油泵频繁地启动停止

故障设备：5.5kW 三相交流异步电动机，用于拖动液压油泵。

控制系统：用压力继电器进行自动控制。

故障现象：在加工过程中，这台油泵的电动机频繁地启动和停止，每个班都要启动、停止数十次。

诊断分析：

1）原油泵的控制电路如图 1-11（a）所示。根据工艺要求，当液压机构内部的油压下降到 2.0MPa 时，压力继电器 KP1 的触点闭合，交流接触器 KM1 的线圈得电，其触点闭合，电动机启动，带动油泵加压贮能。当油压上升到 10.0MPa 时，微动开关 KP1 返回，油泵停止加压。随后油压又逐渐下降到 2.0MPa，油泵在 KP1、KM1 的控制下再次启动加压。

2）对电路中的元件进行检查，发现压力继电器很难满足工艺所要求的 8MPa 压力差，只能达到 5MPa 左右。而压力差又无法调整，只能调整油泵的起油压力，无法调整停止压力，导致油泵频繁地启动和停止

故障处理：按图 1-11（b）改进控制电路。在原来的控制回路中，加装了一个压力继电器 KP2。当油压下降至启动压力 2.0MPa 时，KP1 触点闭合，此时 KP2 触点也是闭合的，接触器 KM1 的线圈得电，油泵启动加压，同时 KM1 由一对常开辅助触点自保持。当压力达到 10MPa 时，KP2 触点断开，KM1 的线圈失电，油泵停止加压。改造后，由 KP1 控制油泵的启动，由 KP2 控制油泵的停止。这就很容易按照工艺要求调整压力差，克服了油泵频繁启动、停止的现象。

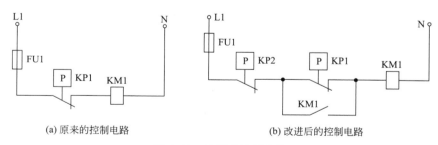

（a）原来的控制电路　　　（b）改进后的控制电路

图 1-11 油泵的控制电路

例 017 刀库电动机不能旋转

故障设备：低压三相交流异步电动机，用于驱动某加工中心的刀库。

控制系统：PLC 可编程序自动控制。

故障现象：机床采用旋转换刀臂的方式进行换刀。在自动加工方式下，当一把刀具正在

切削时，刀库应当旋转寻找下一把刀具，但是刀库电动机不能旋转，也不找刀。随后机床工作停止，并出现"ATC"报警。故障随时发生，没有什么规律。

诊断分析：

1）检查刀套的上下感应开关、刀库的计数器感应开关，都在正常状态，能正确无误地发出信号，换刀后刀具没有出现零点漂移。

2）刀库旋转部分的 PLC 梯形图见图 1-12。在正常情况下，F149、G121 均为闭合状态，当刀套向上的感应信号 R539 闭合时，继电器 R531 得电，刀库旋转。如果 R536 得电，则 R531 失电并出现报警。

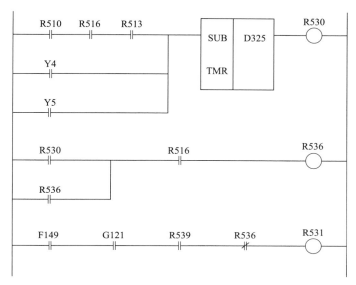

图 1-12　刀库旋转部分的梯形图

3）Y4、Y5 分别为刀库正、反转的信号。D325 是时间继电器。若刀库在规定的时间内没有完成找刀的动作，则 D325、R530、R536 得电，R531 失电并导致机床报警。从梯形图上观察，在刀库应该旋转的过程中，正转和反转信号总有一个闭合，从刀库的输出继电器到电动机之间也完全正常。这说明故障在刀库内部。

4）拆开刀库机构，发现凸轮的推出连接杆上，有一个轴承打滑，造成刀库电动机不能旋转，在规定的时间内无法完成找刀的动作。

故障处理：更换轴承后，报警消除，机床恢复正常工作。

例 018　启动瞬间断路器跳闸（1）

故障设备：低压三相交流异步电动机，75kW，额定电流 145A。

控制系统：用 DW10-400/3 型断路器对电动机进行非频繁启动，断路器还对电动机进行速断、短路、过载、失压保护。

故障现象：在启动瞬间，断路器经常自动跳闸，导致电动机启动失败。

诊断分析：

1）异步电动机在投入运行的瞬间，有两个性质不同的启动电流：一个是稳态周期性分量；另一个是非周期性随时间快速衰减的暂态分量。而非周期性暂态分量的大小，与电动机投入电网的时刻有着密切关系。若电动机投入电网瞬间，正处于电源电压为最大值（相位角 φ 为 90°），则启动电流中的非周期性暂态分量值为零；若异步电动机投入电网瞬间，正处于电源电压最小值（相位角 φ 为 0°），则启动电流中的非周期性暂态分量值达到最大值，其值可以达到异步电动机额定电流的 8～10 倍；若异步电动机投入电网时，相位角 φ 介于 0°～90°之间，即电源电压值介于最大值与零之间，则启动电流中的非周期性暂态分量值介于最小值与最大值之间。但是，启动电流中的非周期性暂态分量的衰减速度特别快，以致于经常被人们忽视。

2）考虑到上述情况，断路器的瞬时过电流脱扣器动作值，必须达到启动电流（稳态分量值）的 1.8～2.0 倍，否则在电动机启动瞬间，断路器很容易跳闸，导致启动失败。

3）这台异步电动机在全压启动时，其启动电流（稳态分量）值约为电动机额定电流的 6 倍，因此，断路器的速断电流约为 145×6.0×2.0＝1740A。

4）但是，这只断路器瞬时过电流脱扣器的最大整定值为 1200A，明显小于上述计算值。导致启动瞬间断路器经常跳闸断电。

故障处理：按计算所得的速断电流值，重新选配一台 DW10-600/3 型断路器，并将其瞬时过电流脱扣器整定为 1800A。自此之后，电动机每次都能顺利启动，不再出现跳闸现象。

经验总结：低压断路器可用作异步电动机的过载、速断、短路和失压保护，也可作为非频繁启动的异步电动机启动操作之用。如果用它对异步电动机进行全压启动，则必须对瞬时过电流脱扣器的整定值进行校验，要求其值达到启动电流（稳态分量值）的 1.8～2.0 倍，否则在电动机启动瞬间，断路器会自动跳闸，导致启动失败。

例 019　启动瞬间断路器跳闸（2）

故障设备：100kW 低压三相交流异步电动机，额定电流 I_e 为 185A。

控制系统：继电器-接触器控制电路，采用 CM1-400 型断路器作短路保护，其脱扣电流为 250A，瞬动值为脱扣电流的 10 倍，即 2500A。

故障现象：在电动机启动瞬间，断路器跳闸断电，不能正常启动。

诊断分析：

1）检查机械设备和主回路、控制回路，没有发现异常现象。

2）估算电动机在启动瞬间的启动电流。设启动倍数 K_1 为 7.0，启动时非周期分量冲击系数 K_2 为 1.8，则启动电流

$$I_q＝K_1 K_2 I_e＝7.0×1.8×185≈2330A$$

3）从以上计算结果来看，电动机启动瞬间的电流小于断路器瞬时动作整定值，断路器似乎不应当跳闸。但是，在这里忽视了一个问题：断路器动作值不是一个固定的数值，而是有一定的误差。根据有关资料，无论是国产还是进口断路器，动作值一般都有±20％的误差。

4）因此，这台断路器瞬时动作值在 2000～3000A 范围内，而电动机启动电流值 2330A 正好在这个范围之内，而且靠近下限值，所以在启动瞬间断路器很可能动作跳闸。

故障处理：可以采用以下两种方法。

1）选择 A 类非选择性断路器，它带有短延时（如 0.1s），在上述情况下可以躲过非周期分量，这样不需要提高短路保护动作值。

2）选用瞬动值为 3000A 的断路器，可以保证在电动机启动瞬间断路器不跳闸。

经验总结：在选择断路器时，需要考虑断路器瞬时动作值的误差因素，以确保电动机启

动电流瞬时值小于断路器瞬时动作值。

例 020 电动机一启动就跳闸（1）

故障设备： 75kW 的低压三相交流异步电动机，用于拖动水泵。

控制系统： 由 PLC 可编程序自动控制的 Y-△降压启动柜。

故障现象： 接入主电动机试运行时，有时能正常启动，有时一启动断路器就跳闸。

诊断分析：

1）水泵采用 PC-80 可编程序控制器（PLC），控制其启动和全部工艺动作。拆除主电动机试验，PLC 程序和控制功能完全正常。

2）主电动机的一次电路见图 1-13（a），有关的 PLC 输入/输出接线见图 1-13（b），有

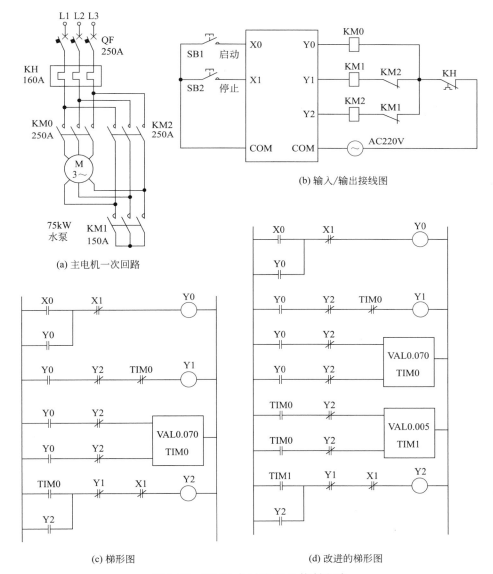

图 1-13 75kW 水泵的 PLC 控制电路

关的梯形图见图 1-13（c）。一启动就跳闸，很可能是在 Y-△ 转换中发生了相间短路。这说明接触器 KM1 与 KM2 在切换过程中存在着重合时间。

3）分析认为，PLC 是按照刷新方式，即成批次的输入/输出方式进行工作的。在用户程序处理阶段，PLC 从零步起，逐步进行扫描，并把输入、输出及有关内部继电器的状态存入到元件映像寄存器。扫描完毕后，再将输出继电器 Y 在映像寄存器中的通/断状态送入输出锁存继电器，这时才成为 PLC 的实际输出。从图 1-13（c）的执行步骤来看，只有在 Y1（KM1）先断开后，Y2（KM2）才能接通。但实际上在一个扫描周期中，Y1 的断开条件和 Y2 的接通条件都已存入寄存器中。在输出刷新阶段，Y1 和 Y2 完全是同时输出的，即 KM1 线圈在断电的同时，KM2 线圈也在通电。而经试验得知，KM1（CJ12-150）的释放时间平均为 38ms，KM2（CJ12-250）的吸合时间平均为 24ms，二者的通断之间将有 14ms 左右的重合时间。此时如果 KM1 的常闭辅助触点已恢复接通，而主触头仍在熄弧，即使有硬接线中常闭辅助触点的联锁，也将造成电源相间短路。

故障处理：为了保证主电动机安全启动，必须在 PLC 程序上设置一级转换延时，以确保转换过程中，KM1 先断开而 KM2 后接通，延时值可取 0.5s 左右。改进后的梯形图如图 1-13（d）所示，TIM1 就是增加的延时继电器。这样改进后，故障得以排除。

例 021   电动机一启动就跳闸（2）

故障设备：125kW/380V 的低压三相交流异步电动机，用于拖动某防涝排灌站的一台离心水泵。

控制系统：延边三角形启动电路。

故障现象：安装完毕后，对控制柜进行模拟动作试验，工作很正常。接着进行空载试验，电动机刚一启动，控制柜断路器瞬时跳闸，供电变压器（500kV·A）的低压出线总柜几乎同时动作跳闸。

诊断分析：

1）这台电动机采用延边三角形启动，控制柜用 DZ20Y-400A 断路器，低压出线总柜用 DW16-1600 型断路器，瞬时脱扣器整定值为 2000A，处在合适的范围。现在故障原因不明，因电动机有 9 个出线端子，分析出线头可能混淆。

2）采用电压注入法判断绕组。从控制变压器的次级取出 36V 交流电压，加到各相绕组的两个端子上，再用万用表测量各相绕组三个抽头之间的电压，结果证实，出线头上标注的号码有误，属电机制造厂家出厂时标错，导致现场接线错误。

3）正确的接线是端子 1、4、7 为第一相绕组；2、5、8 为第二相绕组；3、6、9 为第三相绕组。启动时，1、2、3 分别接相线 L1、L2、L3，4 与 8、5 与 9、6 与 7 通过接触器分别相连，构成延边三角形，如图 1-14（a）所示。而出厂时将端子 1 与 7 标反了，导致接线如图 1-14（b）所示，这时 7 与相线 L1 相连，而 1 与 6 相连，因而引起启动电流成倍增加，断路器过流跳闸。

故障处理：按正确的接法重新标号接线后，电动机启动运行完全正常。

例 022   一启动自动开关就跳闸

故障设备：7.5kW 低压三相交流异步电动机，用于驱动某车间的一台抽风机。

控制系统：手动操作的交流接触器控制电路。

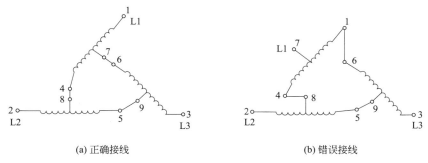

(a) 正确接线　　　　　　　　　　　　(b) 错误接线

图 1-14　绕组的延边三角形接线

故障现象：当抽风机启动时，箱内的三极自动开关就跳闸，不能正常工作。

诊断分析：

1）电控箱的主回路和控制电路如图 1-15 所示。这台自动开关的型号为 CFM20L160/3300，是一只三极漏电开关，额定漏电动作电流为 100mA。

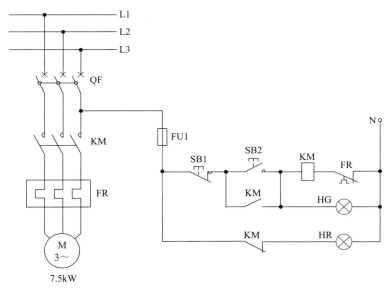

图 1-15　抽风机的主回路和控制回路

2）经检查发现，在控制回路中，接触器的线圈和指示灯都采用交流 220V 电源，控制回路的电流路径是 L3→QF 的第三极→控制回路→零线 N。可见，这部分电流经过开关外部的零线构成回路。

3）正常情况下，在漏电开关内部，三相四线总电流应保持平衡，即总电流 $\sum I$ 应为零。而现在漏电开关中没有零线 N，控制回路的电流只能经过开关外部的零线构成回路，而不能流回到漏电开关中，导致漏电开关中的电流失去了平衡。当不平衡电流达到 100mA 时，开关便自动跳闸了。由此可知，此故障是因为漏电开关选用不当所引起。

故障处理：可以采取以下两种方法。

1）选用带有零线的 3N 或三极四线漏电开关。

2）将接触器的线圈和指示灯都改为 380V，并改用 380V 控制回路。

例 023　运转两分钟后就跳闸

故障设备： J82-2 型，75kW 低压三相交流异步电动机控制柜。

控制系统： Y-△降压启动柜，配置有过流保护电路。

故障现象： 在试车过程中，电动机运转约两分钟之后，交流接触器就跳闸断电。

诊断分析：

1）查看电流表所显示的负荷电流，在 170A 左右，超过电动机的额定电流 134A。

2）查看热继电器，已经过载动作，它是按照电动机额定电流整定的。

3）检查三相交流电源电压，线电压都在 390V 左右。

4）检查电动机绕组对地的绝缘电阻，在 10MΩ 以上。

5）电动机启动之后，用钳形电流表测量电动机的运行电流，在 85A 左右，为电流表所显示电流的一半。

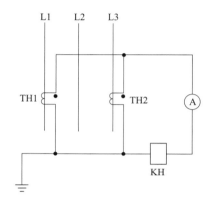

图 1-16　测量和过流保护电路

6）电动机的测量和过流保护电路见图 1-16，检查电流互感器的接线，发现 TH2 的同名端（有标记的一端）和异名端接反。在正常情况下，图 1-16 中流过电流表和热继电器 KH 的电流为相电流。而当一只互感器的极性接错时，流过电流表和 KH 的电流为 2 倍相电流。而 KH 是按电动机额定电流整定的，所以热继电器动作，导致交流接触器跳闸。

故障处理： 将 L3 相电流互感器的极性改正后，电流表显示出正确的电流值，接触器也没有再跳闸。

经验总结： 在使用电流互感器和热继电器进行过载保护的电路中，互感器的极性（同名端和异名端）不能接错。

例 024　启动过程中经常跳闸

故障设备： 2.2kW 低压三相交流异步电动机，用于拖动清洗机。

控制系统： 手动操作的交流接触器控制电路。

故障现象： 在启动和工作过程中，清洗机经常跳闸停机。

诊断分析：

1）清洗机的电路如图 1-17 所示。检查它的主回路和控制回路，好像没有什么不妥。

2）认真进行分析，便有一些疑点：主开关型号为 DZ47LE-63/4，20A。它是一只 4 极漏电开关，漏电动作电流为 30mA。控制回路电源是～220V，电流需通过中性线 N 构成回路。此厂的供电采用三相四线系统，即中性线和接地线共用。

3）查看清洗机的电控箱，在它的金属外壳上，有一个接地螺栓，它既连接着中性线 N，又通过一根 BV-10 铜芯线连接大地。问题就在这里：如果控制回路的电流 I_k 只流过中性线 N，则自动开关 QF 进、出电流完全相等，不会跳闸。现在 N 和地线 PE 连接在一起，I_k 的一部分便经过地线流入大地，打乱了 QF 中的电流平衡，致使它经常跳闸。

故障处理： 任选一种方法。

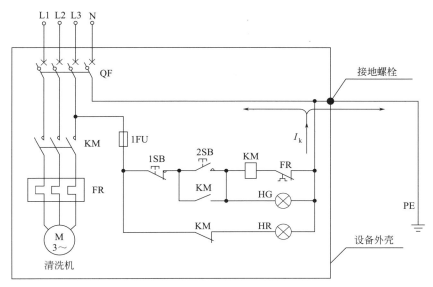

图 1-17　清洗机主回路和控制回路

1）改用 3 极漏电开关，并将控制回路和元件改为～380V。

2）去掉漏电开关，改用普通的 3 极或 4 极自动开关。

3）中性线 N 不与接地线 PE 相连。

例 025　断路器反复跳闸断电

故障设备：5.5kW 的低压三相交流异步电动机，用于 3.4M 立式车床中，对横梁升降机构进行拖动。

控制系统：PLC 可编程序自动控制。

故障现象：横梁升降机构在由上升转入下降，或由下降转入上升时，控制电动机的交流接触器都有很大的弧光，断路器反复跳闸。

诊断分析：

1）对横梁升降机构进行检查，机械部件完好，没有阻滞现象。

2）对电动机进行检查，三相绕组正常，没有短路、受潮、接地等异常情况。

3）这台设备用 PLC 可编程控制器进行控制。图 1-18（a）是有关部分的控制梯形图，实际上是升降电动机正反转控制电路。图中 X0 是上升启动按钮，控制电动机的正转；X1 是下降启动按钮，控制电动机的反转。X2 是停止按钮，Y0 和 Y1 是输出继电器，分别控制正转接触器 KM1 和反转接触器 KM2。

4）对设计图纸进行分析，发现有错误之处。在输出继电器 Y0 和 Y1 的控制回路中，加上了 Y0 和 Y1 的互锁，还有按钮 X0 和 X1 的互锁，但是在 KM1 线圈与 KM2 线圈之间，没有加上"硬件互锁"。

5）有的设计人员认为：有了以上两种程序互锁，Y0 和 Y1 就不会同时"得电"，图 1-18（b）中的 KM1 和 KM2 也就不会因为同时吸合而造成电源相间短路。而实际上，仅有以上梯形图中的"程序互锁"是不行的，因为 PLC 系统动作很快，每条逻辑指令的扫描时间都在 $10\mu s$ 之内，所以 Y0 和 Y1 的动作指令很快就被执行。但是，接触器的释放是一种机械动作，需要 0.1s，即 100ms 左右。在 KM1 和 KM2 切换的过程中，一个接触器还来不及释放，另一个接触器就已经吸合了，造成电源相间短路故障。

　　故障处理：按照图1-18（c）再加上"硬件互锁"，即在KM1线圈回路中串联KM2的辅助常闭触点，在KM2线圈回路中串联KM1的辅助常闭触点。这样确保在其中一个接触器断电释放之后，另一个才能通电闭合。这样处理后，故障不再出现。

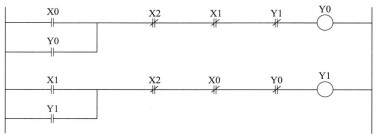

(a) 正反转控制梯形图

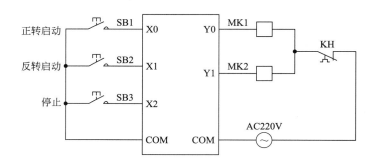

(b) 输入/输出接线图(错误)

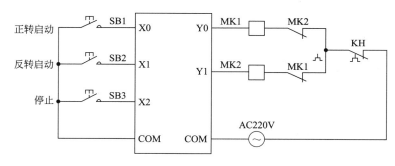

(c) 输入/输出接线图(正确)

图1-18　梯形图和输入/输出接线图

例026　循环加工中途停止

　　故障设备：低压三相交流异步电动机，180W，用于MK2015A型数控内圆磨床的磁屑分离装置。

　　控制系统：继电器-接触器控制电路。

　　故障现象：机床在进行自动循环磨削加工时，经常自动停机。

　　诊断分析：

　　1）停机时，故障指示灯闪烁。打开触摸屏的"报警"界面进行检查，指示"欠磁"

报警。

2）对激磁电路进行检查，未发现异常。对机床断电后再送电，报警消除，机床能进行自动循环加工，但是 10min 后又出现原故障。

3）进一步检查，发现当故障出现时，主接触器 KM1 释放。有关的控制电路见图 1-19。分析认为：KM1 受中间继电器 KA1 控制，KA1 则受 5 只热继电器（它们分别对 5 台电动机进行过载保护）的控制，如果其中一只热继电器过载，KA1 就不能吸合，KM1 也不能吸合。

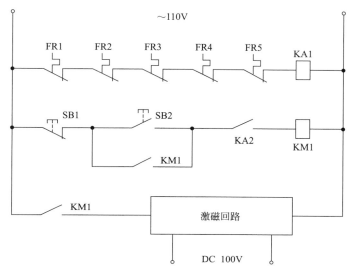

图 1-19　主接触器和激磁控制回路

4）对 5 只热继电器进行检查，果然其中的 FR3 过载动作。FR3 所控制的是磁屑分离电动机。这台电动机的功率是 180W，用手盘动它，感到有些吃力，进一步检查，是端部轴承损坏。

故障处理：更换电动机轴承后，故障排除。因为激磁回路的电源受 KM1 的辅助触点控制。FR3 过载引起 KM1 释放后，激磁回路无交流电源，故出现"欠磁"报警。

例 027　冲床突然停止工作

故障设备：低压三相交流异步电动机，用于美国制造的某数控冲床。

控制系统：PLC 可编程序自动控制。

故障现象：在冲压工件过程中，突然停止工作。

诊断分析：

1）十几分钟后再开机，又能正常工作一段时间，然后又突然停机。

2）对机床的工作状态进行观察，发现故障只是在冲压大工件时出现，冲压小工件时完全正常。对照电气原理图进一步检查，发现是热继电器常闭触点断开，导致交流接触器释放，冲压电动机断电。

3）将热继电器复位后，重新启动冲压电动机，用感应式钳形表测量电动机的工作电流，在额定电流以下，这说明电动机并未过载。分析认为，在冲压大工件时，电动机的电流增大，这时候出现故障，说明热继电器动作电流的整定值偏小，导致过热跳闸。查看其整定值，果然小于电动机的额定电流。

故障处理：重新调节热继电器的整定值，使其与电动机的额定电流相等。

例028　两台电动机同时停止

故障设备：3.0kW 和 0.2kW 的两台低压三相交流异步电动机，用于驱动 M7120 型平面磨床中的砂轮和冷却水泵。

控制系统：继电器-接触器控制电路。

故障现象：机床运行几分钟后，砂轮电动机和冷却电动机突然同时停止转动。此时再按下启动按钮，都不能启动。停机约半小时后，又能启动运转。

诊断分析：

1）这两台电动机的主回路见图1-20（a），控制电路见图1-20（b）。按下启动按钮 SB5 后，KM2 没有得电吸合的声音。检查启动按钮 SB5，在按下时已完全接通。

2）用万用表测量 KM2 线圈上的电压，其数值为 0V，显然 KM2 没有得电，这说明控制回路中有断路点。

3）检查 9♯线与 10♯线之间热继电器 KH2 的常闭触点，处于接通状态。

4）检查 10♯线与 11♯线之间热继电器 KH3 的常闭触点，处于断开状态。KH3 的用途是对冷却电动机进行过载保护，其常闭触点断开，说明 KH3 已经动作，这很可能是冷却电动机存在过流故障。

5）将万用表的电流挡串联在冷却电动机的主回路中，再次启动后，测量其稳态电流为 0.8A，而额定电流仅为 0.6A，这说明确实存在过流故障。

6）拔下冷却电动机的插头，用摇表测冷却电动机线圈对地绝缘电阻，为 7MΩ 左右，属正常范围。再用万用表 R×1 欧姆挡测量绕组的直流电阻，三相基本平衡。

7）拆开冷却泵的泵体，发现其

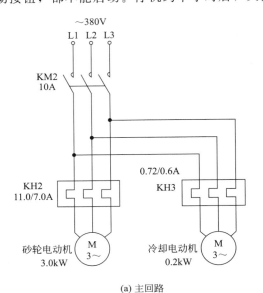

(a) 主回路

(b) 控制回路

图 1-20　砂轮电动机和冷却电动机的电路

内部充塞着一些杂物和污垢。这些来自冷却液的杂物和污垢，阻碍了泵叶的运转，导致电动机过载。

故障处理：清除泵内的杂物后，机床恢复正常工作。

经验总结：

1）导致电动机过流的常见原因有：

① 电源电压不正常；

② 电动机绝缘损坏；

③ 电动机绕组局部短路；

④ 电动机受潮；

⑤ 电动机的负载过重。

2）对于机床的冷却液，要经常进行清理和更换，防止杂物进入冷却泵。

例029　油泵突然停止运转

故障设备：30kW 低压三相交流异步电动机（驱动一台油泵）。

控制系统：继电器-接触器系统。

故障现象：在运行过程中，油泵突然停止运转，由于生产工艺上的联锁关系，又引起多台高压电动机跳闸断电，生产受到严重影响。

诊断分析：

1）对油泵的控制电路进行检查，没有发现任何异常之处，也不存在短路、过负荷等故障迹象。

2）怀疑电网的电源不正常，经查询，故障发生时，变电站信号屏上警笛响起，多台断路器发出欠压闭锁信号，"电压回路断线"光字牌发信。

3）"电压回路断线"发信，表示有一相或两相电压偏低。瞬间之后，变电站电压马上恢复正常，这说明低电压的持续时间非常短。产生故障的原因可能是外部电网存在晃电现象（晃电是指电网电压瞬时跌落，在 1.5s 之内又恢复正常）。

4）查看变电站 DFR1200 故障录波装置所记录的波形，在事故发生时，母线上的残压约为正常电压的 50%，低电压持续时间为 0.12s，这说明的确是外部电网存在晃电。

5）晃电为什么会造成油泵停运呢？查看图 1-21 所示的油泵电动机的控制电路，晃电时，由于电压不平衡，产生了零序电流，使得零序电流继电器 KA 瞬时动作，其常闭触点断

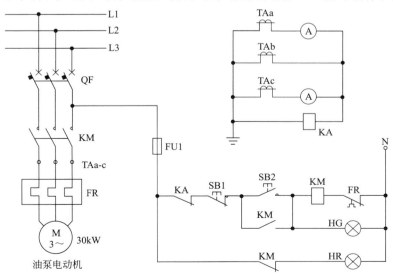

图 1-21　油泵电动机的控制电路

开，导致油泵接触器 KM 失电。

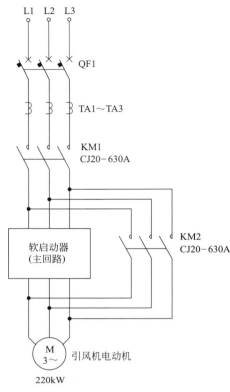

图 1-22　引风机电动机的主回路

故障处理：为零序电流继电器 KA 增加延时环节，使其躲过电网的瞬时晃电和欠压。

例 030　引风机突然停止运转

故障设备：220kW 三相交流异步电动机，用于拖动某矿井的一台引风机。

控制系统：采用软启动器启动、PLC 控制。

故障现象：在运行过程中，引风机的电动机突然停止运转，停车后又能顺利启动，这样的故障近期出现过好几次，影响了矿井的安全。

诊断分析：

1) 电动机的主回路如图 1-22 所示，由于软启动器只是在启动时使用，正常运行时被 KM2 旁路，所以故障与软启动器无关。

2) 检查电路中的接线，没有接触不良的现象。

3) 检查交流接触器 KM1，在完好状态。

4) 检查接触器 KM2，发现线圈的温度很高，线圈外层的绝缘漆因为过热而熔化。

5) 用万用表测量 KM2 线圈的直流电阻，约为 15Ω，再测量 KM1，阻值为 23Ω。这两只接触器型号规格完全一致，由此判定 KM2 的线圈局部短路。

故障处理：更换 KM2 的线圈之后，现象不再出现。

例 031　运行一个小时后突然停机

故障设备：55kW 低压三相交流异步电动机，用于拖动石材切割机。

控制系统：自耦降压启动柜。

故障现象：运行约一个小时后，切割机突然停机。

诊断分析：

1) 电动机采用自耦降压启动，热继电器过载保护，检查电源电压，主回路的三相 380V、控制回路的单相 220V 都在正常状态。

2) 检查控制回路中的按钮、中间继电器、交流接触器、连接导线，没有损坏和接触不良的现象，但是热继电器过载动作。

3) 查看热继电器的整定值为 100A，这是正确的。将热继电器复位后重新启动，观察电流表的指示值，在 70A 左右，低于电动机的额定电流（102A），这说明电动机并没有过载。

4) 石材切割机主回路如图 1-23 所示。在检查中发现热继电器 KH 主回路 A 相与小铝排的连接处（图中的 M 点）松动，KH1 的接线端子烧坏。这导致接触电阻增大并引起发热，热量传导到 KH1 内部的热元件中，等效于电动机过载。其结果是热继电器动作，主接触器释放，电动机停止转动。

　　故障处理：更换烧坏的热继电器。

　　经验总结：如果热继电器主回路的接线端子接触不良，会导致接触电阻增大并引起发热，热量向热继电器内部传递，即使电动机没有过载。热继电器也会动作并引起跳闸。

例 032　水泵运转 10s 后自行停止

　　故障设备：30kW 低压三相交流异步电动机，用于拖动离心水泵。

　　控制系统：Y-△降压启动柜。

　　故障现象：通电后电动机只能启动运转 10s 左右，而后就自行停机了。

　　诊断分析：

　　1）有关的电路见图 1-24。水泵的电动机使用图 1-24（a）所示的 Y-△控制电路。检查电路并与图纸核对后，未发现接线错误。

　　2）分析认为，电动机可以启动运转 10s 左右，说明电动机正常，Y 启动电路也正常，故障可能在△运转部分。△运转时，正确的接线应该如图 1-24

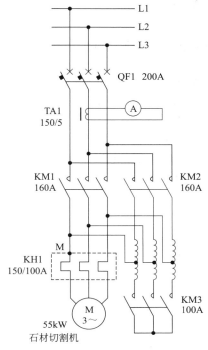

图 1-23　石材切割机主回路

（b）所示。三相绕组按 U1→U2→V1→V2→W1→W2→U1 顺序首尾相串，三相电源中的 L1 接到 U 相绕组的首端 U1 和 W 相绕组的尾端 W2；L2 接到 V 相绕组的首端 V1 和 U 相绕组的尾端 U2；而 L3 接到 W 相绕组的首端 W1 和 V 相绕组的尾端 V2。

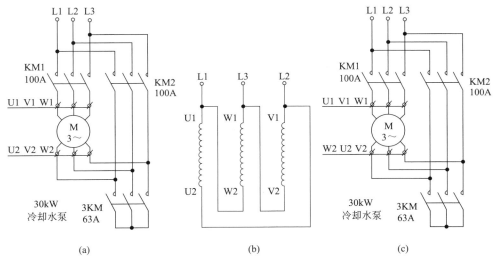

图 1-24　Y-△接线电动机主回路

　　3）将图 1-24（a）与图 1-24（b）相对照，发现图 1-24（a）有误。在这里，电源 L1 经 KM1 加到 U 相绕组的首端 U1，又经 KM2 加到 U 相绕组的尾端 U2；V 相绕组也是首尾端接到同一相电源 L2；W 相绕组也是首尾端接到同一相电源 L3。

4）对照 1-24（b）可知，电动机的下面三端子从左至右应该分别是 W2、U2、V2。

故障处理：按 1-24（c）改正接线后，电动机工作完全正常。

例 033　水泵在启动后不能停止

故障设备：低压三相交流异步电动机，11kW，用于控制某建筑公司的离心水泵。

控制系统：手动操作的交流接触器电路。

故障现象：该公司的一个建筑工地上没有水源，需要在 600m 之外用水泵取水、送水。为了操作方便，将启动和停止按钮安装在工地现场，按钮通过 KVV-5×2.5 铜芯电缆与 600m 之外的电控箱连接。

设备安装完毕后，进行试运行，此时出现了罕见的故障现象：在现场可以用"启动"按钮启动水泵，却不能用"停止"按钮停车，最后只有断开电控箱中的自动开关，才能将水泵停止下来。

诊断分析：

1）水泵的控制电路见图 1-25（a），回路中采用 220V 交流电源。对电路进行检查，接线没有错误。

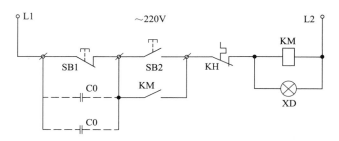

(a) 原来的控制回路

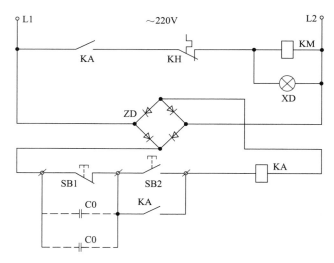

(b) 改进后的控制回路

图 1-25　接触器 KM 的控制回路

2）将现场的按钮弃置不用，在电控箱上装上启动、停止按钮进行试验，水泵的启动、停止完全正常。

3）恢复原来的电路，故障重复出现。按下"停止"按钮时，用万用表测量接触器 KM 线圈两端的电压，在 120V 左右，正是这个残存的电压，使得接触器不能断电释放。

4）分析认为，产生残存电压的原因是控制线路太长，电缆芯线间形成了很大的分布电容 C0，如图 1-25（a）中虚线所示。当停止按钮 SB1 按下时，KM 的线圈仍然通过 C0 获得电流通路，导致 KM 不能释放。此外，KM 采用的是施耐德接触器，是比较好的节电型产品，运行中只需要很小的电流就可以维持吸合。

故障处理：按图 1-25（b）改进控制电路，增加一个整流桥 ZD 和一只中间继电器 KA，KA 的线圈电压为 DC220V，用 KA 的常开触点去控制接触器 KM。在这里，线路电容仍然存在，但是它被转接到直流电路中，充满电荷后，处于开路状态，对电路没有大的影响。经试用，水泵的启动、停止完全正常，故障没有再次出现。

经验总结：

1）在使用交流电源的长距离线路中，各芯线之间都存在分布电容，它可能影响电路的正常工作。

2）在此例中，巧妙地将交流电路中的分布电容转接到直流电路中，排除了分布电容对控制电路的影响。

例 034　旋转工作台突然停车

故障设备：55kW 低压三相交流异步电动机，用于驱动某 2.5M 立式车床中的旋转工作台。

控制系统：JP-6C-T9 型、75kW 变频器。

故障现象：在加工过程中，车床的旋转工作台发生如下故障现象。

1）正在运转的工作台，有时突然停车不转；

2）正转和反转有时能启动，有时不能启动；

3）点动控制有时能启动，有时不能启动。

诊断分析：

1）该旋转工作台电动机的主回路见图 1-26（a），控制回路见图 1-26（b）。检查三相交流电压，在 360～370V，虽然偏低，但还在允许的范围。

2）检查主接触器 KM2，通电后虽然电磁噪声较大，但吸合正常，故不作为故障考虑。

3）检查变频器，没有发现异常情况。

4）检查中间继电器 KA1、KA2、KA19，吸合和释放都正常。

5）有关联的几个方面都查过了，但还没有结果。根据图 1-26（b）再分析：正转、反转和点动都是时而正常，时而不正常。在一般情况下，KA1、KA2、KA19 不可能都发生故障，最大的可能是公共的控制触点 KM2（121、113）接触不良。

6）当再次发生故障时，用一段导线将 KM2 的这一对辅助常开触点短接，工作台立即转动起来，证实分析判断是正确的。

故障处理：KM2 还有一对辅助常开触点空置着，将两对触点并联使用。此时故障频率减小，但还是时有发生。联想到 KM2 电磁噪声较大，接触不是很可靠，遂将 KM2 整体更换。其后再也没有发生类似故障。

经验总结：这种间歇性的故障，查找起来有一定的难度。应根据故障现象，按照从简到难的原则，逐步进行排查。

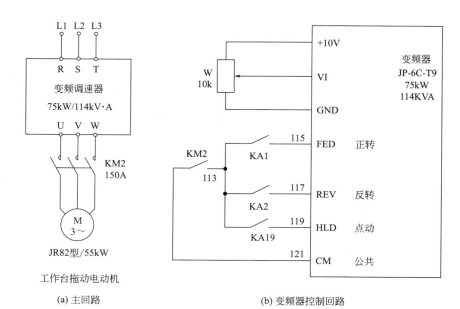

(a) 主回路　　　　　　　　(b) 变频器控制回路

图 1-26　旋转工作台控制电路（局部）

例 035　电动机不能停止运转

故障设备：18.5kW 低压三相交流异步电动机，用于拖动压力机。

控制系统：手动操作的交流接触器控制电路。

故障现象：工作结束后，按下停止按钮，电动机不能停止运转。必须断开自动开关 QF，将电源切断后才能停机。

诊断分析：

1）压力机的控制电路见图 1-27。检查停止按钮 SB1，在完好状态。

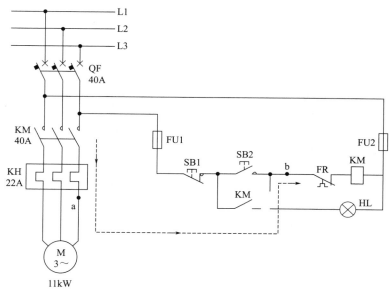

图 1-27　11kW 压力机控制电路

2）怀疑交流接触器 KM 铁芯上有剩磁或有油脂，但试换 KM 后仍然不能排除故障。

3）测量电压，发现在按下 SB1 时，接触器线圈上仍有 300V 左右的电压。

4）再仔细检查，发现在热继电器 KH 的右边一相上，主端子松动，胶木烧黑炭化，烧伤的痕迹一直延续到辅助触点。将辅助触点上的控制线拆下，直接连通后再试车，启动和停止动作完全正常。

5）由此证实，故障原因在热继电器的绝缘胶木。导线接触不良发热后，将绝缘胶木烧坏，主端子与辅助端子之间绝缘电阻大大降低，在相电压作用下几乎构成通路，将图 14 中的 a、b 点短接。当停止按钮 SB1 按下时，另有一路电流维持着接触器 KM 的吸合，其路径是：

L3→QF→KM 主触点→KH 主端子→a 点→b 点→KH 辅助端子→KM 线圈→FU2→QF→L1

在这种情况下，接触器不能断电释放。

故障处理：更换热继电器后，故障彻底排除。

例 036　排风扇不能停止运转

故障设备：3kW 三相四线低压异步电动机，用于拖动某变电站主变压器的排风扇。

控制系统：继电器-接触器控制电路。

故障现象：这台排风扇根据主变压器的实际温度变化，自动进行启动、停止。在运行过程中，排风扇不能停止运转。

诊断分析：

1）主变排风扇的控制电路如图 1-28 所示，当主变的温度较高时，控制触点 J1 接通，中间继电器 KA1 得电吸合，其常开触点接通自保持，排风扇通电运转，对主变进行冷却。当主变的温度较低时，控制触点 J2 接通，中间继电器 KA2 得电吸合，其常闭触点断开，KA1 失电返回，排风扇停止运转。

2）观察发现，当主变的温度较低时，控制触点 J2 已接通，KA2 已经得电吸合，其常闭触点已经断开，但是排风扇还在运转。

3）对控制电路进行检查，没有发现故障迹象，但是 KA1 的铁芯中存在较大的剩磁，

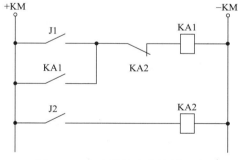

图 1-28　主变排风扇的控制电路

能把小螺丝刀吸住。这导致 KA1 在线圈断电后仍然处于吸合状态，造成排风扇不能断电。

故障处理：改变磁通回路上有关元件的参数，以消除剩磁的影响。一个比较简单的方法，就是在铁芯顶部贴上一块胶布。这样处理后，排风扇恢复正常工作。

经验总结：如果继电器、接触器的铁芯中存在较大的剩磁，则在其线圈断电后，仍然不能释放，导致运转设备不能断电。

例 037　启动后不能转入全压运行

故障设备：75kW 的三相交流异步电动机，用于拖动一台排涝水泵。

控制系统：自耦降压启动柜（XJ01-75）型。

故障现象：按下启动按钮后，水泵能正常地降压启动，但是不能转入全压运行。

诊断分析：

1）电动机的降压启动电路见图1-29。按下启动按钮SB1，接触器KM3和KM2吸合，自耦变压器接入电动机的主回路，电动机降压启动。与此同时，时间继电器KT的线圈通电，经过十几秒钟的延时后，KT的常开触点闭合，中间继电器KA动作，KA的常闭触点断开，KM3和KM2断电，切除自耦变压器，电动机完成启动过程，KA的常开触点闭合，KM1得电吸合，电动机转入全压运行。

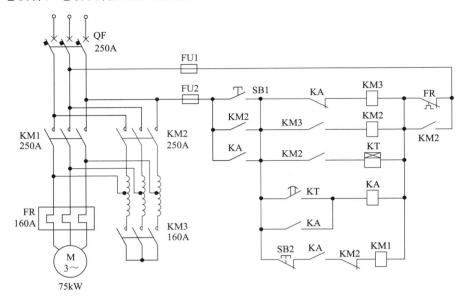

图1-29　排涝水泵自耦降压启动电路

2）观察故障现象，电动机启动十几秒钟之后，在转入全压运行的瞬间，电动机断电。这说明启动过程已经结束，从图1-29来看，与KM3、KM2有关的启动电路是正常的，与KT、KA有关的延时转换电路也是正常的，故障源应该是在全压运行接触器KM1所在的控制回路。

3）对KM1所在的控制回路进行检查，KM1的线圈完好，KA的常开触点、KM2的辅助常闭触点已经接通，但是停止按钮SB2两端呈现很高的电阻，没有处于闭合状态。

4）将停止按钮SB2拆开，发现其触点已经严重锈蚀，在触头表面生成了一层厚厚的不导电氧化膜。这导致接触器KM1不能吸合，电动机不能转入全压运行。

故障处理： 更换停止按钮后，电动机恢复正常工作。

例038　主轴电动机不能高速运转

故障设备： 三相交流异步电动机，用于驱动俄罗斯N1400型加工中心的主轴。

控制系统： 西门子SC660变频调速装置，它同时为加工中心的各进给轴变频器提供直流逆变电源。

故障现象： 机床在使用五年之后，主轴电动机在低速时可以正常工作，但不能高速运转，当一挡转速达到300r/min以上时，系统报警，显示"F15"故障。

诊断分析：

1）检查变频装置的参数，未发现异常情况。

2）试改变主轴加、减速时间，故障现象有所缓解，速度有所提高，但主轴停车过程延长，不能满足加工要求。

3）检查变频装置的连接导线、功率模块等，都在完好状态。

4）分析认为，变频装置在长期工作的过程中，直流滤波电容反复充电和放电，会导致容量减少，直流母线电压降低，电源的能量下降。在这种情况下，主轴电动机在低速时尚可正常运行，在高速时则"力不从心"。

5）对滤波电容进行检查，果然容量下降，还有电解液渗出。

故障处理：更换滤波电容后，主轴电动机在高速和低速各挡均能正常工作。

经验总结：在滤波电容容量下降不太严重的情况下，如果将 46 号参数（制动强度）调整到 65％左右，也可能将故障排除。

例 039 刀架不能向正方向转动

故障设备：低压三相交流异步电动机，用于驱动华中Ⅲ型教学经济型数控车床中的刀架。

控制系统：继电器-接触器控制电路。

故障现象：在工作过程中，刀架不能向正方向转动。

诊断分析：

1）检查刀架的机械装置，没有卡阻现象，而且在刀架反转时完全正常。

2）刀架电动机的控制电路见图 1-30。正向运转由接触器 KM3 控制；反向运转由接触器 KM4 控制。观察 KM3，发现它根本没有吸合。

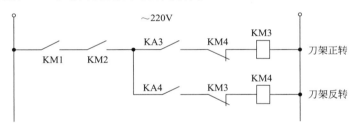

图 1-30 刀架电动机控制电路

3）检查回路中有关的元件，KM1 的常开触点、KM2 的常开触点、KM4 的常闭触点都在接通状态，但是中间继电器 KA3 的常开触点没有接通，以致 KM3 不能吸合。

4）KA3 受 PLC 的输出点 Y22 控制，在故障出现时观察 Y22，其 LED 指示灯已亮，这说明它的状态为"1"，控制电压已经送出。进一步检查，发现 Y22 端子上的导线（即 KA3 线圈的导线）接触不良。

故障处理：将 Y22 端子的接线紧固。

例 040 电动机转向出现异常

故障设备：低压三相交流异步电动机，用于拖动一台 5t 地操式起重机。

控制系统：继电器-接触器控制电路。

故障现象：按下左行按钮时，小车能够正常地向左行驶；但是按下右行按钮后，小车却不能右行，还是向左行驶。

诊断分析：

1）小车电动机的控制电路如图1-31所示。检查电动机、交流接触器、控制电路，都在正常状态。

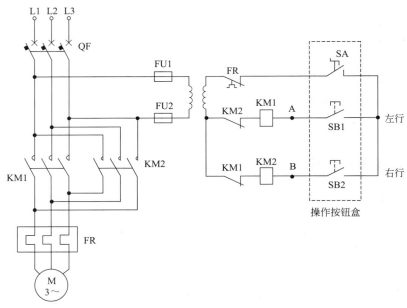

图1-31   小车电动机的控制电路

2）拆开操作按钮盒，检查手柄的控制电缆，发现有两根电缆的线头粘连在一起，形成短路状态。

3）经查对，短路点是图中的A、B点，也就是交流接触器KM1、KM2的右侧，这会造成两只接触器同时通电吸合。但是交流接触器的吸合时间有差别，在这里左行接触器KM1总是先吸合，所以右行接触器KM2不能吸合，导致小车总是向左行驶。

故障处理：排除按钮盒中的短路故障后，起重机恢复正常工作。

经验总结：行车、起重机的操作按钮盒中，容易发生故障，经常出现电缆断路、短路、按钮接触不良等现象。

例041   皮带运输机反向转动

故障设备：1.5kW低压三相交流异步电动机，用于拖动某运砂皮带机。

控制系统：继电器-接触器控制电路。

故障现象：皮带机在正向传动（向上）的情况下，突然反向传动，造成砂料在运输机底部大量倾泻并堆积。

诊断分析：

1）打开控制箱进行检查，发现L1、L2两相中，40A的熔丝已经烧断，电动机有绕组烧煳的味道。

2）拆掉电动机的相线再查电路，接触器（CJ10-40A）进线侧三相电源完好，而出线侧L3相无电。拆下接触器的灭弧罩，发现L1、L2两相的触点有烧伤的痕迹，而L3相完好无损。显然L3相触点根本没有吸合。

3）进一步检查，原来是L3相的触点压力弹簧过松，铁芯吸合后，弹簧无法将动触头和静触头压合，造成电动机缺相运行。

经验总结：功率较小的电动机，在电源缺相时，如果负载不重，还可以启动运转。但是转动的方向不能固定，有时候可能正转，有时候又可能反转。

例 042　全压运行时反向转动

故障设备：75kW 的低压三相交流异步电动机，用于拖动某排涝水泵。

控制系统：自耦降压启动柜（XJ01-75）型。

故障现象：对电动机进行试车时，电动机在启动阶段完全正常，启动结束转入全压时，突然自动地改变转向，出现反向运转的奇怪现象。

诊断分析：

1）这台自耦降压启动柜的主回路见图 1-32。对图纸进行检查核对，没有发现错误之处。

2）转入全压运行时电动机反向，说明在降压启动阶段，施加到电动机上的三相交流电源的相序是正确的，而在转入全压运行时，电源的相序被改变。

3）因此，要重点检查接触器 KM1 下端与电动机之间的连接导线。在检查中发现，在 KM1 的下端，左边的 L1 相没有连接到电动机的 U 相，而是连接到 V 相。而中间的 L2 相则错误地连接到电动机的 U 相，即 U 相和 V 相的电源线接反了。

故障处理：更正接线错误，将 L1 相连接到电动机的 U 相，L2 相连接到电动机的 V 相。

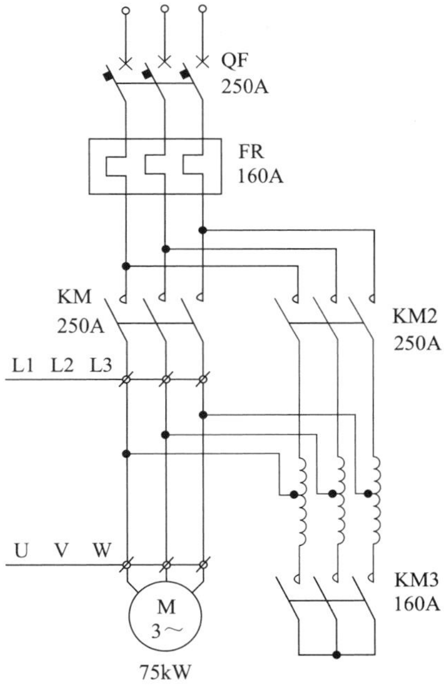

例 043　车床的主轴不能反转

故障设备：低压三相交流异步电动机，用于驱动 C618 型车床的主轴。

控制系统：手动操作的接触器控制电路。

故障现象：在主轴正转接触器损坏后，更换了接触器，自此之后，主轴只能正转而不能反转。

图 1-32　排涝水泵电动机主回路

诊断分析：

1）将操作手柄置于反转位置，用螺丝刀强行按下反转接触器的主触头，接触器可以吸合实现反转。

2）机床中常用的正反转控制电路如图 1-33 所示。在正、反转控制电路中，反转接触器 KM2 的辅助常闭触点要串联到正转接触器 KM1 电磁线圈的控制回路中；而正转接触器 KM1 的辅助常闭触点要串联到反转接触器 KM2 电磁线圈的控制回路中。这样达到正转和反转的"互锁"，防止可能出现的误操作而造成主回路短路。

3）检查 KM1 的接线，发现存在错误。它串联到 KM2 线圈回路的辅助触点不是常闭触点，而是常开触点。这样就造成 KM2 的控制回路无法接通，车床的主轴不能反转。

故障处理：将 KM2 线圈控制回路中的联锁触点更换为常闭触点。

经验总结：在上述接线错误的情况下，如果在按下正转启动按钮 SB2 之后，再按下反

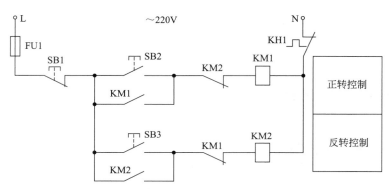

图 1-33　常用的电动机正反转控制电路

转启动按钮 SB3，就会造成 KM1 和 KM2 瞬间同时吸合，导致主回路中三相电源短路。

例 044　丝筒电动机不能反转

故障设备：低压三相交流异步电动机，用于驱动苏州三光牌数控线切割机床中的丝筒。

控制系统：以晶闸管为主要元件的控制电路。

故障现象：机床在进行线切割加工时，丝筒电动机可以正向运转，但是不能反向运转。

诊断分析：

1) 有关部分的控制电路见图 1-34。当启动丝筒电动机时，接触器 KM 吸合，X1、Y1、Z1 处的三相电源电压完全正常。

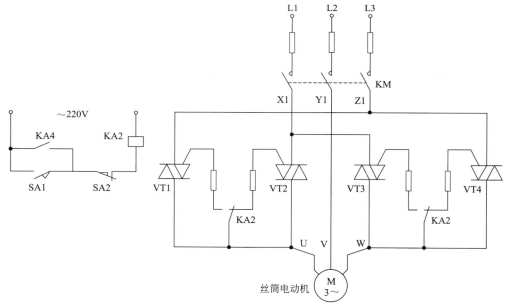

图 1-34　丝筒电动机控制电路图

2) 电动机的主回路由晶闸管 VT1～VT4 进行换向控制，其中 VT1、VT2 用于控制 U 相，VT3、VT4 用于控制 W 相。中间的 V 相则不需要换向。正转时，VT2 和 VT4 导通，VT1 和 VT3 截止。行程结束时，限位块压上限位开关 SA1，使继电器 KA2 通电吸合，其常闭触点切断 VT2 和 VT4 的触发回路，同时常开触点接通 VT1 和 VT3 的触发回路。电动机停止正转，开始反向运转。

3）对电路中的元器件进行检查，4只晶闸管都是完好的，但是限位开关SA1有故障，压上后其常开触点没有接通，以致VT1和VT3的触发回路不能接通，电动机不能反向运转。

故障处理：更换限位开关SA1。

例045　电动机的旋转方向不能固定

故障设备：低压三相交流异步电动机，用于驱动某立式车床中的旋转工作台。

控制系统：继电器-接触器控制电路。

故障现象：在正向和反向启动时，旋转工作台左右抖动一阵子，传动齿轮"叭叭"地碰撞，然后再慢慢转动起来。电动机没有固定的旋转方向，按正向启动有时反向运转；按反向启动有时又正向运转。

诊断分析：

1）改用点动控制方式，故障现象不变。

2）旋转工作台的主回路见图1-35。检查电源电压，三相都很正常。怀疑齿轮箱磨损严重，拆开箱盖检查后，也没有发现异常情况。

3）回头再检查主接触器KM。断电后，用力将衔铁推上，同时用万用表欧姆挡测量三相主触点的通断情况。左边一相和中间一相主触点接触良好，而右边一相完全不通。

4）这是一只CJ10-150A交流接触器，打开灭弧罩进行检查，发现右边一相固定动触头的塑料骨架完全断裂，触点完全不受衔铁的控制，线圈吸合时触点不能接触。

故障处理：更换接触器KM后，故障彻底排除。

经验总结：在此例中，虽然三相电源正常，但因为接触器有故障，只有两相电压加到电动机上，造成电动机缺相，故启动时工作台抖动，没有固定的运转方向。若在运转中突然缺相，则很容易造成过流而烧坏电动机。

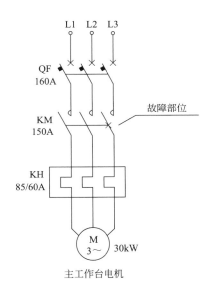

图1-35　旋转工作台的主回路

例046　电度表有时反向转动

故障设备：低压三相交流异步电动机，用于拖动一台提升机。

控制系统：继电器-接触器控制的电动机正反转电路。

故障现象：这台提升机使用三相四线制电源，用一只三相四线制有功电度表计量电能。在使用过程中，电度表有时正向转动，有时又反向转动。

诊断分析：

1）当提升机工作时，观察电度表的使用情况。提升机上升时，电度表正转；而提升机下降时，电度表反转。

2）怀疑故障原因是在升降机下降时，电动机变成发电机。但很快排除了这种可能性。

3）检查电度表的接线，其外部接线如图1-36所示。电流线圈是经过电流互感器二次侧

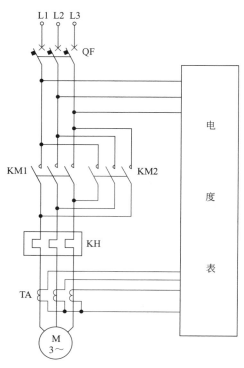

图1-36　提升机电度表的外部接线

接入的，互感器安装在接触器的下端，而电度表的电压线却是从接触器上端接出。当提升机上升时，电动机正向运转，电压与电流同相，电度表正转；当提升机下降时，接触器下端的电源换相，电动机反向运转，电压与电流不同相，电度表反转。

故障处理：可以采取以下两种方法。

1）将电度表电压线改接至接触器下端；

2）将电流互感器移至接触器上端。

经验总结：在三相四线制电度表中，各相的电压与电流必须同相，否则电度表可能反转。

例047　电刷上出现严重打火现象

故障设备：低压三相绕线式交流异步电动机。

控制系统：带有频敏变阻器的启动柜。

故障现象：在这台电动机中，变阻器与转子绕组之间用电刷和集电环进行连接。投入使用后，每次启动时电刷上都出现严重打火的现象。

诊断分析：

1）转子回路的接线如图1-37所示，分析打火的原因可能是电刷与刷架接触不好，于是经常对集电环进行打磨。而当电动机启动完毕后，火花就消失了，但是故障原因总是不甚明白。

2）对频敏变阻器BP的主回路进行检查，发现在接触器KM的主回路中，多出了一条短接线，如图中虚线所示。从原理上来说，当电动机启动时，KM的3对主触点都应断开，各相转子均接入BP的一组启动线圈，但是这条短接线却将转子第一相与第三相的端部直接连接在一起，此时只有第二相转子接入了BP的一组线圈，造成转子绕组回路中三相阻抗不均衡，转子电流也不均衡，于是出现了打火现象。

故障处理：去除多余的短接线后，打火故障不再出现。

例048　工作台不能连续进给

故障设备：低压三相交流异步电动机，用于拖动FUW260×720型万能铣床的工作台。

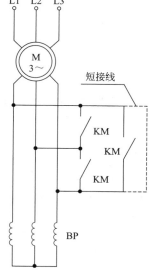

图1-37　转子回路接线图

控制系统：继电器-接触器控制的正反转电路。

故障现象：工作台在快速进给时，走走停停，不能连续进给。

诊断分析：

1）检查电源电压，主回路和控制回路的电源都在正常范围之内。

2）检查控制回路，有关的继电器、接触器动作正常，导线连接可靠，进给电动机受控后一直在通电运转。

3）在这台机床中，进给电动机通过电磁离合器驱动进给机构。离合器的电源是 DC 24V，经检查，配电箱内的 DC 24V 在完好状态。

4）对离合器进行检查，其线圈完好，没有断路和短路现象。

5）用万用表测量离合器的工作电流，发现电流很不稳定，时有时无。

6）进一步检查，发现离合器与电刷接触不良。拆下电刷后，发现其严重磨损，比原来缩短了 5mm。

故障处理：更换电刷后，故障得以排除，工作台进给稳定。

另有一次，这台机床的工作台在快速进给时不能停车，并闻到按钮盒内有烧焦的气味。检查发现有一只慢速按钮严重打火，将盒内绝缘塑料烧焦炭化，绝缘下降后引起漏电，导致快速进给停不下来。更换打火的按钮，将烧损的部分浸漆烘干后，再次投入使用，工作台恢复正常工作。

经验总结：在使用电刷的直流电路中，电刷磨损，引起接触不良是常见现象，要经常进行检查和维护。

例 049　换刀后刀架不能锁紧

故障设备：低压三相交流异步电动机，用于驱动某加工中心的刀库门。

控制系统：PLC 可编程序自动控制。

故障现象：更换刀具后，刀架不能锁紧。

诊断分析：

1）这台机床使用的是四方电动刀架。这种故障现象说明已经找到刀位，但是换刀之后，刀架电机不能反转。

2）本机床使用霍尔元件检测刀位信号。根据检修经验，造成故障的原因往往是霍尔元件损坏。这时虽然找到了刀位，但是霍尔元件不能在限定的时间内发出反转信号。在转动惯性的作用下，刀架继续旋转，使刀位信号丢失。

3）对霍尔元件进行检查后，认定它没有损坏，处在完好状态。

4）刀架电机需要进行正、反两个方向的转动，因此需要进行正反转可逆控制。在控制电路中，为了防止电机改变转向时电源短路和刀架误动作，为交流接触器设置了互锁。检查发现，正转接触器的触点因打火而粘连，线圈断电时触点也不能脱开。在这种情况下，当霍尔元件发出反转信号后，反转接触器无法吸合。所以刀架电机不能反转，刀架无法锁紧。

故障处理：更换正转接触器。

例 050　不能执行换刀动作

故障设备：低压三相交流异步电动机，用于驱动某卧式加工中心的刀库。

控制系统：PLC 可编程序自动控制。

故障现象：在自动换刀过程中，刀库没有把需要更换刀具的刀位转动到换刀位置上，导致机械手不能把已经用过的刀具取下，也不能取下后步工序待使用的刀具，系统出现报警"Magazine error"。

诊断分析：

1）查阅使用说明书，报警提示的信息是"刀库出错"。

2）在这台机床中，刀库的运行则是由数控系统的零件加工程序，以及系统内部的PLC程序控制的。刀库运行时有两种速度：找刀时快速运行；对刀定位时慢速运行。这台设备几年来只加工同一种零件，程序未做任何变更，所以由软件引发故障的可能性不大。

3）检查电源电压，在正常状态。刀库电机的三相绕组电阻平衡，绝缘良好，既无短路也无开路现象。

4）检查用于正、反方向定位和计数的5只接近开关。用一螺栓分别靠近它们的感应部位，各接近开关的指示灯都能发亮，说明5只接近开关完全正常。

5）在"调整"状态下，用按钮操作刀库。在正、反两个方向上，高速和低速也都不能转动，怀疑是机械传动系统卡死。

6）将电动机与负载脱开，再用按钮启动，电动机仍然不能转动。扳动电动机端部风扇，感觉有些费力，怀疑电动机有问题。

7）换用一台同型号的电动机试验，正转和反转、高速和低速都很正常。

8）将原来的刀库电动机拆下来检查，发现由于轴承跑外圈，致使定子和转子不同心，产生摩擦而不能转动。

故障处理：更换刀库电动机的轴承。

例 051　一起损失百万元的严重事故

故障设备：某化工企业的一台低压三相交流异步电动机，用于拖动循环水泵。

控制系统：继电器-接触器控制电路。

故障现象：在正常生产过程中，供电系统突然停电，引发连锁停机，循环水泵和其他运转设备全部停止运转。因停机时间太长，再次启动时，生产线上重要的化工产品全部报废，直接经济损失高达上百万元。

诊断分析：

1）经查询，事故的直接原因是变电站的一条35kV架空线路受到外力破坏，发生三相短路，引起继电保护动作，快速跳闸切除了故障，导致化工企业突然停电。

2）这家企业虽然采用双电源供电，却仍然发生了这起由停电引起的事故。查看有关的技术资料，发现在设计工艺流程时有所疏忽。

3）这么重要的一套设备，其循环水泵低压电动机的控制回路直接由低压电源供电，没有备用电源，也没有设置延时跳闸环节，一旦电网出现瞬时停电或瞬时低电压，就会立即跳闸断电。

故障处理：在低压电动机的控制回路中，增加UPS电源，避免瞬时断电造成类似的事故。

经验总结：在不能停电的重要设备中，要采取双电源供电。但是双电源的切换也需要一点时间，在这段时间之内，控制回路中的继电器、接触器会断电释放，导致电动机停止运转。所以在这样的控制回路中，有必要配置UPS电源。

例 052　交流接触器不能吸持

故障设备：22kW 低压三相交流异步电动机，用于拖动某锻压车间的一台冲压机。

控制系统：手动操作的交流接触器控制电路。

故障现象：原来工作一直正常。忽然有一次，按下启动按钮 SB2 之后，电动机颤抖了一下就停止下来，不能正常启动。

诊断分析：

1）控制电路见图 1-38。怀疑是交流接触器没有自保。但长时间按住 SB2，情况也没有改变。

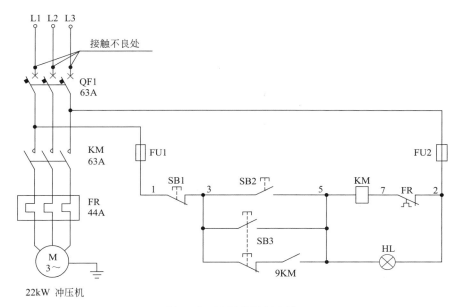

图 1-38　冲压机控制电路

2）怀疑电源缺少一相。用数字万用表测量自动开关 QF1 上下端电压，L1 至 L2 为 370V，L1 至 L3 为 372V，L2 至 L3 为 384V。均在正常范围。

3）检查电动机、自动开关、接触器、热继电器和各个按钮，都没有损坏，控制回路接线也未见异常。

4）查看主回路接线，电源进线用的是 16mm² 的铝芯塑料线，而自动开关 QF 的接线柱是小铜板。铝芯线未使用接线端子，直接用螺钉与自动开关连接。接口处氧化严重，L1 相线头烧黑松动。

故障处理：拆下这三根进线，套接上铜铝过渡接线端子，再把接线部位用砂纸打磨平整。重新接紧后再试机，一切都正常了。

经验总结：铜导体和铝导体直接连接，会产生较大的接触电阻。由于万用表电压挡的内阻很大，因此接触不良处的压降不会明显影响电压的读数，造成电压正常的错觉。而一旦接通电动机的大电流之后，L1 相线头接触不良处会产生很大的压降。而接触器线圈接在 L1 和 L3 相上，其吸合之后，因电压达不到吸持电压而立即释放，致使电动机颤抖一下就停止下来。

例 053　交流接触器起火烧坏

故障设备：10kW 的低压交流异步电动机，用于拖动某饲料加工厂的一台粉碎机。

控制系统：继电器-接触器控制。

故障现象：这台粉碎机由一台 10kW 的低压交流异步电动机拖动。在启动过程中，交流接触器突然起火，冒出一阵阵黑烟。

诊断分析：

1）接触器的型号是 CJ10-60A。停电后检查，接触器已经烧得面目全非。

2）用万用表测量，三相电源电压、电动机绕组、连接导线都在正常状态。

3）更换同型号的交流接触器，再次启动后，接触器又冒出很大的火花，差点被烧坏。

4）经了解，用户原来的供电线路是单相交流 220V 照明线路，安装粉碎机后，在原来的相线 L1 和中性线 N（旧线）的基础上，再接入相线 L2 和 L3（新线），构成三相四线制电源。

5）对供电线路进行仔细检查，发现旧线 L1 上有 3 个接头，氧化都很严重。在其中一个接头上，多股铝芯线的大部分已经断开，只有少数几根还连接着，而接触器的线圈就连接在这一相上。

6）为什么用万用表测量时电压正常呢？如图 1-39（a）所示，导线接头虽然严重氧化，其接触电阻 R_1 增大，但是万用表电压挡的内阻 R_2 相当高，$R_2 \gg R_1$。在测量时，R_1 与 R_2 串联，接在交流电源上，此时电源电压几乎全部施加在万用表内阻 R_2 上，所以万用表反应出的电源电压完全正常。

7）而在启动电动机时，电动机的阻抗 Z 很小，$Z \ll R_1$。Z 与 R_1 串联，接在交流电源上，此时电源电压几乎全部施加在导线接头电阻 R_1 上，如图 1-39（b）所示。再加上接触器使用了很多年，触头接触不良，电动机基本是在两相电源下启动。这导致启动电流增大，引起接触器弧光短路。

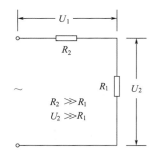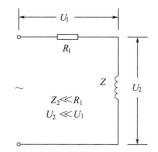

(a) 接头电阻与万用表串联分压　　　　(b) 接头电阻与电动机串联分压

图 1-39　接头电阻的分压作用

故障处理：更换 L1 相导线和交流接触器。

例 054　接触器触头经常烧损

故障设备：J91-4 型低压三相交流异步电动机，75kW，用于拖动引风机。

控制系统：75kW 的 Y-△降压启动柜。

故障现象：使用一年多后，Y 形启动接触器 KMY 的主触头严重烧损。更换接触器后，也只能使用几个月。

诊断分析：

1）打开启动柜进行观察，发现 KMY 在断开时，触头上有相当大的弧光。

2）这台启动柜的电控原理如图 1-40（a）所示：当按下启动按下 SB2 之后，在 Y-△转换过程中，接触器 KM1 始终为接通状态，就是说，电路是在通电状态下完成 Y-△转换过程。因此，KMY 主触头在断开时将产生电弧，将主触头烧损，时间一长就会使 KMY 主触

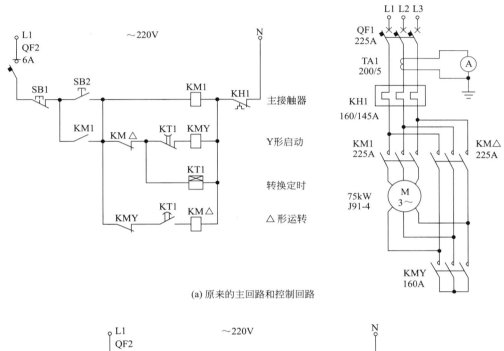

(a) 原来的主回路和控制回路

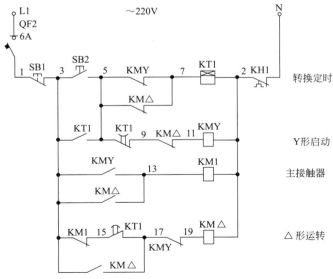

(b) 改进后的控制回路

图 1-40　Y-△的主回路和控制回路

头不能顺利断开。在此情况下，如 KM△ 主触头也同时接通，会发生三相电源短路事故，并引起自动空气开关跳闸，甚至使导线发热烧毁。

3）分析认为，产生弧光短路的原因是：

① 在 KMY 断电拉弧瞬间，接触器主触头拉开到一定的距离时理应熄弧，但由于电机的自感电动势和电源电压叠加后，共同作用延长了 KMY 的拉弧时间，此时 KM△ 紧接着闭合，把三相电源引入，造成弧光短路。

② 引风机的启动电流比较大，所需的启动时间也比较长，如果时间继电器 KT1 整定时间太短。在启动过程还未结束，启动电流还很大时 KT1 就已动作，KTY 接触器主触头将分断大的启动电流而使熄弧缓慢，这时，KM△ 在大电流情况下吸合，同样会造成弧光短路。

4）该电路还存在一个缺陷，如果时间继电器 KT1 在使用中损坏，KM1 和 KMY 就一直保持吸合状态，电动机在额定负载下，长期用 Y 形接法运行，使电动机严重发热，甚至烧毁。

故障处理：针对以上缺陷，有必要对控制电路进行改进。其电气原理见图 1-40（b）。由于 Y-△电路在厂矿企业中应用很广泛，很有必要用较大的篇幅将它的工作原理叙述清楚。

1）按下启动按钮 SB2，时间继电器 KT1 通电，接触器 KMY 也通电吸合。KMY 的辅助常开触点 3-13 闭合，使 KM1 得电吸合。KT1 的瞬动常开触点 3-5 闭合起自保作用，使 KM1、KMY、KT1 都保持在吸合状态，电动机在 Y 接法下启动。此时 KM1 和 KMY 的辅助常闭触点 3-15 和 17-19 均断开，使 KM△ 在启动阶段不能吸合。

2）当 KT1 到达整定的时间后，其延时常闭触点 5-9 断开，KMY 线圈断电释放。KMY 的辅助常开触点 3-13 断开，使 KM1 失电，KM1 辅助常闭触点 3-15 闭合，在此之前，KT1 的延时常开触点 15-17 已闭合，KMY 的辅助常闭触点 17-19 也闭合，KM△ 线圈得电吸合。KM△ 的辅助常闭触点 5-7 断开，在此之前，与其并联的 KMY 辅助常闭触点 5-7 已重新闭合，故 KT1 仍处于工作状态。KM△ 线圈得电后，其辅助常开触点 3-17 闭合自锁。辅助常开触点 3-13 闭合，使 KM1 重新吸合，电动机转入△接法运行，启动过程全部结束。

3）从上述分析可知，改进后的电路，KMY 和 KM1 是两级接触器断开；KMY 在断电的情况下完成电弧的熄灭。这样不仅完全杜绝了 Y-△转换过程中的弧光短路，而且简单、可靠性高。

4）改进电路中还有一个显著的优点：当时间继电器 KT1 万一损坏后，不能吸合工作，其瞬动常开触头 3-5 就不会闭合。只要松开启动按钮 SB2，KMY 和 KM1 就无法保持吸合状态，电动机不能启动，避免了电动机在 Y 接法下长期运行带来的危害。

例 055　交流接触器触头多次烧坏

故障设备：95kW 低压三相交流异步电动机，用于拖动 XJL-250A 橡胶过滤机。

控制系统：QZB-110 型自耦降压启动柜。

故障现象：这台降压启动柜启动较为频繁，使用一年多后，交流接触器的触头就严重烧损，更换新接触器后，也只能使用一年左右。

诊断分析：

1）启动柜的主回路和控制回路见图 1-41，对元器件和接线进行检查，与图纸没有出入。

2）对启动过程进行观察，发现在由启动转入全压运行时，接触器 KM1 的吸合和 KM3

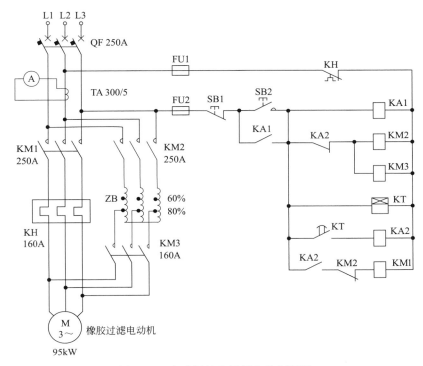

图 1-41　启动柜的主回路和控制回路

的释放几乎处于同一时刻。在这个瞬间，三相交流电源经 KM1、KM3 加到自耦变压器 ZB 的 80% 抽头上，线圈的底部已经接成星点，也就是说，ZB 中的 20% 线圈要承受 380V 交流电压，导致电流太大，将接触器触头烧坏。

故障处理：将 KM2 和 KM3 的常闭触点一起串入 KM1 的线圈回路（原来只串联了 KM2 的常闭触点，而没有串联 KM3 的常闭触点），即可防止在 KM3 未释放时，KM1 就已经吸合的故障现象。如此改进之后，KM1 的使用寿命大大延长。

经验总结：在降压启动电路中，启动接触器与运转接触器之间必须有完整的硬联锁。当启动接触器没有完全断开时，运转接触器不允许吸合。

例 056　断路器静触头多次烧坏

故障设备：Y200L2-2 型低压三相交流异步电动机，功率 37kW，额定电压 380V，额定电流 67A。用于拖动一台水泵。

控制系统：自耦降压启动电路。

故障现象：向启动柜供电的断路器 QF（DZ10-100-330 型）U 相静触头多次被烧坏。换上新断路器之后，不久又出现相同的故障现象。

诊断分析：

1）水泵电动机的主回路见图 1-42。测量三相四线制供电电压，在正常范围。

2）用钳形表测量电动机的三相电流，基本上平衡。

3）测量相电源 L1 与 U 相静触头之间的电压，为 8V 左右。而 L2 相与 V 之间、L3 相与 W 之间都是正常值 0V。这个 8V 左右的电压是很不正常的。

4）连接在 L1 与 U 相静触头中间的是一段长 20cm、宽 3cm 的铝排，在 U 处使用直径 8mm 的钢质螺栓进行连接。螺母在铝排的背面，连接情况不容易看到。用扳手拧动螺母时，发现该螺母已经松动，并且连接处的温度明显偏高。此外，连接点的铝排已经烧得粗糙不平，接触面产生铝氧化膜。

5）在 20℃时，铝的电阻率是 $2.83 \times 10^{-2} \Omega \cdot m$，而铝氧化膜的电阻率高达 $1.0 \times 10^{16} \Omega \cdot m$，所以接触电阻大大增加。接触电阻增加后，又使连接点温度升高，较高的温度使铝排进一步膨胀变形，导致接触电阻增加，产生更高的温度。这种恶性循环在连接点产生了大量热量。一部分热量传导到断路器的 U 相静触头上，使静触头长时间承受高温而烧坏。同时，固定静触头的绝缘材料碳化，造成静触头松动。

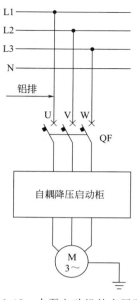

图 1-42　水泵电动机的主回路

故障处理：

1）更换断路器 QF；

2）将连接铝排更换为铜排，钢质螺栓更换为铜质螺栓。

经验总结：试验表明，用螺栓连接铝排时，如果螺栓处的运行温度超过 80℃，连接点就会因为过热而膨胀，铝排接触面分离开，产生铝氧化膜，导致接触不良，影响电气控制系统的正常运行。

例 057　继电器线圈经常烧坏

故障设备：低压三相交流异步电动机，1.5kW，用于驱动 20000kV·A 主变压器的冷却风机。

控制系统：手动/自动控制的继电器-接触器电路。

故障现象：在使用自动方式进行控制时，中间继电器 KA1、KA2 的线圈严重烧损。

诊断分析：

1）电动机的控制电路见图 1-43（a）。更换继电器 KA1、KA2，但是使用几个月后，又出现同样的故障现象。

2）仔细观察和分析，发现继电器线圈损坏的原因是通电时间太长：在风机启动后，KA2 线圈一直通电吸合；在风机停止后，KA1 线圈一直通电吸合。此外，温度计装在变压器本体中，在自动控制方式下，变压器本体振动较大，温度计的指针受振动的影响，不停地抖动，其触点不停地接通和断开，导致 KA1 和 KA2 也不停地吸合和释放。

3）由此可见，故障的根本原因是冷却风机的控制回路设计不合理，必须进行改进。

故障处理：按图 1-43（b）对控制回路进行改进。

1）在高温启动回路中增加 KM 的常闭触点 3-4；

2）在低温停止回路中增加 KM 的常开触点 5-6。

经改进后，在自动控制状态，当温度过高时，PT 的常开触点接通，KA1 线圈得电，交流接触器 KM 线圈也得电，风机启动。紧接着启动控制回路中 KM 常闭触点 3-4 断开，使 KA1 线圈失电；低温停止回路中 KM 常开触点 5-6 闭合，低温停止回路处于准备状态。当温度低于 40℃时，PT 常闭触点接通，使 KA2 线圈得电、KM 线圈失电，风机停止。紧接着低温停止回路中 KM 常开触点 5-6 断开，使 KA2 线圈失电。可见，在自动控制状态下运行，KA1 和 KA2 的线圈仅在启动、停止瞬间通电。而在手动状态下，接触器 KM 的线圈直

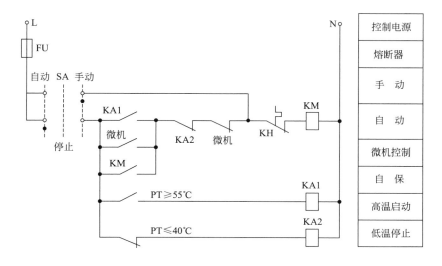

(a) 原来的控制电路

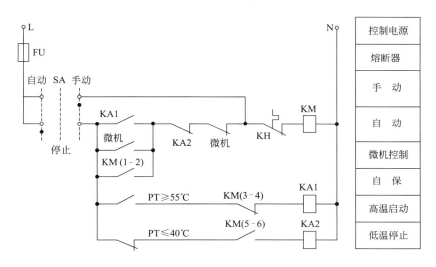

(b) 改进后的控制电路

图 1-43 冷却风机的控制电路

接得电，使自动控制回路完全断开，从而避免了 KA1 和 KA2 的线圈因长时间通电而烧坏，大大延长了它们的使用寿命。

例 058 两只交流接触器同时烧毁

故障设备：两台低压三相交流异步电动机，用于驱动一台电铲。

控制系统：继电器-接触器控制电路。

故障现象：在使用过程中，两台电动机突然停止运转。

诊断分析：

1）原来的控制回路如图 1-44（a）所示。经检查，发现控制这两台电动机的交流接触器 KM1、KM2 线圈同时烧毁。

2）更换接触器后，没有发现其他故障，随即恢复运行。几天之后，两个接触器的线圈又同时烧毁，并出现明显的火花。

3）这种故障现象在其他几台同型号电铲上也经常出现，一般都是在新上岗的电铲司机操作时发生，其原因是误操作。有的司机没有先接通 SA1 就直接操作 SA2；有的司机在停止工作时只断开 SA1，而没有断开 SA2。

4）在这两种误操作之下，由于控制回路的设计不够完善，KM1 和 KM2 的线圈串联起来，接在 380V 的交流电源上，线圈上的电压不能达到所需的最低电压（正常电压的 85%），导致 KM1 和 KM2 不能正常吸合，造成铁芯发热和线圈烧毁。

故障处理：按图 1-44（b）对接触器部分的控制回路进行改进，将 KM1 线圈与 KM2 线圈并联。这样不会造成两个线圈串联接在 380V 电压上。如果 SA1 没有接通，则 KA1 不能吸合，致使 KA2、KM1、KM2 全部不能吸合。如果只断开 SA1，而没有断开 SA2，则因为 KA1 常开触点断开，导致 KA2 线圈断电，KM1 和 KM2 也会释放。

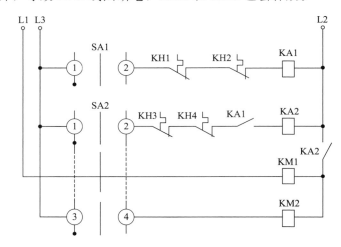

(a) 原来的控制回路

(b) 接触器控制回路的改进

图 1-44　电铲的控制回路

例 059　继电器和接触器动作紊乱

故障设备：低压三相交流异步电动机，用于 H057 型外圆磨床。

控制系统：继电器-接触器控制电路。

故障现象：这台机床控制回路的电源原来是 AC 380V，在设备大修中改为 AC 220V。在试车时，继电器和接触器动作紊乱，操作员工有麻电的感觉。

诊断分析：

1）这台机床采用三相四线制供电，怀疑供电系统电压偏低，经测量电源的线电压为390V，控制线路中的相电压为225V，不存在问题。

2）对控制电路中的元器件、连接导线进行核对检查，没有发现错误之处。

3）在机床侧测量零线 N 对大地的电压，有几十伏之多，而且很不稳定，这说明零线接触不良。

4）翻开电缆沟，对零线进行检查，它用的是一根 BLV 铝芯塑料线，截面为 2.5mm²，两个接头都严重氧化，这造成线路电阻偏大。如图 1-45 所示，当控制回路的电流流过零线时，在线路阻抗 Z_x 上产生较大的压降 U_x，导致控制回路的实际电源 U_g 远远小于220V。此外，机床的床身没有接地，而是与零线相连接，带有几十伏的电压，导致麻电现象。

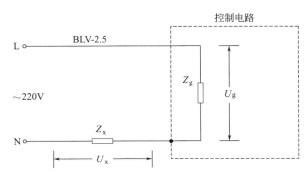

图 1-45　线路压降对控制电源的衰减

故障处理：去掉线路接头，将零线更换为整根的 BV-2.5 铜芯塑料线。

经验总结：在这起故障中，原来控制回路的电源电压为380V，零线只流过很小的电流，因此掩盖了故障现象。改为220V后，零线显得特别重要，由于压降较大，造成了控制电压工作不正常。且由于机床外壳带有几十伏的电压，导致麻电感觉。

例 060　工艺动作出现失控现象

故障设备：低压三相交流异步电动机，用于驱动某全自动磨床中的液压油泵。

控制系统：PLC（PC-80 型）可编程序自动控制。

故障现象：在自动循环加工过程中，工艺动作出现失控现象。

诊断分析：

1）这台磨床的供电采用三相四线制，PLC 和油泵电动机的控制电源是 AC 220V，相线分别取自 L1 和 L2，如图 1-46 所示。

2）检查 PLC，发现电源指示灯和其他指示灯都不亮，怀疑 PLC 损坏。

3）测量 PLC 的供电电源，达到320V，远远超过了正常值220V，这说明图中的 PEN 线不正常。

4）对电路中的元件和线路进行排查，发现液压油泵电动机的控制电路有问题。其控制电源也是 AC 220V，相线取自 L2。在操作面板上，油泵停止按钮 SB1 的连接线头太长，裸露出来的线头与金属面板碰在一起，即 L2 相存在单相接地，如图 1-46 中虚线所示。但是短路电流没有将熔断器 FU 烧断，而接地电阻也比较大，这导致 PEN 线上出现了相电压，造成连接在 L1 相与 PEN 之间的 PLC 被损坏。

5）检查熔断器 FU，其熔芯在上次被烧断后，没有换上正规的熔芯，而是接上一根线

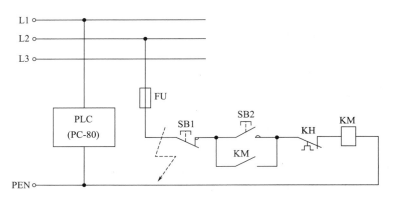

图 1-46　PLC 和油泵电动机的控制电源

径较粗的铜芯线，导致短路时不能熔断。

故障处理：排除 SB1 的短路故障，并更换 PLC 和熔断器 FU。

经验总结：这是一起因工作马虎而人为造成的故障。

1）元器件的接线要规范，不允许将线头裸露在外。

2）在一般情况下，不应该使用铜芯线替代熔芯和保险丝。

例 061　热继电器失去保护作用

故障设备：4.5kW 低压三相交流异步电动机，用于拖动一台皮带运输机。

控制系统：继电器-接触器正反转控制。

故障现象：在正转运行过程中，电动机中突然冒出黑烟。

诊断分析：

1）切断电源后进行检查，发现电动机的绕组已经烧坏。其原因是皮带运输机被物料卡住，导致电动机长时间堵转。

2）这台皮带运输机原来的正反转控制回路见图 1-47（a），它用热继电器 KH1 作过载保护。KH1 的整定值是 10A，这是合理的，而且在电动机堵转时它已经动作，但是接触器 KM1 却没有断电释放。

3）对控制电路进行分析，发现在 KH1 动作，其常闭触点断开后，流过 KM1 线圈的电流并不断切断，它经过接触器 KM2（线圈）、指示灯 XD2 获得了另外一条寄生电流通路，如图 1-47（a）中的虚线所示。而且寄生电流的数值大于 KM1 的吸持电流，这导致 KM1 的线圈不能断电，电动机在堵转的情况下继续通电，造成电动机烧毁。

故障处理：按图 1-47（b）所示。改变指示灯 XD1 和 XD2 连接的位置，这样就切断了寄生电流通路，可以避免类似故障。

经验总结：在设计电动机的控制回路时，要防止产生寄生电流。

例 062　重物失控后极快地下滑

故障设备：YZR180L-4 型、22kW 绕线型低压异步电动机，用于驱动 10t 吊钩桥式起重机。

控制系统：继电器-接触器控制电路。

故障现象：在吊运物料过程中，吊钩上的重物突然失去控制，以极快的速度下滑。这种

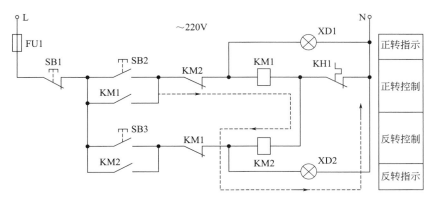

(a) 原来的正反转控制电路

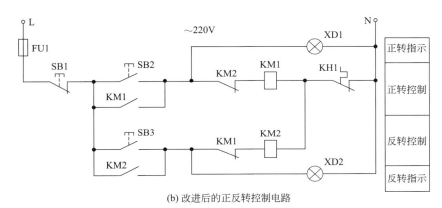

(b) 改进后的正反转控制电路

图 1-47　皮带运输机的正反转控制电路

"溜钩"故障非常危险，很容易造成设备和人身事故。

诊断分析：

1）据了解，事故发生前，起重机曾经出现了过流继电器跳闸现象。

2）检查电控箱中的主回路和控制回路，没有发现异常现象。

3）对电动机进行解体检查，发现在集电环一侧，定子和转子绕组端部损坏。绕组端部膨胀开裂，呈现喇叭口形状，定子和转子绕组端部的绝缘被刮伤，导线被划破，但是并没有明显的短路烧伤痕迹。

4）清理导线和绝缘漆时，发现其中夹杂着一些平衡胶泥碎块和粉末，有的碎块长达10mm。而在电动机的另一端，定子和转子绕组完好，只是脱落了一些平衡胶泥。

5）对电动机损坏的情况进行分析，认为故障的起因是平衡胶泥脱落。平衡胶泥粘结在转子绕组的端部，固化后非常坚硬。但是它的热膨胀系数与转子端部铁芯、线圈的热膨胀系数不可能完全一致，时间一长便会松动。此外，电动机频繁地正反转启动、制动，也容易引起胶泥振动脱落。胶泥脱落后掉在定子绕组端部，当转子转动时，把端部导线划断，引起转子绕组开路，同时也会把定子绕组划破，引起定子绕组缺相运行。这时外部电源并没有断电，电动机的电磁抱闸处于松开状态，在重力的作用下，吊钩出现超速和"溜钩"现象。

故障处理：采用无纬带固定转子的平衡胶泥，防止其脱落。

经验总结：在这类控制系统中，为了防止超速和"溜钩"故障，可以加装超速保护环节。超速整定值约为1.1倍的电动机同步转速值，超速继电器要达到快速、灵敏、可靠的要求。

例 063   起重机制动距离延长

故障设备：三相转子滑环式感应电动机，用于控制某车间的一台桥式起重机。

控制系统：PLC 可编程序控制。此外，定子回路中带有调压调速装置，定子调电压和转子切电阻两种传统的调速方式相结合，有效地发挥了两种调速方式的优点。

故障现象：在起重作业过程中，当起升机构全速下降时，设备正常运行。将操作控制手柄拉回零位进行制动时，一般情况下，起升机构开始电气制动，以较低的速度向下滑行一定的距离，然后发出机械抱闸指令，使得起升机构完成制动。然而，有时起升机构向下滑行的距离延长，超过正常距离 1m 以上。

诊断分析：

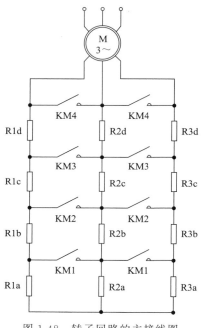

图 1-48   转子回路的主接线图

1）起重机械向下滑行制动的距离不能延长，否则会引起重大的安全事故。然而这种故障现象时有时无，信号系统中也没有任何报警信息，故障的排查存在很大的困难。

2）对电动机的制动过程进行分析，在发出制动指令时，定子调压装置输出反向电压，使得电机反接制动。同时 4 只转子电阻接触器全部断开，使得转子回路串入全部的 4 段电阻，电动机减速运转。当速度降低到一定的程度时，再通过定子电压的调节实现逐挡减速。

3）转子回路的主接线见图 1-48。对转子电阻接触器 KM1～KM4 进行监视，发现在制动时，4 只接触器本应该全部断开，但是接触器 KM4 却有延时断开的情况。在这种情况下，转子回路中的减速电阻被全部短接，电动机不能按照要求进行减速。

4）进一步检查，KM4 的触点并没有粘连，但是 PLC 有异常输出。在其输出端子上，与 KM4 对应的输出点指示灯已经熄灭，但是偶尔还有电压信号送出，这很可能是其内部的输出继电器触点偶尔粘连。

故障处理：调换 PLC 输出点后，起重机制动正常，故障不再出现。

经验总结：PLC 是控制系统的逻辑控制中心，它是以微处理器为基础的工业元件，一般来说具有极高的可靠性。但是在外部电磁干扰、环境温度异常等情况下，偶尔也会出现控制逻辑紊乱等故障现象。如果采用继电器输出，偶尔也会出现触点粘连的现象。

例 064   精研机动作经常失误

故障设备：低压三相交流异步电动机，用于 3M2396 型精研机。

控制系统：PLC（DK-PC80 型）可编程序自动控制。

故障现象：在对工件进行研磨的过程中，电动机的工艺动作经常失控。

诊断分析：

1）用户对这台设备进行了技术改造，采用 DK-PC80 型可编程序控制器进行自动控制。反复检查梯形图，在逻辑上完全正确；输入到存储器中的 160 条用户指令也是对的；输入和输出端子的 37 根接线也准确无误。

2）正在不知所措时，忽然想到线路敷设的问题。这台设备的 PLC 控制器安装在机床旁边的墙壁上，控制器至机床的各种引线共计 44 根，其中有输入线 17 根，输出线 23 根，24V 直流电源线 2 根，220V 交流电源线 2 根。每根导线转弯抹角有 4m 多长。它们用尼龙带紧紧缠扎在一起，再穿在一根 φ40mm 的金属软管内。

3）按照有关规定，PLC 输入、输出部分的引线和动力线应该分开敷设，尽可能远离，避免平行布线。而现在这种布线方式，使输入线很容易受到电磁干扰，产生感应电压和错误的输入信号，导致 PLC 误输出，出现上述故障现象。

故障处理：拆散原来的布线，将输入、输出部分的引线和动力线分别各穿一根金属软管敷设。管子靠 PLC 的一端做好接地（另一端不要接地）。这样处理后，机床工作完全正常。

例 065　抛丸清理机不能自控（1）

故障设备：几台低压三相交流异步电动机，用于 QW3750 型抛丸清理机，分别进行进料、抛丸清理、出料等工作。

控制系统：欧姆龙 C200H 型 PLC。曲轴的进料、抛丸清理、出料等工作，均由 PLC 实行自动控制。

故障现象：在自动加工过程中，自动控制突然失灵，几台电动机都不能启动，只能采用手动操作，生产效率大大降低。

诊断分析：

1）设备是在运行过程中突然停机的，这说明不是员工操作不当，而是控制电路存在故障。

2）对电控柜内部的元器件进行观察，发现 PLC 的 CPU 单元面板上的 POWER 和 RUN 指示灯亮，而 ERR 和 INH 指示灯熄灭，并且输入模块上所有的指示灯均不亮。这说明 PLC 仍处于运行状态，很可能是输入模块的电源出现了故障。

3）PLC 输入模块所用的电源是 DC 24V，它取自 PLC 的 CPU 模块。用万用表测量，电压只有 7V 左右。显然，这会导致抛丸机自动控制失效。

4）断开 CPU 模块的 DC 24V 输出线，再用万用表测量这个电压，此时 24V 电压恢复正常。可见 DC 24V 电源本身是正常的，是其负载发生了短路故障。

5）DC 24V 电源线上带有较多的负载，包括 5 个 PLC 输入模块，每个输入模块上连接着十几个外围元件。此外还有其他 8 条负载支路，如图 1-49 所示。要在这样复杂的电路中逐点查找比较困难，因此，需要采用分割法来逐步缩小故障范围。

6）拔掉各个输入模块，每拔掉一个，测量一次电压。5 个输入模块都拔掉后，DC 24V 还是没有恢复到正常数值，这说明故障不在输入模块上。

7）分别断开 8 条负载支路，每断开一个，测量一次电压。当断开"卸件位检测"支路时，DC 24V 立即恢复到正常数值，说明故障就在这一支路上。

8）进一步检测，发现"卸件位检测"传感器的对地电阻很小，说明传感器已经损坏并造成短路。

故障处理：更换"卸件位检测"传感器后，故障得以排除，系统恢复正常工作。

经验总结：在本例中，根据输入模块上所有的指示灯都不亮这一故障现象，迅速抓住了

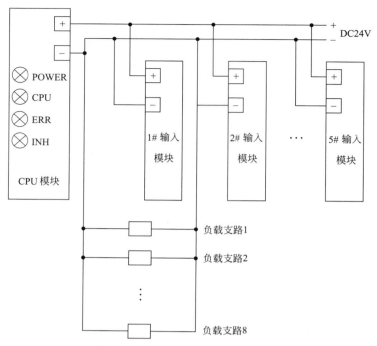

图 1-49　DC 24V 电源线上的负载

DC 24V 电源故障这一主题，然后采用分割法逐步缩小故障范围，较快地排除了这一复杂电路中的故障。

例 066　抛丸清理机不能自控（2）

故障设备：同例 065。

控制系统：同例 065。

故障现象：清理机通电后，按下"自动"按钮，启动 PLC 进行自动运行，此时控制系统立即断电，所有的电动机都不能启动。

诊断分析：

1）图 1-50（a）是抛丸机控制电源的原理图，控制变压器将 380V 的交流电压降到 220V 后，通过中间继电器 1KA 供给控制电路。PLC 的工作电源则取自 L10、L20 两个端子，由此可知，控制回路的供电与 PLC 的运行没有直接的联系。

2）由于按下"自动"按钮的瞬间，整个控制电路立即失电而停止工作，没有时间进行观察和测量，只能通过逻辑分析来判断故障。

3）PLC 及其他的外围元件从本质上来说，都是控制电源的负载。PLC 启动运行后，接通了某一负载，使控制电路的负载加重。如果这一条负载电路中存在短路故障，就会瞬间拉低控制电源电压。控制电源是由变压器降压而来，其带负载的能力是有限的。电压降低之后，会造成中间继电器 1KA 欠压跳闸，迅速切断控制电路电源。

4）这台 PLC 由一个 CPU 模块、5 个输入模块和 4 个输出模块所组成，再加上若干外围电路，故障范围很大，故需要采用分割法来查找短路故障点。

5）分别断开 PLC 的 4 个输出模块供电电源上的熔断器，再开机试验。当断开第 3 个输出模块上的熔断器时，再启动后系统不再断电，CPU 模块上的各种指示灯显示均正常，可

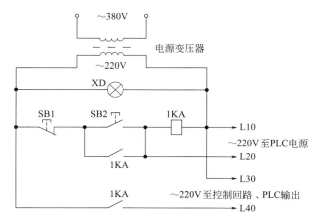

(a) 控制电源的原理图

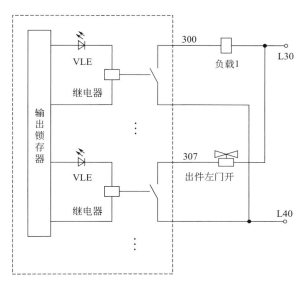

(b) 输出模块的负载电路

图 1-50　抛丸机的控制电源和输出模块负载电路

见短路故障就在第 3 个输出模块的负载电路中。

6）第 3 个输出模块中共有 16 个输出点，用万用表的 R×1 电阻挡，逐个测量各个输出点的对地电阻，当测量到第 8 个输出点时，发现其输出电阻很小，几乎接近于零，可见是这个输出负载出现了短路故障。这个负载是"出件左门开"电磁阀，如图 1-50（b）所示。

　　故障处理：更换"出件左门开"电磁阀后，故障得以排除，系统恢复正常工作。

　　经验总结：在本例中，通过控制回路断电的现象，推断出故障原因是控制继电器 1KA 因欠压跳闸。再采用分割法，较快地找出了具体的短路元件。

例 067　印花板动作完全失控

　　故障设备：低压三相交流异步电动机，用于某印花机。

　　控制系统：PLC 可编程序自动控制。

　　故障现象：印花机通电后，按下启动按钮，不能启动。将印板的上、下限位开关置于上限位时，印板单边频繁地上升和下降，动作完全失控了，并出现剧烈的抖动。

诊断分析：

1）查看 PLC 输入和输出模块上的指示灯，发现上、下限位指示灯时亮时灭。在没有按下紧急停车按钮时，其输入信号指示灯有指示，但是亮度比较暗。其他一些信号灯也有类似的情况，这些都是很不正常的。

2）用万用表测量各个信号输入端的电压，有 10V 左右，而正常值应为 0V，由此断定 PLC 输入回路存在故障。

3）到机台上检查，发现 DC 24V 电源线和信号电缆都浸泡在排污槽中，而污水中的染料有很强的腐蚀性，使得电缆绝缘受损，24V 电源线上的电压泄漏到信号线上。

故障处理：

1）将排污槽中的所有控制线、信号线、电源线都捞出来，架空固定在机台上，防止其受到腐蚀。

2）将信号线与电源线间隔 10cm 以上，以防止信号受到干扰。

经验总结： 在 PLC 控制电路中，电源线与信号线应分开敷设，防止电源线对信号产生干扰。

例 068　失灵的点动控制电路

故障设备： 低压三相交流异步电动机，用于驱动 CQ61100 型卧式车床的主轴。

控制系统： PLC 可编程序自动控制电路。

故障现象： 这台主轴电动机带有点动控制功能。将车床的控制电路改用 PLC 可编程控制器之后，点动控制失灵。按下点动按钮，主轴电动机启动；而松开此按钮后，电动机不能停止运转。

诊断分析：

1）图 1-51（a）是原来的启停/点动控制电路梯形图，X0 是启动按钮，X1 是停止按钮，X2 是点动按钮，Y0 是输出继电器。按下 X0 后，Y0 得电并自保。通常认为，在按下 X2 后，因其常闭点断开，Y0 自保回路被切断，因此不会自保，松开 X2 后 Y0 即可失电。

2）分析认为：这里的常闭点不是普通机械式按钮的物理触点，而是一个与常开点相反的逻辑接点。一旦常开点断开，常闭点就瞬间恢复闭合，速度在微秒级。而 Y0 的动作至少要扫描两个程序步。当 X2 松开时，Y0 很可能尚未失电，而 X2 的逻辑常闭点就已经恢复闭合，这时自保回路被接通，Y0 继续得电，电动机不能停止运转，失去了点动功能。

故障处理： 按图 1-51（b）修改梯形图，先把启停和点动这两部分电路分开，用 X0 和 X1 控制内部辅助继电器 Z0，而用 X2 控制内部辅助继电器 Z1。Z0 有自保，而 Z1 无自保。再将 Z0 和 Z1 并联起来控制输出继电器 Y0。这时就不会出现上述现象，能保证启停和点动两种控制功能的正确执行。

例 069　水泵无规律地自动停机

故障设备： 低压三相交流异步电动机，4kW，用于拖动某车间的一台循环水泵。

控制系统： 继电器-接触器控制电路，可实现液位自动控制。

故障现象： 这台水泵的用途是将冷却水抽到屋面水箱中。在使用过程中，工人反映水泵有时不能启动，有时无规律地自动停机，造成水箱无水。

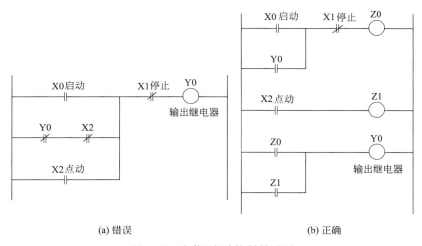

(a) 错误   (b) 正确

图 1-51 启停/点动控制梯形图

诊断分析：

1）水泵的控制电路如图 1-52 所示。水泵的开停由安装在水箱中的浮球液位控制器 YK 自动控制（也可以用按钮人工控制）。低水位时 YK 触点接通，KA 及 KM 吸合，水泵向上抽水；高水位时 YK 触点断开，KA 及 KM 释放，水泵停止抽水。

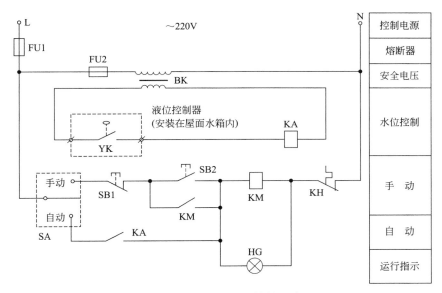

图 1-52 循环水泵的控制电路

2）检查电源电压和控制变压器初、次级电压，都在正常范围。

3）根据以往的经验，YK 容易发生接触不良的情况，遂更换一只新的水位控制器，但故障依旧。

4）从控制箱到 YK 的两根信号线已经很旧了，试换后也没有解决问题。

5）仔细观察，听到中间继电器 KA 发出轻微的"吱吱"声，随即又消失了，于是意识到其铁芯可能有问题。拆开一看，果然很脏，还生有铁锈。看来故障原因就是铁芯不良，造成线圈吸力下降。

故障处理：KA 的型号是 JZ7-44，将其拆去，改用封闭较好，不容易进灰尘的中间继电器 JZC1-22。此后控制电路工作正常，再也没有发生类似故障。

经验总结：除铁芯问题之外，JZ7 型中间继电器的触点是敞开式，容易受到腐蚀，也容易产生接触不良的现象。

例 070 回零后牵引机依然在行走

故障设备：低压三相交流异步电动机，用于拖动某港口的牵引机，对进港的船只进行牵引。

控制系统：继电器-接触器控制电路。

故障现象：在调试过程中，牵引机经常出现无规律的误动作。当主令开关回零位后，牵引机依然在行走，不是前进就是后退。这种误动作绝对不允许发生，否则会在实际使用中造成重大人身和设备事故。

诊断分析：

1) 对主回路中的接触器进行检测，没有触点粘连的现象，但是当主令开关回零位后，接触器有时没有断电释放。

2) 对控制回路进行检测，发现主令控制器回零位后，这些继电器控制线圈上依然存在几十伏的电压，导致继电器在应当释放时处于吸合状态。

3) 对这只继电器进行检查，质量良好，没有剩磁等异常现象。

图 1-53 在继电器线圈上并联阻容吸收装置

4) 这台牵引机的主令控制器在工作现场，与电控柜相距 300 多米。在沿途存在大量电焊作业，产生很强的电磁干扰信号。这些干扰信号很容易窜入控制线路。在检测中发现，干扰信号在 300 多米控制线上叠加，产生 $10 \sim 30V$ 的交流电压，导致继电器不能正常释放。

故障处理：在继电器线圈上并联阻容吸收装置，如图 1-53 所示。继电器线圈的主要参数为：$R_j = 16.7k\Omega$，$U = 220V$，$I = 5mA$。并联的电阻 $R = 220\Omega/2W$；电容 $C = 100pF/AC400V$。自此之后，当主令控制器回零时，继电器立即释放，牵引机动作正常，故障没有再次出现。

例 071 智能控制器处于失效状态

故障设备：三相交流异步电动机，260kW，△连接，额定电压380V，额定电流460A。用于拖动某自来水公司的 2♯送水泵。

控制系统：自耦降压启动柜，配置有综合型智能电动机控制器。

故障现象：送水泵在抽水过程中，电动机控制柜内冒出滚滚浓烟，烟火报警盘发出火灾报警信号，控制柜内部的断路器跳闸，水泵停止抽水。

诊断分析：

1) 这台对电动机进行解体，发现定子绕组、接线盒、出线电缆接头均严重烧毁。

2) 查找电动机烧坏的原因，发现送水泵使用年限太久，叶片严重变形，阻碍了水泵的运转，造成电动机过负荷运行，最后导致堵转。

3）电动机堵转后，电流显著增大，线圈温度升高，端部的排风扇又不能转动，冷却效果降低，线圈很快烧坏。此时在电动机接线盒内部，电缆接头温度也迅速升高，将塑料绝缘板烧坏，造成接线螺栓之间相间短路，电流急剧上升，导致接线盒起火燃烧。此时短路电流进一步上升，达到 $900\%I_e=4140A$，超过接触器最大分断电流。造成接触器（630A）烧毁，断路器跳闸。

4）这台电动机的控制柜中，采用了综合型智能电动机控制器，它是在低压配电系统中广泛应用的低压电动机保护装置。它取消了传统控制电路中的时间继电器、中间继电器、辅助继电器、仪表、控制和选择开关、指示灯、可编程控制器、变送器等多种附加元件，包含了热继电器、热保护器、漏电保护器、欠电压保护器等多种分列保护器的功能。这样一种先进的控制器，为什么没有对这台电动机进行有效的保护？

5）查看故障时的录波电流并进行分析，显示堵转时的故障电流为870A。此时供电的1♯电力变压器负载中，只有这一台送水泵在工作，变压器初级 10kV 电源进线电流同期的记录值为 80A，换算至次级的 380V 侧，电流应当是 2100A 左右，相当于 4.6 倍额定电流，远远大于录波电流所显示的 870A，这说明电流互感器 CT 所反应的负载电流远远小于实际电流。

6）对控制器配置的 CT 进行检查，其型号规格为 CT40，750/5A，保护精度为 0.5 级。查看制造厂家的使用说明书，要求被保护的电动机额定电流大于 250A 时，保护精度要达到 5P10。显然，CT 没有按照规定进行配置。当其初级出现大电流时，CT 出现饱和现象（电流越大，饱和越严重），不能达到保护电动机的目的。

7）在这台控制器中，整定的堵转保护动作值为 $200\%I_e=920A$。由于 CT 深度饱和，反馈至控制器的电流只有 870A，小于控制器的整定值，导致堵转保护没有动作。

故障处理：
1）修复电动机和出线电缆接头，更换烧坏的交流接触器。
2）将电流互感器更换为 CT40，750/5A，保护精度为 5P10 等级。

经验总结： 综合型智能电动机控制器是一种先进的控制设备，它将低压交流电动机的控制、保护、监测、总线通信集中于一个整体，近年来广泛地应用在电力、钢铁、石油、化工、铝业、供水、轻工、建材等许多行业中。需要注意的是：当电动机的额定电流大于 250A 时，所配置的电流互感器保护精度要达到 5P10。否则会使互感器出现饱和现象，不能准确地反映出电动机的运行电流，导致失控甚至损坏电动机。

例 072 切断电源后机床才能停止

故障设备： 低压三相交流异步电动机：用于 B690 型牛头刨床。

控制系统： 手动操作的交流接触器控制电路。

故障现象： 这台刨床在工作结束后，按下停止按钮，不能使电动机停止工作，必须切断电源才能使机床停下来。

诊断分析：
1）有关的电路见图 1-54，检查控制线路，没有发现异常情况。

2）怀疑交流接触器 KM 的铁芯表面有油脂，或有剩磁而不能释放，但是换上新接触器后，故障现象没有改变。

3）仔细检查其他元件，发现热继电器 KH 的绝缘胶木有烧灼的痕迹，其位置在 L2 相主端子（M 点）和辅助端子（N 点）之间。

4）用万用表测量，M 点和 N 点之间的绝缘电阻为 0Ω，这导致停止按钮 SB1 被短接，L2 相电

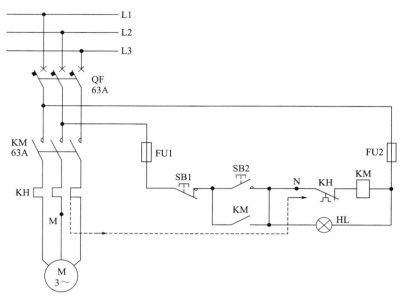

图 1-54   牛头刨床的控制电路

源经过 M 点直接加到 N 点，SB1 按下时，并不能切断接触器线圈的控制电源，机床失去控制。

故障处理：更换热继电器 KH 后，故障不再出现。

例 073   行车带着物料横冲直撞

故障设备：低压三相交流异步电动机，用于拖动一台 5t 行车。

控制系统：继电器-接触器控制电路。

故障现象：行车在向前行走，到达预定位置时，操作员工按下停止按钮，此时出现了令人心惊肉跳的情景：电动机不能停止运转，行车继续向前行走。此时吊钩上带着一吨多重的角钢横冲直撞，将一台正在钻孔的立式钻床撞倒。行车一直走到尽头，直至脱离滑触母线，失去电源后才停止下来，

诊断分析：

1）故障现象说明，电动机在启动后处于失控状态。如果停止按钮有问题，有可能出现这种现象。

2）拆开按钮盒进行检查，停止按钮完好无损，能可靠地切断接触器的控制电源。

3）如果交流接触器的主触头黏滞，会造成触头不能分断，导致行车在行走中失控。爬上行车进行检查，接触器的静触头和动触头果然严重烧灼，停电后仍然紧密地粘连在一起。

故障处理：更换交流接触器。

经验总结：行车设备操作频繁，而电动机的启动电流一般为额定电流的 4～7 倍。在频繁的启动过程中，交流接触器的主触头被烧灼、熔化、粘连。在这类设备中，接触器的额定电流不能太小，要达到电动机额定电流的两倍左右。

例 074   缺相保护电路不起作用

故障设备：7.5kW 低压三相交流异步电动机，用于拖动某居民区的一台生活水泵。

控制系统：手动操作的电动机启/停电路，带有缺相保护电路。

故障现象：因电源缺相，导致水泵电动机烧坏，造成生活用水困难。由于低压供电线路较长，为了防止类似故障，维修电工在原控制电路的基础上，加上了缺相保护功能，但不久之后，这台电动机又被烧坏。

诊断分析：

1）检查电源，还是缺了一相。维修电工百思不得其解：缺相保护元件为何不起作用？

2）带有缺相保护的电路如图 1-55（a）所示。从表面上看，三相电源如果缺了一相，中间继电器 1KA 或 2KA 必有一只断开，引起主接触器 KM 释放，切断电动机电源。

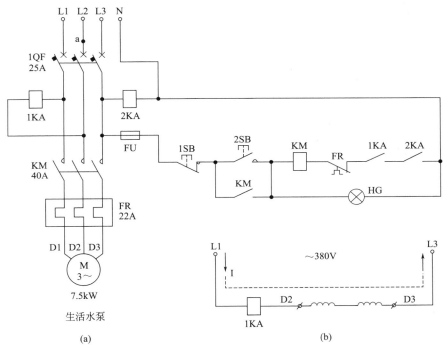

图 1-55　失效的缺相保护电路

3）分析这个断相保护电路，找到了它的缺陷：假设中相电源 L2 在 a 点断开，1KA 的线圈应该断电。但是电动机的绕组却为 1KA 的线圈提供了另外一条通路，简化的电流路径是 L1→1KA→D2→D3→L3，如图 1-55（b）所示。由于电动机的阻抗值远远小于 1KA，380V 交流电压绝大部分加在 1KA 线圈上，使 1KA 仍然保持吸合，起不到断电跳闸的保护作用。另外，热继电器的动作电流整定在 22A，而该电动机的额定电流为 15.5A，也失去了过载保护作用。

故障处理：选用电动机综合保护器，对这台电动机进行综合保护。

例 075　频繁动作的热继电器

故障设备：11kW 低压三相交流异步电动机，用于拖动鼓风机。

控制系统：手动操作的继电器-接触器控制电路。

故障现象：在试运行中，每次启动后不到 10s，鼓风机就自动停止。

诊断分析：

1）经检查，是热继电器动作，切断控制回路所致。

2）这台鼓风机电动机的额定电流为22A，热继电器的动作电流整定在24A，为何启动不久就停机？分析认为这与负载的性质有关。一般的小电动机启动过程5s左右就能完成，而风机之类的重负荷启动设备，启动电流为额定电流的5～7倍，启动过程长达10～30s。有些设计部门没有考虑到这种特殊性，按照常规设计控制电路，导致启动电流长时间超过热继电器的整定值，造成热继电器动作。

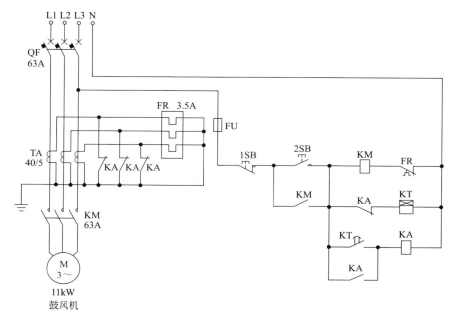

图 1-56   改进后的鼓风机控制电路

故障处理：此时若增大热继电器的整定值，则在运行过程中起不到过载保护作用。解决的办法见图1-56：一是增加一组电流互感器TA，将热继电器FR的一次线圈接在TA的二次回路中；二是在控制回路中增加时间继电器KT和中间继电器KA，构成一个延时环节。这样在启动阶段，KA的常闭触点将FR的一次线圈短接，FR中无电流通过，因而不会动作。启动结束时，KT的延迟时间到，KA吸合，一方面让FR通电工作，另一方面切断KT线圈的电流回路，以防止其长期通电而烧坏。

这里要注意FR额定电流的选取与整定。该电动机的额定电流为22A，通过40/5的电流互感器后，反映到互感器次级为2.75A，可选用额定电流为3.5A的热继电器，将其整定在2.9A左右即可。

例 076   冷却电动机总是过热

故障设备：低压三相交流异步电动机，用于驱动CONQEST-42型数控车床中的冷却水泵。

控制系统：继电器-接触器控制电路。

故障现象：在自动加工过程中，冷却电动机总是过热，引起热继电器动作，主轴驱动器的接触器线圈也多次烧坏。

诊断分析：

1）冷却电动机的额定电流是 2.4A，于是将热继电器整定值调整到 2.6A，但是在夜间还是动作跳闸。

2）细看冷却电动机的铭牌，额定电压是 200V/50Hz，或 200～230V/60Hz，它是日本富士公司的产品。拆下烧坏的接触器，也是日本富士产品，而且额定电压也是一样的。

3）查看这台机床实际连接的交流电源，它是 220V/50Hz，这种连接是错误的，它忽视了频率问题。

4）我国工业所用的交流电频率是 50Hz，而不是 60Hz。电气设备的连接一定要按照铭牌的要求，而不能把 220V 当作 200V 来使用。连接 220V 交流电源后，夜间电压升高时，实测达到 240V 左右。与 200V 比较，升高了 20%，电流也达到 2.88A，所以热继电器经常动作。

故障处理：增加一只电源变压器，使其次级电压为 200V；或者用一台容量适当的调压器，将 220V 电源降低至 200V，供给机床的相关部分使用。

经验总结：电源的电压和频率对交流异步电动机和其他设备的影响，是一个比较复杂的问题，它涉及许多非线性因素。通常电动机工作主磁通都设计到接近饱和点，以获得最大的功率和输出转矩，电动机的额定参数就反映了这一点。所以我们必须严格按照电动机铭牌的规定接线，不能把 220V 混淆为 200V。当遇到某些进口电动机标有 200～230V，60Hz 等额定参数时，必须设法改变我们所用的交流电源，将其电压由 220V 降低到 200V 左右。

例 077 电动机靠近槽口处烧坏

故障设备：JS117-6 型，95kW 三相交流异步电动机，用于拖动离心机。

控制系统：继电器-接触器控制电路，在定子回路中串联铸铁电阻器，进行降压启动。

故障现象：离心机使用几年后，在工作过程中电动机突然停止运转。

诊断分析：

1）对电控柜进行检查，发现热继电器过载保护动作，导致主接触器的线圈断电释放。

2）待热继电器复位后，再次启动电动机，并用钳形表测量出启动之后的运行电流超过200A。几分钟之后，电路又跳闸了。

3）检查电动机的绝缘电阻，对地绝缘没有问题。

4）进行解体检查，发现定子线圈根部靠近槽口处烧坏，造成电动机匝间短路。

5）在电动机的定子回路中，串联了铸铁电阻器，以进行降压启动，另外有一台同型号的离心机，其电动机的型号和启动方式也与故障机相同。测量其启动瞬间的最大电流，达到680A 左右，约为额定电流的 4 倍，启动时间为 8s。

6）分析认为，造成电动机烧坏的原因是：它长期承受很大的启动电流冲击，导致绝缘材料快速老化，绝缘性能下降，最后发展为匝间短路。但是如果加大电阻，降低启动电流，又会减小启动转矩，造成启动困难。

故障处理：修复电动机后，改用频敏变阻器启动。在负荷相同的情况下，测量启动电流为 350A 左右，约为原来的一半，启动时间为 12s。

经验总结：电阻器启动有线路简单、成本低等优点，在轻负载设备上应用是可行的，但是它启动时峰值电流太大，启动电流-时间曲线不理想，启动转矩也按比例减小，在重载启动的设备上应慎重使用。而频敏变阻器的启动峰值电流比较小，启动电流-时间曲线较为平滑，在启动性能上要明显优于电阻启动器。

例 078　两台异步电动机同时烧坏

故障设备：两台低压三相交流异步电动机，用于拖动两台给水泵。两台抽水泵同时工作，为中频感应加热炉提供冷却水。

控制系统：继电器-接触器控制电路。

故障现象：在工作中冷却水突然中断，经检查，两台水泵的电动机都已烧坏，并有线圈烧煳的味道。

诊断分析：

1）对供电线路进行检查，发现 B 相电源缺相，显然这就是电动机烧坏的直接原因。

2）水泵房的旁边就是低压配电室，电源从配电室引出。检查配电室内低压母线排上的电压，三相之间都是 400V 左右，这说明电力变压器没有问题。

3）检查低压馈电柜下方送出的三相四线电源电压，在正常状态。

4）检查配电室的地下电缆沟，发现在三相四线导线中，有一段穿塑料管保护，管道内充满了污水。将水排空后，将电线从塑料管内拉出来，其中有一个导线的接头被污水浸泡腐蚀，处于断路状态。

故障处理：排空电缆沟内的积水，并更换整根电线，在保护管中间不留接线头。

例 079　绕组大修后又冒出黑烟

故障设备：7.5kW 的低压三相交流异步电动机，用于拖动离心水泵。

控制系统：手动操作的交流接触器控制电路。

故障现象：电动机的绕组原来被烧坏，大修重绕后重新投入使用，很快又从电动机端盖处就冒出黑烟。

诊断分析：

1）停机后再检查，绕组又被烧毁了。拆开后抽出转子仔细检查，定子绕组的绕制和接线完全正确。回头再细看接线盒的 6 根出线头，连接成△形，这引起了维修电工的怀疑。

2）这台电动机的铭牌丢失，去资料室查阅设备档案，其型号为 JO62-6。再查电工手册，其接线方式为△/Y，电压 220/380V，也就是说，如果电源的线电压为 220V，应接成△形，如图 1-57（a）所示；线电压为 380V 时，则应接成 Y 形，如图 1-57（b）所示。现在线电压是 380V，应该接成 Y 形，可是出线端子却接成△形，显然是接线错误。

3）经了解，造成这种错误的原因是：这台电动机原来由一位维修工进行修理，中途发生意外后，由另一位维修工接替。两人未做好交接，铭牌又早已丢失，后者便估摸着接成△形，造成电动机烧毁。

故障处理：再次重绕电动机的绕组。

经验总结：电动机的旋转磁场是由定子电流产生的。定子电流可以分为两个部分：一部分是空载激磁电流分量；另一部分是负载电流分量。任何一个分量的增加，都将引起定子电流的上升。由电源电压与空载电流的特性可知，当电源电压上升到一定值时，铁芯中的磁阻将大大增加，引起空载电流急剧上升，使铁芯迅速"饱和"。在线电压为 380V 的情况下，当电动机接成 Y 形时，每相绕组电压为 220V，而错接为△形后，定子相电压将增加 1.732 倍，达到 380V。因此铁芯将高度"饱和"，激磁电流分量也将急剧增加，铁芯损耗也将大大增加，引起铁芯过热。此时定子电流要比额定电流大好几倍，使绕组铜损耗急剧增加，铁芯

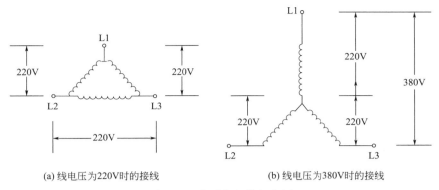

图 1-57　定子绕组的相电压

和绕组均严重过热而将电动机烧毁。

例 080　运转 30min 后冒出黑烟

故障设备：30kW 低压三相交流异步电动机，用于拖动一台水泵。

控制系统：自耦降压启动柜。

故障现象：在运转约 30min 后，发现电动机冒出黑烟，并伴有烧焦的煳味。

诊断分析：

1）停机检查，发现 QZB-30kW 自耦变压器和电动机均已烧毁。

2）测量电源电压，各相电压对称，线电压都在 390V 左右。线路接线正确，继电器动作正常，接触器触头没有烧蚀现象，三相接触良好。

3）有关的控制电路见图 1-58（a），自耦降压启动部分是手动控制。根据电路原理进行分析认为，自耦变压器只是在启动状态才投入工作，十几秒钟后转入运行时，它就应该"休息"了。它被烧毁，说明自耦变压器长时间通电。很可能是操作人员在按下"启动"按钮 SB2 后，因疏忽而未按下"运行"按钮 SB3，使电动机一直处于启动状态。长时间通过较大的启动电流，必然使电动机发热烧坏，也烧坏更为脆弱的自耦变压器线圈。另外，在启动阶段，KM2 的辅助触点将热继电器的控制触点短接，使热继电器在启动阶段无法起到保护作用，电路处于无监控、无保护的状态。

故障处理：为安全起见，应将电路的启动→运行控制部分改为自动，即增加一只时间继电器 KT 和中间继电器 KA，由它们进行转换，如图 1-58（b）所示。在按下 SB1 启动电动机后，KM3 和 KM2 相继接通，进行降压启动。KM2 的辅助常开触点又将 KT 接通开始延时。约 10s 后，KT 常开触点接通，并将中间继电器 KA 按通，KA 的常闭触点将 KM3 断开，常开触点将 KM1 接通，完成了启动→运行的转换。

经验总结：此类故障时有发生，其原因往往是操作工的疏忽。

例 081　电动机端部冒出黑色烟雾

故障设备：TDK-118/12 型低压同步电动机，320kW，定子额定电压 380V。用于拖动氢氮压缩机。

控制系统：由主柜和辅柜进行控制，主柜中用低压断路器执行启动、停止，辅柜中采用晶闸管装置进行励磁。

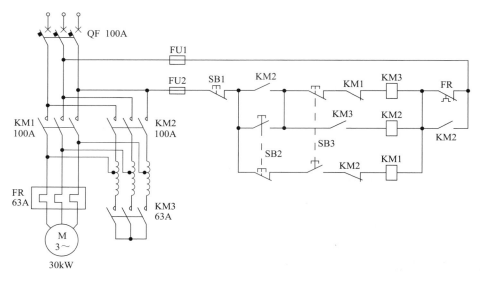

(a) 手动转换的自耦降压启动电路

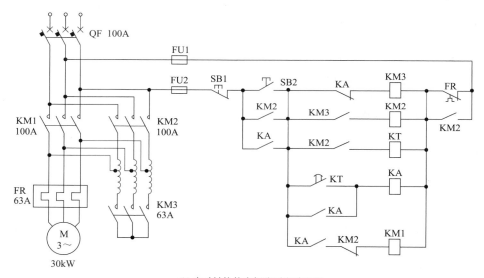

(b) 自动转换的自耦降压启动电路

图 1-58   自耦降压启动电路

故障现象： 1#氢氮压缩机在运行过程中，同步电动机的端部突然冒出浓浓的黑色烟雾。

诊断分析：

1）停机后，拆除压缩机与同步电动机之间的联轴器，将同步电动机的转子抽出来进行检查。转子的 12 组鼠笼铜条中，有 5 组全部烧断。同时，由于鼠笼铜条的端环受热膨胀后，将定子绕组擦坏，造成定子绕组短路。这台同步电动机价值 20 多万元，可见这是一起经济损失严重的电气故障。

2）对主柜和励磁辅柜反复进行检查，没有发现哪一个元器件损坏。

3）用示波器对励磁电压、励磁电流的波形进行观察，并与其他几台同步电动机的励磁柜进行比较，没有发现异常现象。

4）在困惑之中，忽然想到这几台同步电动机的日常运行都有原始记录数据（每小时记录一次），这为故障的诊断提供了新的线索。于是，找出故障出现之前半个月的原始记录数据，用坐标纸汇集在一张图表上。又找出其他4台型号、规格相同的电动机的同期数据，也汇集在同一张图表上，进行对照分析。结果表明，1♯机的励磁电流总是低于其他4台同步电动机的励磁电流。在此期间，1♯机的励磁电流平均值是99.8A，而其他几台的加权平均值为109.4A，即1♯机的励磁电流约低10A，如图1-59所示。

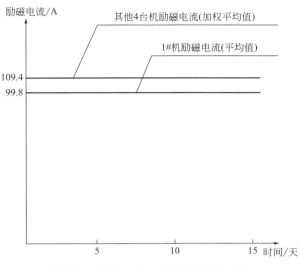

图1-59 同步电机励磁电流数值的比较

5）虽然1♯机励磁电流较低是既成的事实，但是如果就此认为这就是故障原因，那还缺乏足够的说服力。因为某些同步电动机可以在欠励、平励、过励三种状态下工作，因此必须从理论上探明励磁电流不足对此类同步电动机的特定影响。

6）这台同步电动机拖动的是氢氮压缩机，它属于往复式压缩机。当压缩机的曲轴带动连杆，连杆驱动活塞向前运动时，电动机转轴出力大；而当连杆回复时，电动机转轴出力小。所以作用于电动机转轴上的力矩是不均匀的脉动力矩。这种脉动力矩引起电动机的相位角做周期性的变化，导致同步电动机平时就处于自由振荡状态。不考虑阻尼因素时，其自由振荡角频率为

$$\omega_0 = \sqrt{(T_{sym} \cdot p / J)}$$

式中 T_{sym}——反应同步能力的整步转矩，它与励磁电流成正比；

p——磁极的极对数（定值）；

J——转动惯量。

在自由振荡状态，同步电动机的转速、电流、电压、功率以及转矩等都将发生周期性的变化。在正常情况下，自由振荡的幅度被抑制在一定的范围内，不会造成危害。这时，同步电动机的转速等于定子旋转磁场的转速，即 $n = 60f/p$（式中，n 为转速，f 为电源频率，p 为电动机的极对数）。危险的是，一旦自由振荡角频率 ω_0 逼近负载转矩基波分量的角频率 ω_1，便产生共振现象，这时转子的摆幅会迅速增大，而摆脱定子旋转磁场的制约，产生失步现象，即工作在异步状态。

失步对同步电动机会产生极大的危害。在同步运行期间，转子转速与定子旋转磁场的转速严格同步，二者没有相对运动，在转子的鼠笼铜条上不会产生感应电动势，也就没有感应电流。一旦失步，转子的转速就低于定子旋转磁场的转速，一个快，另一个慢，二者存在着

相对运动。根据电磁感应的理论，在转子的励磁绕组和鼠笼铜条上就会产生感应电动势，形成较大的感应电流，使鼠笼铜条长时间发热以致烧断。

在设计拖动往复式压缩机的同步电动机时，为了防止 ω_0 接近 ω_1，即防止上述的因共振而造成的失步现象，要求同步电动机在额定励磁电流附近运行，不能随意减小，以保证自由振荡角频率 ω_0 与负载转矩基波分量的角频率 ω_1 之比（即 ω_0/ω_1）在 1.2～1.4 之间。因为 ω_0 与励磁电流成正比，减小励磁电流，就降低了 ω_0。当 ω_0 接近 ω_1 时，便出现了前面所说的失步现象。

7）综上所述，这台同步电动机烧坏的原因是：它拖动往复式压缩机，受其脉动转矩的影响，平时就处于自由振荡状态。在励磁不足的情况下，自由振荡角频率 ω_0 接近负载转矩基波分量的角频率 ω_1，产生共振现象，转轴摆脱定子旋转磁场的制约，进入异步工作状态，使鼠笼铜条上产生较大的感应电流，导致它长时间发热而烧坏。

故障处理：经过两个多月坚持不懈的努力，终于使故障原因浮出水面。接着，在生产现场进行多次试验，确定了这台同步电动机转子励磁电流的最佳值为130A（额定励磁电流为150A，实际电流由励磁柜面板上的旋钮调节）。按照此值调节励磁电流后，一直未发生类似故障，同步电动机工作稳定，主回路中的定子电流也比较小，供电变压器负荷减轻。

经验总结：

1）在此例中，以故障设备的日常运行原始记录数据为突破口，挖出了具体的故障原因——励磁电流不足。

2）在同行业中，也经常出现同步电动机转子铜条烧断的故障。究其原因，多数也是因为励磁电流不足。如果适当提高励磁电流，可以大大减少这种故障。

例082   低压电缆散发出焦煳味道

故障设备：某 380V、260kW 三相交流异步电动机。

控制系统：自耦变压器启动柜。

故障现象：电动机在投入运行两个多月后，低压电缆开始散发出焦煳的味道，并冒出一些黑烟。

诊断分析：

1）这台电动机的额定电流为459A，通过电缆与自耦变压器柜连接。经查看，电缆的连接如图 1-60（a）所示，它们是 3 根 VV-3×70 和 1 根 VV-1×70 铜芯电缆，在过路处它们各穿 1 根 ϕ75 的钢管。冒烟的电缆正是在钢管内部。

2）在图 1-60（a）中，三芯电缆的各芯合并在一起。三根电缆分别接入三相交流电源中的 A、B、C 相，并各穿入一根 ϕ70 的钢管，这种做法不符合技术规范。三芯电缆相当于一根单芯电缆，通过的是单相交流电。

3）当线路运行时，单相交流电所产生的磁通按正弦规律变化，而钢管为导体，因此在钢管上产生按正弦波规律变化的感应电动势，电动势在钢管内形成涡流，将电能转化为热能，使钢管发热。大量的热量传递到电缆上，造成电缆绝缘层发热而烧坏。

故障处理：按图 1-60（b）正确连接，将每根电缆的黄、绿、红三芯分别连接到 A、B、C 相，中性线的接线不变。在这种情况下，每根电缆中通过的是三相交流电，各相电流所产生的磁场相互抵消，不会产生上述故障现象。

经验总结：单芯电缆穿过钢管时，在交流电的作用下，电缆自身会产生磁场，在钢管内形成涡流，使钢管发热，影响电缆的安全运行。

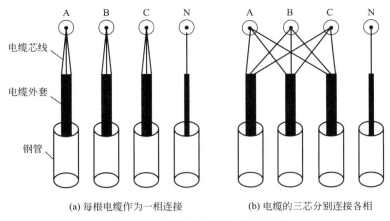

(a) 每根电缆作为一相连接　　　　(b) 电缆的三芯分别连接各相

图 1-60　变压器低压端的连接电缆

例 083　磨削轮电动机绕组烧坏

故障设备：22kW 低压三相交流异步电动机，用于驱动 M7675A 型双端面磨床中的磨削轮。

控制系统：Y-△降压启动电路。

故障现象：2012 年 9 月的一天下午，天气闷热，某公司磨工车间的工人正在忙碌地工作。突然，从 M7675A 型双端面磨床的大磨削轮电动机中，冒出一股黑烟。操作员工急忙关停机床。经维修电工检查，电动机的绕组已经完全烧坏。

诊断分析：

1）这台电动机的主回路如图 1-61 所示，是一个普通的 Y-△启动控制电路。启动时，交流接触器 KM1 和 KM2 吸合，电动机绕组接成 "Y" 形，各相绕组均承受～220V 电压，以降低启动电流。启动完毕后，KM2 断开，KM3 吸合（KM1 保持原来的状态），各相绕组均承受～380V 电压，电动机绕组接成 "△" 形进行稳态运转。

2）打开电控柜，对全部的元器件进行直观检查，没有发现异常现象，自动开关 QF1 和热继电器 KH1 也没有跳闸。

3）拆除电动机的电缆后，通电进行启动试验，启动时间约为 15s，启动完毕后 KM2 及时断开，KM3 立即吸合，电动机由 "Y" 形正确地转换为 "△" 形。从 U1、V1、W1 端子上测量，三相电压正确无误，不存在缺相问题。这说明主回路和控制回路都在完好状态。

4）在接下来的检查中，发现了一个问题：热继电器的过载保护整定值偏大。被烧电动机的型号是 J02-72-6，额定功率 22kW，额定电流 44.3A，而

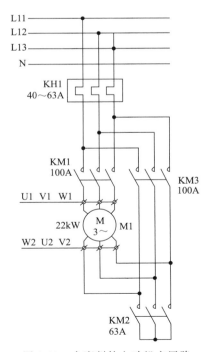

图 1-61　大磨削轮电动机主回路

KH1（JR16-60/3D 型，40～63A）的整定值约为 55A，这导致过载后 KH1 没有及时动作，不能切断电动机的电源。但这还不是电动机烧坏的根本原因，根本原因则是电流超过了正常范围。

5）试换动力电缆：考虑到柜外的三相动力电缆使用多年，绝缘下降，可能引起严重漏电，于是将它们全部更换为新电缆，但是故障现象没有变化。分析可能是电动机使用的年数太久，绕组绝缘下降导致烧坏。

6）用新电动机进行试验：更换一台新的电动机，并将 KH1 整定到 45A 后，重新通电试用。约 6min 后，电动机的外壳又严重发热，有烫手的感觉。停机半小时后，再次启动机床，用钳形表监测电动机的工作电流，显示出不正常的现象：已经启动完毕的电动机，电流还在慢慢增大，在 2 分多钟内上升到 56A，导致热继电器动作。反复试验几次，都是这种情况。

7）对机械部件和所磨削的工件进行检查：有关的轴承、传动部件都在完好状态。所加工的轴承套圈与以前是相同的，经检测不存在磨削流量加大的问题。

8）经过几天的反复检查，仍然没有找到故障的主要原因。而车间急于完成生产任务，维修电工感到很大的压力。在迷茫之中，向同行业的朋友进行电话咨询。对方提出一个新的检修方向：这类机床的磨削砂轮如果严重磨损，在加工时就会大大增加砂轮与工件（轴承套圈）之间的摩擦阻力，从而使机械负荷显著增大，导致电动机过流。于是拆开砂轮防护罩，用行车吊起 20 多公斤重的砂轮。果然，砂轮已经磨损到了非常严重的程度。

故障处理：更换砂轮后，电动机稳态工作电流下降到 34A，故障不再出现。

经验总结：

1）热继电器是对电动机进行过载保护的关键元件，必须严格地进行整定。其值偏小则容易误动作，偏大则失去保护作用。在一般情况下，按照电动机的额定电流选取热继电器的电流值。根据工艺流程的要求和电动机实际负荷，选取热继电器的整定值为 0.95～1.05 倍电动机的额定电流。

2）机床电气维修员工必须熟悉加工工艺。在查找故障原因时，要通盘考虑，如果电气元器件、线路都在完好状态，应该对工艺、机械、液压等方面进行全面检查。

3）对使用中的机床设备要勤于检查，勤于保养。这台机床如果做到这一点，就不至于砂轮严重磨损还没有发觉，最后导致电动机烧坏。

例 084　名不副实的能耗制动

故障设备：55kW 低压三相交流异步电动机，用于驱动某 3.4M 的立式车床中的主轴。

控制系统：Y-△降压启动，能耗制动。

故障现象：按照设计要求，这台车床主轴的制动时间不超过 5s，但试车时无法实现。在惯性的作用下，停车时工作台还要转动半分钟左右，最后才慢慢悠悠地停止下来。

诊断分析：

1）主轴拖动电动机功率为 55kW，采用能耗制动电路，即停车时立即在电动机定子绕组中通入适当的直流电（约为空载电流的 3～5 倍），以建立一个恒定磁场。这个恒定磁场和转子中的感应电流相互作用，就可以产生一个与电动机旋转方向相反的电磁力矩，起到迅速制动的作用。

2）检查有关的电气图纸，设计完全合理，主回路部分如图 1-62 所示。停车时，接触器 KM4 迅速吸合，将单相桥式整流回路所提供的 200V 直流电压加到电动机的 U、W 绕组上。

检查熔断器 FU、接触器 KM4、整流二极管 D1~D4、限流电阻 R 等元件都完好无损。

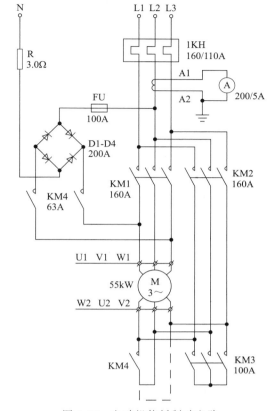

3）停车时用万用表测量，U1 与 W1 之间已有接近 200V 的直流电压，但是制动电流为零。仔细核对图纸发现，制动时本应当用 KM4 将 U2 和 W2 连接在一起，但是没有连接，而是错将 V2 和 W2 连接在一起，如图中虚线所示。这样一来，在制动时 U、V 两组线圈的电流回路被切断，"能耗制动"徒有其名。

故障处理：改正错误的接线，即把 V2 与 KM4 的下端断开，U2 连接到 KM4 的下端。此后工作台的制动既快又稳，工作完全正常。

例 085 空压机在无油状态下运行

故障设备：低压三相交流异步电动机，用于拖动空气压缩机。

控制系统：ITY-320/2 型空压机控制装置（PLC 控制）。

故障现象：空压机在运行过程中，轴瓦处突然冒出黑色烟雾。

诊断分析：

1）停机后进行检查，发现几处的轴瓦都因无油运行而烧坏，造成了严重的设备事故。

图 1-62 电动机能耗制动电路

2）这台空压机用一台油泵对轴瓦等部位进行润滑，油泵由接触器 KM 控制，见图 1-63（a）；主机则由 PLC 进行控制，见图 1-63（b）。KA2 是 PLC 的出口继电器，KA2 通电时，空压机运转；KA2 断电时，空压机停止。

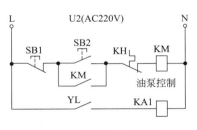

(a) 油泵接触器KM的控制

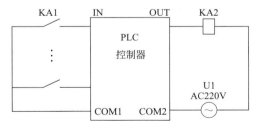

(b) 主机的PLC控制电路

图 1-63 空压机的控制电路

3）在控制程序中设置了一些电气联锁，其中的一项是当油泵的供油压力低于 0.2MPa 时，压力继电器的触点 YL 闭合，中间继电器 KA1 吸合，KA1 的常开触点接通，将低压力信号送到 PLC 的输入端，使 PLC 的出口继电器 KA2 失电，空压机停止运转。

4）分析认为，故障原因可能是 PLC 中的低压力联锁没有起到作用。检查 KA1 的控制触点，果然在断开状态，即没有将低压力信号送到 PLC 的输入端。

5）进一步检查，KA1 的控制回路中没有交流电源。原来，在几个小时之前，外部电网曾发生意外停电。来电之后，总配电室值班电工立即送出电源，PLC 和空压机直接得电。但是液压油泵和 KA1 使用的是另外一个电源 U2，它取自车间配电室，这个配电室没有专人值班，未能及时送电，导致接触器 KM 没有吸合，油泵不能启动。同时也不能使 KA1 吸合，向 PLC 输送低压力联锁信号，导致空压机在无油状态下运行。

故障处理： 修改控制电路，将 YL 改用常闭触点。当油压正常时，YL 在闭合状态，KA1 吸合，其常开触点闭合，以此作为油压正常的信号。这样，当各种原因导致油压过低时，YL 均断开，KA1 不能吸合，油压正常信号断开。此外，还要修改 PLC 中的程序，使 KA1 的常开触点断开时，PLC 的出口继电器 KA2 失电，空压机停止运行。

经验总结： 在同一台设备中，要取用同一电源，否则会导致一些意外的故障。

例 086　相同设备的电流悬殊太大

故障设备： 三台 55kW 的低压三相交流异步电动机，用于拖动某农村排灌站的三台抽水泵。

控制系统： Y-△降压启动电路。

故障现象： 这三台水泵在工作中两用一备。值班工人在作运行记录时发现，1♯ 和 2♯ 水泵的电流很接近，都是 94A 左右；而 3♯ 水泵相差甚远，约为 56A。这三台水泵型号规格相同，配套的电动机功率相等，配备的管道、阀门等也一模一样，抽取的水量和电动机的温升也基本相当，但是在运行中电流悬殊太大。

诊断分析：

1）三台水泵各用一台 Y-△启动柜控制，与电流测量有关的电路见图 1-64。查对互感器、电流表的接线，发现 1♯ 和 2♯ 水泵的接线如图 1-64（a）所示；而 3♯ 水泵的接线如图 1-64（b）所示。

2）经了解，1♯ 和 2♯ 水泵的控制柜是向电控设备厂订购的，而 3♯ 水泵的控制柜是仿照 1♯ 和 2♯，自行安装接线的。在制作中因受柜内空间位置的限制，将电流互感器 TA 安装在图 1-64（b）所示的位置上。

3）分析认为，这两种接法存在的差别是显而易见的：在图 1-64（a）中，三只电流表所测量的是电源线上的电流，电流 I_1、I_2、I_3 所反映的是线电流 $I_{线}$，如图 1-64（c）所示；而在图 1-64（b）中，三只电流表所测量的是电动机各相绕组的电流，电流 I_1、I_2、I_3 所反映的是相电流 $I_{相}$，如图 1-64（d）所示。

4）众所周知，在△形接法时，$I_{线}=1.732 I_{相}$，或 $I_{相}=I_{线}/1.732$。显然，图 1-64（a）中电流表的指示值大，而图 1-64（b）中电流表的指示值小，相差 1.732 倍。

故障处理： 按图 1-64（a）更正互感器和电流表的接线。

例 087　离心机外壳带电麻手

故障设备： 三台低压三相交流异步电动机，用于拖动某化肥厂碳化车间的三台离心机。

控制系统： 继电器-接触器控制电路。

故障现象： 一天，几位离心机操作工反映：当无意碰触到离心机外壳时，感到带电麻手，三台离心机都是如此。

诊断分析：

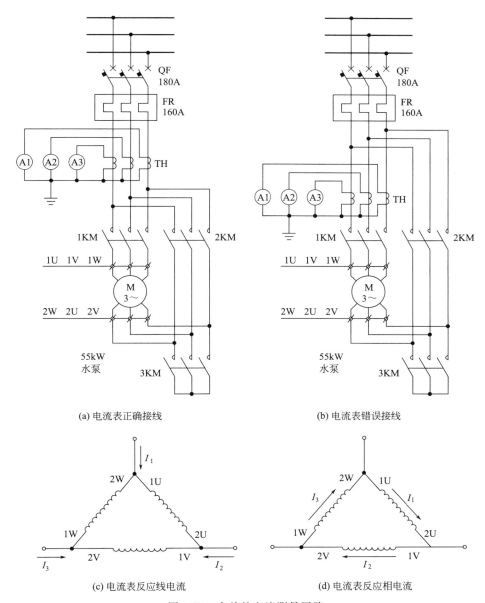

(a) 电流表正确接线

(b) 电流表错误接线

(c) 电流表反应线电流

(d) 电流表反应相电流

图 1-64　有关的电流测量回路

1）用试电笔测离心机电动机的机壳，氖泡很亮，说明机壳确实带电。

2）怀疑电动机绝缘下降，遂用 500V 兆欧表摇测，但几台电动机绕组对机壳的绝缘电阻都在 10MΩ 以上，完全符合要求。

3）接着，另一位工人也反映一楼的灌包机漏电，摇测电动机绝缘电阻，发现绕组已经对地短路。分析认为，灌包机绕组对地短路就是故障原因。

4）为什么灌包机漏电引起二楼一些设备机壳同时带电呢？系统是否存在着其他的问题？检查发现，几台离心机都是更换不久的新设备，接线时均采用"接零"保护；而灌包机等老设备都是采用"接地"保护。如图 1-65 所示。

5）在同一台变压器或同一段母线供电的系统中，不允许一部分电气设备采用"接零"保护，而另一部分电气设备采用"接地"保护。否则，一旦某一接地的电器金属外壳漏电

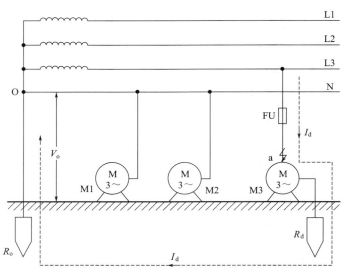

图 1-65 "接零"和"接地"的错误混合

时，所有"接零"的电气设备外壳全部带电。这不但起不到保护作用，相反会使故障范围扩大。下面以理论分析来说明这一问题。

在图 1-65 中，电动机 M1 和 M2 采用"接零"保护，而 M3 采用"接地"保护，R_o 是变压器中性点的接地电阻，R_d 是 M3 的接地电阻。设相线 L3 经电动机 M3 内部接地，产生接地电流 I_d，I_d 流动的路径如图中虚线所示：

$$L3 \rightarrow FU \rightarrow M3 外壳 \rightarrow R_d \rightarrow 大地 \rightarrow R_o \rightarrow 中性点$$

I_d 的数值为：

$$I_d = 220/(R_d + R_o)$$

当 I_d 不足以使 FU 熔断时，I_d 在 R_o 上产生的压降 V_o 为：

$$V_o = I_d \cdot R_o = [220/(R_d + R_o)] \cdot R_d$$

当 $R_d = R_o$ 时，

$$V_o = 220V/2 = 110V$$

显然，这个电压就是中性点和中性线对地的电压，也就是 M1 和 M2 外壳带电的电压。

故障处理：更换灌包机的电动机之后，各处的漏电问题一起消失了。

经验总结：在同一台变压器或同一段母线供电的系统中，如果一部分电气设备采用"接零"保护，而另一部分电气设备采用"接地"保护，则存在着安全隐患。一旦某一接地的电器金属外壳漏电，所有接零的电气设备外壳全部带电。不仅起不到保护作用，相反会使故障范围扩大。

例 088　蓄水池向外大量溢水

故障设备：低压三相交流异步电动机，15kW，用于拖动离心水泵，水泵向蓄水池供水。

控制系统：手动启动/停止。蓄水池水满时，由时间继电器控制，自动停止注水。

故障现象：这台水泵用 50min 可以将蓄水池注满。但是设定的时间到达后，水泵继续抽水而不能停止，造成蓄水池向外部大量溢水。

诊断分析：

1）图 1-66（a）是使水泵到时自动停机的电路。KT 是通电延时的时间继电器。按下启动按钮 SB2 后，水泵开始抽水，KT 吸合开始延时。50min 后延时时间到，KT 的常闭触点应该断开，使接触器 KM 断电释放，水泵自动停止抽水。检查电路中的元件，没有损坏的情况。

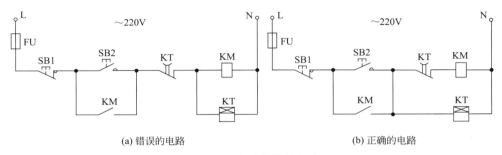

(a) 错误的电路　　　　　　　　　　　　(b) 正确的电路

图 1-66　水泵的控制电路

2）对电路仔细分析，认为图 1-66（a）的电路存在着不妥之处：KT 动作时，常闭触点断开，切断 KM 和 KT 线圈电流。此时 KM 和 KT 应该立即释放，使水泵停止工作。但是接触器 KM（63A）的惯性较大，线圈断电后并不能立即释放，在短时间之内，主触点和辅助触点都维持在原来的状态；与此相反，KT 是 ST3PA-A 型通电延时继电器，动作很灵敏，一经断电便迅速返回，常闭触点又恢复到闭合状态。这两个因素结合在一起，使得 KM 在来不及动作时，线圈又被通电，水泵继续工作。

故障处理：按图 1-66（b）进行改进。在这里，延时时间一到，KT 动作，首先切断 KM 线圈的电流，在 KM 常开触点分离之前，KT 线圈保持通电，其常闭触点保持断开，KM 线圈不会再次得电。直到 KM 常开触点分离之后，KT 才能释放，完全避免了上述故障现象。

例 089　正反转接触器同时吸合

故障设备：低压三相交流异步电动机，用于驱动 T68 型卧式镗床中的快速移动机构。

控制系统：继电器-接触器、行程开关等元件构成的正反转可逆控制电路。

故障现象：机床在加工过程中，供电自动开关经常出现跳闸现象，给操作员工造成了一种不安全的感觉。

诊断分析：

1）相关的控制电路如图 1-67 所示。切断主回路电源，对控制电路进行试验和检查，发现控制进给电动机正反转的接触器 KM1 和 KM2 同时吸合，这是不允许的。

2）经过多次反复操作，终于找到了出现故障的原因：由于行程开关 XK1 有轻度的变形，维修人员对其进行校正时，错误地将桥形动点弯曲，静点向外移动，大大地缩短了行程开关工作行程。

3）这种行程开关的标准行程是（13±1）mm。现在缩短到 10mm 左右，造成其常闭触点还未断开时，常开触点就已经接通，导致两只接触器相互竞争。

4）虽然行程开关存在这种问题，但是 KM1 与 KM2 本身也有互锁，不应当同时吸合。仔细检查联锁环节，发现了另外一个问题：KM2 的辅助常闭触点经常有粘连现象。当 KM2 吸合时，这对触点没有断开，导致互锁失效。

故障处理：更换 KM2 和行程开关 XK1 后，故障不再出现。

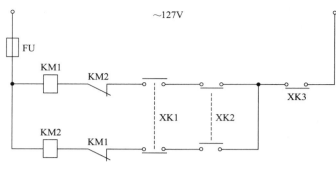

图 1-67 快速移动机构控制电路

经验总结：

1）在检查控制回路时，为了避免主回路出现短路故障，应将主回路电源断开，只给控制回路供电。

2）在本例中，由于错误地调整了行程开关，导致故障扩大。在对任何电气元件进行维修时，不要为了达到某一方面的要求而乱加调整，造成其他的故障。

例 090 水泵电动机声音沉闷

故障设备：Y180-4 型，18.5kW 的低压三相交流异步电动机，用于拖动某小型水电站的两台 IS-150-250 型离心水泵，对集水井进行排水。

控制系统：磁力启动器控制电路。

故障现象：水泵在排水时，厂房中的照明灯变暗，电动机声音沉闷，运行几分钟后，便闻到一股绝缘材料被烧的焦糊味道。

诊断分析：

1）停止运行后，检查离心水泵，不存在机械卡死现象。

2）对电控装置进行逐项检查，三相电源电压正常，电动机绝缘电阻很高，主回路和控制回路的接线都正确无误。

3）改为自耦变压器进行启动，仍然出现上述现象。

4）再次查看水泵和电动机的铭牌，水泵的额定转速为 1450r/min，而电动机的额定转速为 2900r/min，两者之间存在着一倍的差异。

5）由电机学原理可知，当异步电动机空载运行时，转子转速 n 与定子旋转磁场的转速 n_0 基本相等。而在拖动机械负载时，由于负载转矩的存在，转子的转速 n 会下降到某一数值。在这里，转速之差 $\Delta n = 2950 - 1450 = 1450$r/min，转差率 $S = 1450/2900 = 50\%$，大大超过了电动机正常运行时的转差率 2%～6%。为了维持水泵的正常运转，电动机必须超负荷运行。这导致功率损耗显著增大，电动机温度急剧上升。

故障处理：改用 Y180-4，18.5kW，1460r/min 的三相交流异步电动机。此后电动机和水泵工作正常，不再出现类似的故障。

经验总结：

1）转差率是电动机重要的参数之一。当选用异步电动机时，不要只考虑功率的匹配，而忽视了转速的匹配。

2）富有经验的维修电工，从电动机的异常声响中，就能判断出一部分故障。

例 091　大车电动机的异常噪声

故障设备： 低压绕线转子异步电动机，用于拖动起重机。

控制系统： 继电器-接触器控制电路，转子回路中串联电阻进行启动和调速。

故障现象： 起重机中的大车运行机构采用双小车分别驱动，双小车的两台电动机都是绕线转子电动机，转子回路中串联电阻进行启动和调速，并通过鼓形控制器进行操作。鼓形控制器的第 1 挡为滑行挡，即制动器松开，电动机不通电。当置于第 2 挡时，电动机 M1 就出现较大的异常噪声；置于第 3 挡和第 4 挡时噪声依然如此。置于第 5 挡（最高挡）后，噪声消除了。而另一台电动机 M2 一直正常。

诊断分析：

1）电控箱的主回路如图 1-68 所示。检查了定子和转子的外部接线，未发现异常情况。

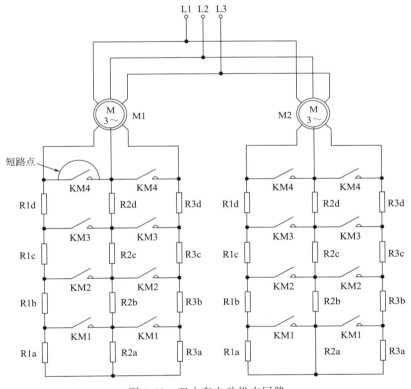

图 1-68　双小车电动机主回路

2）试换大车电动机 M1、转子铸铁电阻器，并重新进行电动机与减速器的装配，均未消除异常噪声。

3）切断电源，拆下 M1 与铸铁电阻之间的连接线，测量铸铁电阻 R1 （R1a-R1d）、R2 （R2a-R2d）、R3 （R3a-R3d）的阻值。R1、R2 之间几乎为零；R2、R3 之间为 9Ω；R1、R3 之间也是 9Ω。R1、R2、R3 本是对称的三相电阻，现在却严重不对称，说明存在着短路点。

4）依据以上测量结果，认定 R1 与 R2 之间短路。如果导线没有问题，最大的可能就是接触器主触点短路。打开 KM4 灭弧罩，发现其中一相动触头的编织软线与静触头相碰，这就等于将 R1 和 R2 的大部分短路。产生异常噪声的原因是由于切除转子电组时，两台电动机的转子电阻严重不等所引起。

5）当 M1 和 M2 转子电阻严重不等时，它们的启动电流和机械特性严重不一致。在负载一定的情况下，M2 以设计的速度运行，而 M1 以超出设计的速度运行，它们的转速不一致，M2 时而以自己的电动转矩去拖动机构运行，时而又成为 M1 的负载被拖动，这样造成 M1 不是连续的稳定旋转，而是处于一种不断地加速和减速的状态，导致了较大的异常噪声。置于第 5 挡时，由于 KM4 的主触点必须闭合，M1 和 M2 转子回路接入了相同数值的电阻，工作点和机械特性相同，所以噪声又消失了。

故障处理：将 KM4 中造成动、静触头短路的编织软线挪开 2cm，排除短路故障。

例 092　吊运物料时行车抖动

故障设备：两台绕线式低压三相交流异步电动机。用于拖动 5t 交流桥式起重机（行车）。这台行车的运行机构为两套，由同型号的电动机、联轴节、减速箱、制动器等组成。两套机构分别进行驱动。

控制系统：继电器-接触器控制电路，两套机构共用一个凸轮控制器。

故障现象：在吊运物料的过程中，行车严重抖动，并有跳闸现象。

诊断分析：

1）行车在运行时抖动，往往是两个制动器抱闸松紧不一致，其中一个在通电后没有全部松开，造成驱动机构不能同步。于是请来钳工师傅对抱闸进行调整，但是未能排除故障。

2）分别测量两台行车电动机运行时的电源电压和定子三相电流，发现其中一台的电流明显偏大，这说明它很可能过载。

3）对联轴节和减速箱进行拆卸和检查，发现齿轮磨损严重，轴向和径向窜动都比较大。把磨损的齿轮换掉，抖动的现象仍然存在。

4）对电流较大的这台电动机进行检查。测量定子绕组的直流电阻，在正常状态。再将电刷拆掉，通过滑环测量转子绕组，也是正常的。

5）在电刷架上测量转子所串接的电阻，发现有两个端子之间的电阻值为零。拆下串接电阻与电刷架的连接线，然后再测量，结果电阻值正常，由此断定问题出在电刷架上。

6）对电刷架进行仔细检查，终于发现了问题：电刷架下端的一个紧固卡子已经松动挪位，造成相邻的两个电刷架短路。

故障处理：将紧固卡子复位后，重新拧紧螺钉。故障得以排除。

经验总结：这两台电动机是线绕式异步电动机，其转子电流可以直接用钳形表测量。在**诊断分析**过程的第 2 步中，仅仅是测量了电动机的电源电压和定子三相电流，而没有测量转子电流，因此没有及时查明故障，导致检修走了一点弯路。

例 093　启动时电动机剧烈抖动

故障设备：低压三相交流异步电动机。

控制系统：KZJ 系列智能降压启动装置，该装置主回路的主要元件是 1 只 C65N 型断路器、3 只 KS 型双向晶闸管，触发回路的主要元件是 1 只高集成度触发模块、3 只中间继电器。

故障现象：按下启动按钮的瞬间，电动机剧烈振动，并发出"嗡嗡"的堵转声，约 3s 之后异常状况消失，电动机转为正常启动。

诊断分析：

1）怀疑电动机在缺相状态下启动，检查主回路，电源电压正常，3只双向晶闸管在完好状态。

2）用示波器观察电路中的波形，发现在启动的瞬间，只有两相晶闸管导通，另外一相晶闸管处于截止状态，这导致电动机缺相启动。

3）检查3只中间继电器，没有什么问题。分析认为触发模块可能存在故障。

4）在不带负载的情况下，对触发模块输出的三组触发脉冲进行同步检测，发现其中一组略微滞后。

故障处理：该触发模块属于一次性密封装配，不能进行调整和修复，故对其更换。带负载后再次试验，故障得以消除，电动机正常启动。

例 094 油泵和电动机剧烈抖动

故障设备：低压三相交流异步电动机，用于驱动某机床中的液压油泵。

控制系统：手动操作的交流接触器控制电路。

故障现象：油泵电动机的启停控制电路见图1-69。机床通电后，当旋钮开关SA断开时，如果按下启动按钮SB2，接触器KM1线圈得电，KM1吸合，并经其常开触点自保，此时KM1和电动机可以正常工作。如果SA在闭合状态，再按下SB2，则油泵和电动机都出现剧烈抖动的现象，几秒钟之后，回路中的熔断器FU2烧断。

诊断分析：

1）检查电路中的接线，没有不正常的情况。

2）更换接触器KM1，故障现象不变。

3）检查接触器KM2，发现其线圈的直流电阻远远小于正常值，这说明线圈短路。

4）KM2短路后，如果SA接通、KM1也吸合，则KM2线圈所在的回路中存在较大的电流，控制变压器BK次级的电压大大下降，导致KM1不能保持而释放。KM1一释放，其常开触点断开，KM2的线圈失电，短

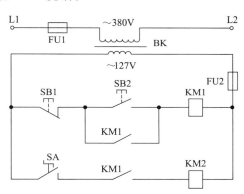

图1-69 接触器的启停控制电路

路电流消除，控制电压又回升到正常数值。但是此时启动过程还没有结束，SB2还没有松开，所以KM1又得电吸合。如此周而复始，形成振动现象，导致电动机频繁地通电、断电，油泵出现剧烈振动的现象，直至熔断器FU2烧断。

故障处理：更换接触器KM2后，故障不再出现。

例 095 主轴电动机剧烈振动

故障设备：低压三相交流异步电动机，用于驱动某立卧转换加工中心的主轴。

控制系统：主轴控制器。

故障现象：用直径为$\phi200mm$的盘铣刀进行铣削加工时，主轴电动机出现剧烈振动和异常噪声。

诊断分析：

1）操作工及时按下"急停"开关，经检查发现主轴上铣刀刀片大半碎裂，工件加工面上有很深的波纹及啃痕。

2）改用切削力较小的刀具进行加工，状态很正常。

3）试换 X 轴和 Z 轴的丝杠轴承，故障现象不变。

4）拆开主轴单元，检查各齿轮及轴承，都未发现异常现象。但是主轴采用电磁离合器来控制换挡，这引起了检修人员的注意。

5）检查电磁离合器，发现其电源插头有一个严重发热，氧化松动，接触电阻增大，这会造成电磁离合器吸力不够，在大负荷加工时出现打滑现象，并导致主轴憋停。

故障处理：更换电源插头后，故障得以排除。

例 096　主轴电动机似转非转

故障设备：低压三相交流异步电动机，用于驱动 C618 型车床中的主轴。

控制系统：手动操作的交流接触器控制电路。

故障现象：原来的交流接触器损坏后，换上新的接触器，一合上电源，还没有按动操作手柄，车床的主轴电动机就似转非转，同时听到接触器发出强烈的振动响声。

诊断分析：

1）对控制电路进行检查，发现接触器的自保触点接错。常用的接触器启动和停止控制电路见图 1-70（a），在接触器 KM1 的启动按钮 SB2 两端，要并联一个 KM1 的辅助常开触点，使得松开按钮时，接触器 KM1 保持通电，电动机仍能继续运转。

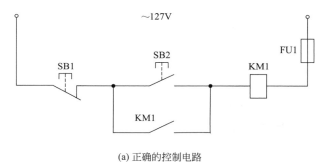

(a) 正确的控制电路

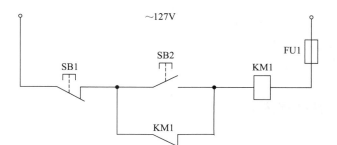

(b) 错误的控制电路

图 1-70　常用的接触器的启停控制电路

2）现在，用于自保的触头不是常开触点，而是常闭触点。如图 1-70（b）所示。当 KM1 的控制回路通电时，不用按启动按钮，KM1 的线圈就通过常闭触点得电，使 KM1 吸合。此时常闭触点又断开，使线圈失电，常闭触点再次闭合。线圈处于反复的得电与失电状态，从而产生剧烈的振动。此时电动机处于瞬时的通电与断电状态，车床主轴似转非转。

故障处理：改正错误的接线，按图 1-70（a）正确地连接。

另有一台机床，启动后接触器产生强烈的振动响声。经检查，交流接触器线圈的额定电压是 380V，但是错误地接入到 220V 的控制回路中。换上 220V 的接触器后，振动立即消除。

例 097　刀库门不能关上

故障设备：低压三相交流异步电动机，用于驱动 MXR-560V 型立式加工中心的刀库门。

控制系统：PLC 可编程序自动控制。

故障现象：在换刀过程中，刀库门不能关上。CRT 上显示 2834♯报警，提示"刀库关门检测器异常"；还有 1728♯报警，提示"刀库防护门电动机异常"。

诊断分析：

1）断电后，拆下刀库门电动机传动带，用手推拉刀库门，没有出现异常的阻力。

2）进入 M06 调整画面，对刀库门进行开、关操作，发现电动机轴的转动不灵活，有卡阻、迟滞的感觉。

3）这是一台普通的微型三相异步电动机，其轴上装有电磁抱闸装置。电动机不运转时，电磁线圈断电，制动弹簧将电动机轴抱紧，使其不能转动。电动机运转时，电磁线圈通电，将刹车松开。如果抱闸装置不正常，可能导致电动机带着刹车运转，出现过载现象。

4）将 96V 直流电源接到抱闸装置的电磁线圈上，发现衔铁的吸合没有到位，抱闸不能松开。检查抱闸装置，机械部件完好无损，分析是电磁线圈不良。

故障处理：更换电磁线圈后，故障不再出现。

例 098　大车不能前进和后退

故障设备：低压三相交流异步电动机，用于拖动某大件车间的一台 3t 吊车。

控制系统：继电器-接触器控制电路。

故障现象：吊车通电后，按下大车启动按钮，电动机不能启动，大车既不能前进，也不能后退。

诊断分析：

1）拆开按钮盒检查，启动按钮和停止按钮都在完好状态，导线也没有断路。

2）登上行车进行检查，大车的正转和反转接触器都可以吸合，驱动电动机已经转动起来，但是横梁两侧的滚轮却不能转动。

3）对滚轮进行检查，发现有一个滚轮掉落，歪歪斜斜地卡塞在导轨上，致使滚轮完全无法转动。

故障处理：重新装好滚轮后，大车恢复正常工作。

另有一台单梁桥式吊车，大车只能前进不能后退。检查控制回路，控制电源、交流接触器、按钮和其他元件都完好无损，而后退接触器右侧与公共线相连的导线松脱，导致控制电源无法接通，接触器不能通电吸合。重新连接后，故障得以排除。

经验总结：吊车机械部分如传动主轴、滚轮、运行导轨、钢丝绳等，经常会出现机械卡塞等类似故障，平时应注意检查，及时排除。对于此类似故障，不要频繁地启动电动机，否则产生无法驱动负载，很可能产生过电流而烧坏电动机。

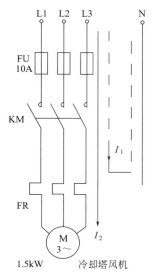

图 1-71   冷却塔风机主回路

例 099   L3 相保险经常烧断

故障设备：1.5kW 的低压三相交流异步电动机，用于驱动一台安装在屋顶的冷却塔风机。

控制系统：继电器-接触器控制电路。

故障现象：在运行过程中，电动机电源线中的 L3 相保险丝经常被烧断。有时运转一会烧断，有时刚一启动就烧断。

诊断分析：

1）电动机的主接线见图 1-71。把电动机甩开再送电，不烧保险了。怀疑电动机有问题。换上一台同型号的新电动机，通电后故障依旧。

2）这台电动机使用的是 VLV3×6＋4 型的塑料绝缘铝芯电缆，有一段敷设在屋顶上。爬上屋顶查看，敷设在屋顶的一段电缆没有什么防护，经过几年的日晒雨淋，塑料绝缘已经很破旧了。

3）用兆欧表摇测电缆的绝缘电阻，接在 L1、L2 相上的两芯与零线之间的绝缘电阻都在 5MΩ 以上；而接在 L3 相上的另一芯与零线之间的绝缘电阻不到 0.3MΩ。分析认为，L3 相保险的烧断，主要是导线的绝缘电阻太低，通电后产生较大的漏电电流。

4）把电动机甩开后，电缆还在通电，为何不烧保险呢？这是因为虽然有较大的漏电电流 I_1，但是它还不至于将 10A 的保险烧断。而电动机通电后，电动机的启动电流 I_2 再加上漏电电流 I_1，就超过了保险丝的熔断电流。

故障处理：更换电缆后，风机的工作完全正常了。

例 100   试车时开关短路爆裂

故障设备：低压三相交流异步电动机，用于拖动卷扬机。

控制系统：PLC 可编程序自动控制，用 DZ20Y-100A/3300 自动开关作短路和过载保护。

故障现象：这台卷扬机停用两年后，经过检修送电试车，此时开关突然爆裂。

诊断分析：

1）怀疑开关长时间未用，受潮引起短路，遂更换一只新开关。再次送电后，又发生同样的爆炸事故。

2）打开开关的外壳进行查看，进线位置的胶木上粘满了铜排熔化后的飞溅物，内部发热元件已全部熔断。从这一现象分析，开关是通过了极大的短路电流，金属被气化后又造成相间电弧短路。

3）是什么原因造成如此严重的短路呢？检查主回路，元件和接线都没有问题，而控制回路的 6A 熔断器完好无损。

4）这台卷扬机用 PLC 可编程序控制器进行控制，分析认为，设备原来工作正常，没有出现过这种故障。停用两年之后，PLC 很可能受潮而工作不正常，送电时产生的干扰脉冲导致其程序误动，在同一时刻输出了正转和反转两种相反的信号，使正反转两只接触器同时吸合，造成电源相间短路。

5）查看 PLC 梯形图，有正反转联锁的保护程序。再查看两只接触器线圈的控制回路，缺少硬件联锁保护环节，接触器原有的机械联锁装置也没有用上。由此可见，干扰脉冲再加上缺少硬件联锁，这两个因素造成了上述的严重短路事故。PLC 系统动作很快，每条逻辑指令很快就被执行。但是，接触器的释放是一种机械动作，可能一个接触器还来不及释放，另一个接触器就已经吸合了，造成电源相间短路故障。

故障处理：按图 1-72 所示，改进接触器线圈的控制方法，除了在梯形图中设置程序联锁之外，在外部再加上硬件联锁保护环节，将 KM1、KM2 的辅助常闭触点分别串入 KM2、KM1 的线圈控制回路。此后没有出现类似的故障。

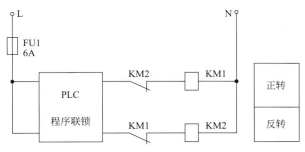

图 1-72　程序联锁＋硬接线联锁

例 101　同一只开关两次爆裂

故障设备：1.0kW 低压三相交流异步电动机，用于拖动某加工中心的交换工作台。

控制系统：PLC 控制的电动机正反转可逆运转电路。

故障现象：在自动加工过程中，机床电控柜内部的一只自动开关突然爆裂。

诊断分析：

1）这只自动开关的编号是 QF10，其用途是对交换工作台的电动机进行短路保护。在其进线部分的胶木上，粘有金属熔化后的飞溅颗粒。拆开盖板，内部发热元件已经全部熔断，而出线端子则完好无损。这是因为开关通过了极大的电流，引起热元件熔化，金属被气化后又造成线间电弧短路。

2）QF10 所在的电气主回路见图 1-73。电动机执行正反转可逆运转，正转和反转分别由交流接触器 KM5、KM6 控制。检查中没有发现电气短路现象，分析认为是 QF10 的质量存在问题，于是进行了更换。

3）事隔数月，在对这台机床进行检修的过程中，QF10 又出现了同样的故障，开关再次爆裂。奇怪的是，此时机床并未进行加工，从哪里来的大电流造成开关爆炸？在一般情况下，正转和反转接触器同时通电吸合，导致电源相间短路的情况是不可能发生的。

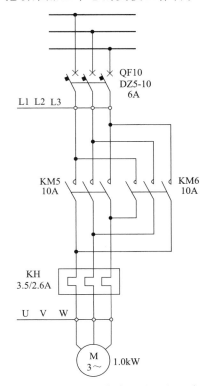

图 1-73　交换工作台电动机主回路

4）再查看交换工作台的控制原理图，它由 PLC 进行控制，但是对 KM5 和 KM6 的硬接线没有实行联锁保护。而接触器虽有机械联锁装置，但是也没有安装使用。分析认为，在机床运行和检修时，可能是某一干扰信号引起 PLC 误动作，造成 KM5、KM6 两只接触器同时吸合，导致图 1-73 中电源的 L1 相和 L3 相直接短路。

故障处理：对 KM5、KM6 进行联锁保护，也就是将接触器的辅助常闭触点串接在对方的线圈回路中，同时起用机械联锁装置。

经验总结：对于正反转可逆控制线路，除了在 PLC 梯形图上进行程序联锁之外，外部的硬接线上也必须有联锁保护，以防出现两只接触器同时动作，造成电源相间短路的故障。

例 102 操作员工被电弧烧伤

故障设备：18.5kW 低压三相交流异步电动机，用于拖动循环水泵。

控制系统：手动控制的交流接触器控制电路。

故障现象：这台循环水泵和电控柜安装在地下室，操作按钮安装在二楼。一次在进行管道维修后，通电进行试车。操作员工按下启动按钮，水泵未能启动，于是走到地下室查看，发现电控柜内的刀开关（HD11-200A）因检修被拉下，于是随手将隔离开关合上。只听见一声炸响，弧光一闪，操作员工的手掌被电弧烧伤，刀开关报废，断路器跳闸，酿成了一起较为严重的人身和设备事故。

诊断分析：

1）控制柜的电路见图 1-74。经检查，引起事故的主要原因是：水泵的主回路电源和控制回路电源不是取自同一开关之下，而是来源于两个途径：主回路的三相 380V 电源取自地下室，而控制回路的单相 220V 电源取自二楼操作室，这样留下了第一个隐患。

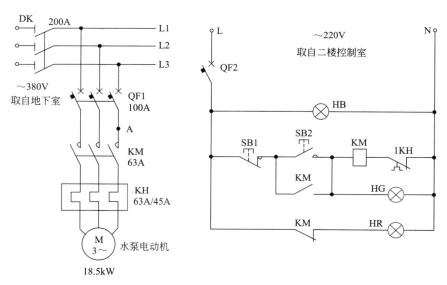

图 1-74 水泵控制柜电气原理图

2）在水泵检修时，地下室控制柜中的刀开关被拉下，但是控制回路的电源仍然存在，而后刀开关又没有合上，当操作工按下启动按钮时，接触器 KM 的线圈得电，KM 吸合，但是由于主回路没有送上电源，电动机未能启动，这样又留下了第二个隐患。

3）于是，在操作工合上刀开关的瞬间，200A 左右的电动机启动电流作用在刀开关上，酿成了这起事故。

故障处理：改正电路中的错误，将控制电源中的相线 L 改接到自动开关 QF1 下面的 A 点。

经验总结：

1）如果将同一台设备的电源取自两个不同的途径，会留下了严重的事故隐患。

2）刀开关上没有灭弧装置，不能带着负荷合闸、分闸，否则会酿成短路事故。

例 103　有载分接开关升降时越挡

故障设备：低压三相交流异步电动机，用于对某变电站主变压器的有载分接开关进行升降调节。

控制系统：继电器-接触器控制。

故障现象：在对主变压器有载分接开关进行操作的过程中，发现分接开关在上升和下降时，都有超越挡位的现象，其超越挡位的级数不固定，往往超越一挡或两挡后才能停止下来，这是一种严重的安全隐患，会导致电网供电电压偏离正常数值。

诊断分析：

1）怀疑是升降挡接触器存在剩磁，造成断电后接触器不能及时释放，于是更换了新的接触器。经过一段时间的试运行，连升与连降现象还是时有发生。

2）怀疑是行程开关动作不可靠，仔细检查没有发现问题，行程开关可以及时动作。试换上新的行程开关后，故障还是经常出现。

3）对控制回路进行全面检查，确认电路中不存在故障。

4）分析认为，电动机高速旋转后突然断电，在惯性作用下，还会继续转动一定的时间，带动行程开关跨越死区。行程开关在下一个工作位置上再次闭合，导致接触器重新通电吸合，电动机再次通电运转。这样又一次进行切换，造成有载分接开关连续上升或下降的故障现象。

故障处理：可以采取以下两种方法：

1）改用转速较慢的电动机，以减小断电后的惯性。

2）在电动机的控制电路中增加能耗制动环节，使电动机停电后，旋转惯性能量快速消耗殆尽，达到断电后及时制动的效果，保证分接开关切换到位后精准停机。

图 1-75 就是一个具体的桥式整流能耗制动电路。图中的 KM1 和 KM2 分别是控制有载分接开关上升、下降的接触器，KM3 是能耗制动接触器。当分接开关上升或下降时，时间继电器 KT 也通电吸合。上升或下降到位后，KM1、KM2 和 KT 都断电，但是 KT 的延时断开触点保持接通，使 KM3 通电吸合。此时能耗制动电路开始工作，把整流后的直流电源施加到电动机的两相绕组上，达到快速制动的效果。大约 2s 后，制动结束，KT 的触点断开，KM3 断电释放。

例 104　工作 15min 后自行停止

故障设备：嵌入式低压三相交流异步电动机，用于驱动 7120D 型平面磨床中的砂轮。

控制系统：手动操作的交流接触器控制电路。

故障现象：这台机床为了提高加工精度，采用嵌入式电动机直接拖动砂轮。机床工作约 15min 后，砂轮电动机自行停止转动。

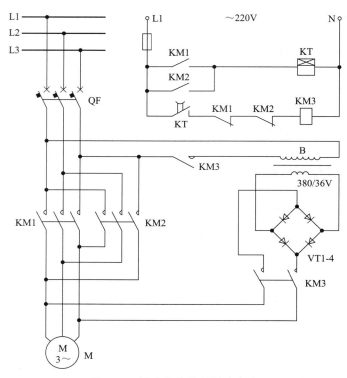

图 1-75　桥式整流能耗制动电路

诊断分析：

1）用高速、低速、空载几种工作方式试验，故障现象不变。而且停机后砂轮电动机不能立即启动，要等润滑油泵工作 5min，砂轮才能重新启动。

2）用钳形表测量电动机的三相电流，数值正常而且基本平衡。在电动机停转的瞬间，钳形表指针只是向下摆动一下，电流并没有明显的增大，这说明不存在短路故障。

3）这种嵌入式电动机拆卸非常困难，不便于空载试车，难以分清究竟是机械故障，还是电气方面有问题。

4）分析控制电路（见图 1-76），发现在砂轮电动机的控制回路中，串联着一只油压发讯开关 SP1，它安装在磨头腔内部。当润滑泵运转，压力油进入磨头腔内，将发讯开关 SP1 顶起，使其触点接通时，才能启动砂轮电动机。

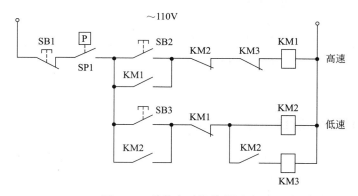

图 1-76　砂轮电动机控制回路

5）仔细观察润滑油管，发现油管内壁积有薄薄的一层污垢。操作员工反映油的流量也比以前减小了，这可能造成 SP1 不能接通。

故障处理：拆开润滑油管，清洗干净后重新装上，故障得以消除。

经验总结：这起故障的原因是，由于润滑油管脏污，导致油流量减少，每次开机后都要让油泵先工作几分钟，使磨头腔内部的润滑油量积累到足以使 SP1 动作后，才能启动砂轮电动机。待运转约 15min 后，润滑油的压力下降，SP1 触点断开，砂轮电动机又自动停转。

例 105　变频器出现 8# 报警

故障设备：低压三相交流异步电动机，用于驱动某数控机床中的液压油泵。

控制系统：VLT-5000 型变频器。

故障现象：接通电源后，液压油泵不能启动。

诊断分析：

1）检查变频器，发现故障灯亮了，显示器上出现 8♯ 报警，提示"低电压报警"动作。

2）检查电源电压正常。按下变频器面板上的 STOP/RESET（停止/复位）键，再按 START（启动）键，故障现象不变。

3）测量变频器外部的 DC 24V 电压，在正常数值。检查主回路中的低压元器件，都在完好无损的状态。

4）测量变频器的电流输入端，发现有电流输入，说明液压泵的液位变送器和连接线路没有问题，确认是变频器本体故障。

5）拆开变频器仔细检查，发现控制回路没有电源。其原因是向控制电路供电的交流接触器有问题，其内部固定动铁芯的橡胶断裂，导致接触器不能正常吸合，变频器无法启动。

故障处理：更换接触器后，故障得以排除。

例 106　排屑电动机过载报警

故障设备：低压三相交流异步电动机，用于驱动 MH800 型卧式加工中心的排屑装置。

控制系统：PLC 可编程序自动控制。

故障现象：机床在加工过程中突然停车，操作面板上报警指示灯"OL"亮。

诊断分析：

1）"OL"报警灯亮，说明电气主回路中存在着过载现象。

2）从 CRT 显示屏上查看 PLC 的各个输入点，发现 X2.2 不正常。它连接的是排屑电动机热继电器 OL.5 和 OL.6 的辅助常闭点。在正常情况下，OL.5 和 OL.6 的辅助常闭点都应在闭合状态，X2.2 的状态为"1"。现在其状态为"0"，这说明热继电器动作，辅助常闭点断开。用万用表测量后得以证实。

3）检查排屑电动机，三相绕组完全对称，绝缘也没有问题。检查排屑的机械装置，在完好状态，没有卡阻现象。

4）检查排屑电动机的连接电缆。从交流接触器到电动机的这一段电缆中，U、V、W 三相只有两相正常，另外一相导线断路。

故障处理：更换这一段电缆后，机床恢复正常工作。

经验总结：当一相导线断路后，电动机缺相运行，电流显著增大，引起热继电器动作，并产生过载报警，机床停止工作。

高压电动机控制系统疑难故障诊断

例107 高压电动机不能启动（1）

故障设备：由 6kV 高压电动机拖动的鼓风机。

控制系统：高压开关柜中的合闸、分闸电路，以及多种保护电路。

故障现象：这台鼓风机原来是人工操作，后来改为自动控制，使用一个星期后，高压电动机不能启动，高压室散发出一股焦煳味道，并冒出浓浓的烟雾。

诊断分析：

1）经过检查，控制柜中的合闸接触器线圈 HC 烧毁，直流屏内部的 60A 总熔断器烧断，底座也被烧熔。

2）合闸接触器线圈 HC 的控制回路见图 2-1，图中的 TWJ 是跳闸位置继电器，LD 是指示灯。KK 是转换开关，其触点 10-11 在分闸之后接通。DL 是断路器的辅助常闭触点，合闸时处于断开状态，分闸后处于接通状态。

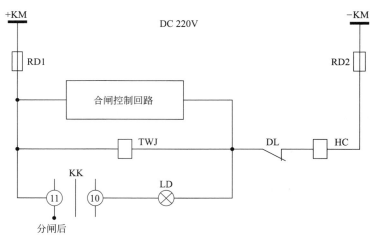

图 2-1　合闸线圈的控制回路

3）对图 2-1 进行解析，HC 线圈的直流电阻是 480Ω，TWJ 和 LD 的直流电阻都是

2000Ω 左右。在分闸之后，KK 的触点 10-11 接通，TWJ 与 LD 并联，等效电阻为 $2000/2=1000\Omega$，HC 与它进行分压，HC 所承受的直流电压 $U_1=220\times480/(480+1000)=71.35\text{V}$

4）分析认为，在分闸之后，正是这个电压长期施加在 HC 的线圈上，导致线圈烧毁。

故障处理：改用 LED 发光二极管指示灯，它内部本身串联着 $10\text{k}\Omega$ 以上的电阻。当 DWJ 与指示灯并联时，等效电阻基本上就是 DWJ 的直流电阻，约为 2000Ω，这样，在分闸之后 HC 所承受的直流电压 $U_2=220\times480/(480+2000)=42.58\text{V}$

可见，HC 所承受的直流电压减少了 28.77V（71.35－42.58）。

自此之后，上述故障不再出现。

经验总结：在此例中，通过对电路的理论分析和数据计算，找出了合闸线圈烧坏的原因——在断路器分闸后，线圈上长期承受着较高的直流电压。

例 108　高压电动机不能启动（2）

故障设备：某 6kV 高压电动机。

控制系统：高压开关柜中的合闸、分闸和继电保护电路。

故障现象：在进行手动操作试验时，开关柜中的主断路器不能合闸，而控制电源中的自动开关跳闸，电动机不能启动。

诊断分析：

1）进行直观检查，合闸电流线圈已完全烧焦。在 WGB-111N 保护装置电子板上，"手动合闸"和"分闸回路"的端子引出线烧断。

2）断路器的合闸控制回路接线见图 2-2。进行手动合闸时，控制开关 SA1 的触点①、②闭合，合闸线圈 KM 通电，同时自保持继电器 KA3 线圈得电，其常开触点闭合。当 SA1 返回，触点①、②断开时，回路由 KA3 的常开触点保持通电。断路器合闸到位后，其辅助常闭触点 QF 断开，切断合闸回路的电流。

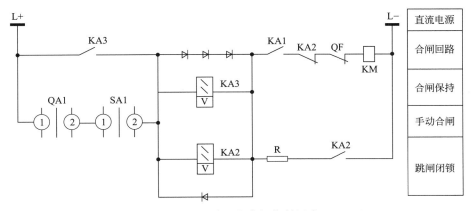

图 2-2　电动机的合闸控制回路

3）对手动合闸回路中的部件进行检查，发现 CT 型手动弹簧储能操动机构已经严重锈蚀，并且完全卡死，这导致断路器的三相主触头合不上。在这种情况下，辅助常闭触点 QF 不能断开，合闸回路长时间通电，造成 KM 和 KA3 线圈烧坏，并导致合闸电源 L＋、L－短路跳闸。

故障处理：更换合闸线圈 KM、继电器 KA3 和手动操动机构。

经验总结：对高压开关柜手动操动机构中的机械部分，要定期进行润滑和保养。

例109　高压电动机不能启动（3）

故障设备：6kV/1000kW高压三相交流异步电动机，用于驱动一台水泵。

控制系统：PLC和继电器-接触器控制，定子绕组回路中串联液态电阻进行启动。

故障现象：启动十几秒钟后，高压断路器都因为速断保护动作而跳闸，电动机不能启动。

诊断分析：

1）高压电动机的主回路见图2-3。启动时，真空接触器KM2首先闭合，将液态电阻Ry串入电动机定子回路，随着电动机的转速的上升，液体电阻均匀减小。电动机接近额定转速时，KM2断开，液体电阻脱离定子回路，完成启动过程。同时KM1闭合，电动机进入连续运转状态。

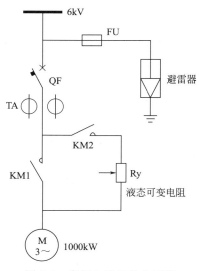

图2-3　高压电动机的主回路

2）在不连接电动机的情况下，对启动柜进行操作，接触器KM1、KM2的投切完全正常，没有出现跳闸现象，这说明接线没有错误。

3）对保护速断整定值重新进行核算，并与其他同型号电动机的整定值进行对比，确认整定值正确无误。

4）采用交流伏安法对液体电阻进行测试，阻值满足电动机降压启动要求，可以有效地减小启动电流。

5）对保护动作过程进行仔细观察，发现每次动作跳闸并不是发生在启动瞬间，而是发生在启动过程已经进行了十几秒的时刻，此时接触器KM1、KM2正在切换，由此怀疑KM1、KM2切换的时间太早。

6）调出PLC程序中有关的定时器，可以看到启动时间设置为12s，而在此时刻，电流表的指针还在启动电流的位置上摆动，没有回落的迹象。这说明启动过程并没有结束，KM1、KM2切换的时间的确太早了。

故障处理：调整定时器的设置，经过几次试验，确定最合适的定时为18s。从此之后电动机启动正常，故障不再出现。

经验总结：电动机的最佳启动时间，要根据电动机的功率、性能、启动电流、现场实际情况进行测算和试验。

例110　高压电动机启动困难（1）

故障设备：JSQ137-4型高压电动机，260kW，额定电压6000V，额定电流30.5A，用于拖动一台大功率水泵。

控制系统：高压开关柜中的合闸、分闸电路，以及过流等多种保护电路。

故障现象：使用几年后，在启动过程中断路器经常跳闸，往往需要启动几次才能成功。

诊断分析：

1）检查过流继电器（GL-14/5型），在启动时其速断保护动作，中央控制室掉牌，显示为过电流。

2）在启动成功时，观察电压表的指示值约为6000V，电流表的指示值为24A，与以前没有大的区别。

3）检查电动机的绝缘，在正常范围，没有接地现象。

4）对过流继电器速断保护动作的整定值进行验算，动作电流I_{dz}原来的整定值为电动机额定电流的8倍，这个整定值是合理的。现在为了避免在启动过程中断路器过流跳闸，将其加大到9倍，但过流跳闸现象还是经常出现。

5）检查合闸断路器的操作机构，在完好状态。

6）检查断路器的主触头，发现各相烧蚀和磨损都比较严重，而且L2相触头的行程明显大于其他两相，这导致三相不能同期合闸，在启动瞬间电动机的电源处于缺相状态，进一步加大了启动电流。

故障处理：更换断路器的主触头，并调整各相触头的行程，使三相的同期性符合要求。此后电动机启动正常，没有出现过流跳闸的现象。

经验总结：用于控制高压电动机的断路器，因为频繁地启动和停止，在使用几年后，会出现触头烧蚀、磨损的现象，导致三相不能同期合闸，甚至引起过流跳闸。

例111　高压电动机启动困难（2）

故障设备：JSQ138-4型高压电动机，300kW，额定电压6000V，额定电流35A，用于拖动一台大功率挤压机。

控制系统：高压开关柜中的合闸、分闸电路，以及过流等多种保护电路。

故障现象：使用几年后，在启动过程中，过流继电器（GL-14/5型）速断保护动作跳闸，多次启动才能成功。

1）用高压兆欧表对电动机和电缆进行绝缘测试，绝缘电阻都在1000MΩ以上。

2）对电动机的直流电阻进行测试，没有发现异常现象。

3）对过电流继电器的动作电流重新整定，将可靠系数和启动电流倍数都取上限值，还是出现速断跳闸现象。

4）仔细观察启动过程，发现在合闸期间，高压柜出现严重的振动，电流继电器和速断衔铁也在不停地闪动。分析认为：在此时电流很大，速断衔铁有吸合的趋势，过大的振动就会促使继电器动作跳闸。

故障处理：采取减振措施后，过电流继电器的振动大为减弱，高压电动机顺利启动。此时将继电器恢复到原来的整定值，也不影响启动。

经验总结：高压配电柜的安装一定要合乎规范，不能出现严重的振动现象，否则会影响正常运行。

例112　断路器不能第二次合闸

故障设备：某公司的一台6kV高压异步电动机。

控制系统：带有微机保护装置的断路器控制电路。

故障现象：在试操作过程中，断路器在第一次合闸和分闸之后，不能进行第二次合闸。

诊断分析：

1) 带有微机保护装置的断路器控制电路如图 2-4 所示，检查断路器的控制开关 KK，处于"分闸后"位置，这是正确的。

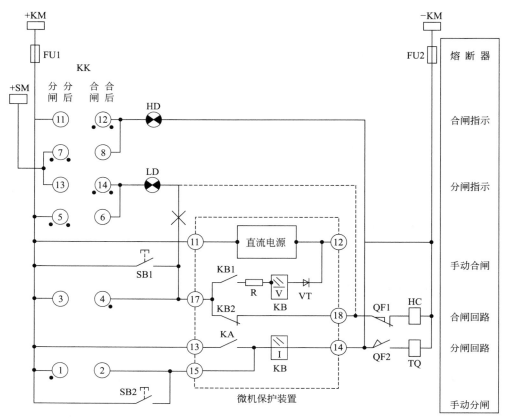

图 2-4　带有微机保护装置的控制电路

2) 在断路器分闸后，其辅助常开触点 QF1 断开，辅助常闭触点 QF2 闭合，KB 的电流线圈失磁，它的常开触点 KB1 应该断开，常闭触点 KB2 应该闭合，不应该闭锁合闸回路。但是经过检查，KB 的电压保持线圈还在通电，导致 KB1 不能断开，KB2 不能闭合，断路器的合闸回路仍然处于闭锁状态，这是不正常的。

3) KB 的电压保持线圈为什么不能断电呢？进一步检查，发现分闸指示灯 LD 的右端连接到微机保护端子 17 上，于是构成了如下的电气回路：

　+KM→FU1→KK 端子 5→KK 端子 6→LD→微机保护端子 17→KB1→R→KB 电压保持线圈→VT→微机保护端子 12→FU2→−KM

4) 在这个回路中，分闸指示灯 LD、限流电阻 R、KB 电压保持线圈这 3 个元件对 220V直流电源进行分压。经测量，LD 的直流电阻为 16kΩ；R 的阻值为 10kΩ；KB 的直流电阻为 5kΩ。因此，KB 两端的电压为 $220 \times 5/(16+10+5)=35.5V$

查阅 KB 的技术数据，其返回电压仅为 20V 左右。由此可知，KB 的电压保持线圈在吸合后不能返回，这导致合闸回路处于闭锁状态，不能进行第二次合闸。

故障处理： 按图 2-4 中的虚线所示，改变分闸指示灯 LD 的接线，将其右端与端子 17的连接线拆除，改接到端子 18 上。这样改进后，分闸之后 KB 的电压保持线圈不会经过 LD

构成电流回路，不影响再次合闸。

例 113 高压电动机启动时跳闸

故障设备：6kV、450kW 高压异步电动机，用于拖动一台循环水泵。

控制系统：继电器—接触器控制电路。

故障现象：这台水泵的流量由缓闭止回蝶阀控制，蝶阀全部打开时为 90°，但是当蝶阀打开到 75°左右时，高压电动机就跳闸。

诊断分析：

1）在空载状态下，对电动机启动柜和蝶阀控制电路多次分别试验，然后又将电动机与蝶阀联动调试，结果都很正常。但是带上负荷开泵时，电动机就跳闸断电。

2）蝶阀有关部分的控制原理如图 2-5 所示。其工作原理是：在联动状态开机时，电动机断路器 QF 闭合，时间继电器 KT1 通电。经 KT1 延时后，KA1 动作，蝶阀开启。蝶阀全部开启后，行程开关 SQ 闭合，KA2 得电动作，另一只时间继电器 KT2 断电，不会出现跳闸。而当开阀时间超过 KT2 延时整定值时，如果蝶阀尚未全开，则 SQ 不会闭合，此时KT2 因达到延时整定值而动作，跳闸线圈 TQ 得电动作，高压电动机跳闸断电。

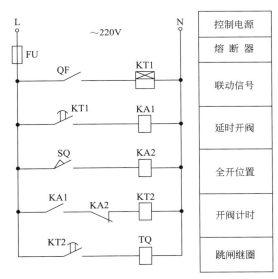

图 2-5　蝶阀有关部分的电气控制原理图

3）看来，故障原因是蝶阀开启的时间超过了 KT2 的延时整定值，但是为什么在空载联动时没有出现跳闸动作呢？

4）继续进行试验和检查，发现在空载时蝶阀两边无水压，阀门开得快，开阀时间小于KT2 的延时整定值，KT2 尚未动作时，位置开关 SQ 已经闭合，接通了 KA4，切断了 KT2的线圈电源，所以不会跳闸。而当带上负载时，蝶阀开得慢，开阀时间比 KT2 的延时整定值还要长 1~2s，导致 KT2 完成延时，因而跳闸线圈 TQ 得电，电动机跳闸。

故障处理：调整 KT2 的延时时间，使这个时间比蝶阀带负荷后完全打开所需的时间多出 3s。重新操作后，设备恢复正常工作。

经验总结：在电动机控制系统中，许多环节发生故障都可能导致电动机不能启动。在本例中，就是一个辅助部位——蝶阀控制电路中的时间继电器整定值不符合工艺要求，导致电动机启动失败。

例 114   同步电动机启动瞬间跳闸

故障设备：某冶炼厂的一台高压同步电动机（1600kW）。

控制系统：高压同步电动机控制装置。

故障现象：这台电动机自投入使用以来，每月都要发生几次启动瞬间过流跳闸的现象。虽然可以重新启动，但是高压油开关的动、静触头烧损严重，油色发黑变质，影响安全运行。

诊断分析：

1）仔细观察，跳闸不是由操作机构振动所引起，线路也无接触不良现象。

2）对启动电流进行测量，为 840A，而过流继电器 KOC 的动作电流整定值为 1140A。

3）至此，有必要进行理论分析。在开关合闸瞬间，电动机接入电网进行启动，启动电流包含两个分量；一个是稳定的周期分量 I_1，它基本上是一个固定值；另一个是随着时间衰减的非周期分量 I_2，它是一个变量，大小与电动机接入电网的时刻有关。若在正弦波电源电压处于幅值（$t = \pi/2$，或 $t = -\pi/2$）时接入，则 I_2 最小；若在正弦波电源电压过零（$t = 0$,或 $t = \pi$）时接入，则 I_2 最大。根据故障发生的偶然性，可以认为，故障是由于电动机接入电网的瞬间，刚好在电源电压过零点或其附近。此时非周期分量最大，故合成的启动电流也最大，超过了过流继电器的整定值，所以引起跳闸。

故障处理：周期分量的数值虽然很不稳定，但是它衰减很快，若干个周期后便所剩无几。如果在继电保护中增设一个延时环节，就可以躲过非周期分量，保证电动机平稳启动。图 2-6（a）是原继电保护回路的有关部分；图 2-6（b）是增加时间继电器 2KT 的改进电路。这里 2KT 的延时设定为 0.30s，等于工频电源的 15 个周期，基本上可以把 I_2 衰减到零。如此处置后，再未发生过启动瞬间过流跳闸的现象。

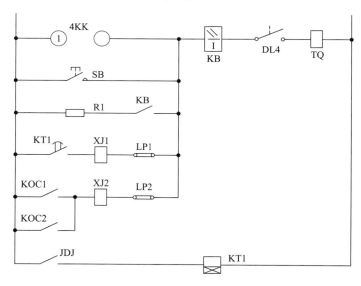

(a) 原继电保护回路

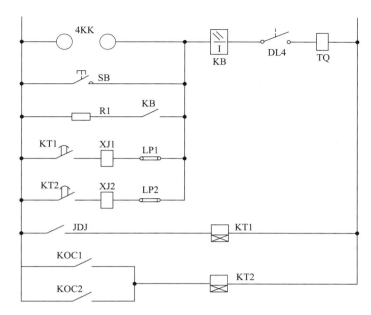

(b) 改进后的继电保护回路

图 2-6　高压电动机继电保护回路

例 115　运行中电动机多次跳闸（1）

故障设备：3300kW 高压同步电动机。

控制系统：由主柜和辅助柜进行控制，主柜中用高压断路器控制启动、停止，辅助柜中采用晶闸管装置进行励磁。系统中配置有 SR469 型保护继电器。

故障现象：电动机在运行过程中，多次出现自行跳闸故障。

诊断分析：

1）查看这台电动机的监控记录，只有跳闸时间，而没有其他任何显示，这不能说明问题。

2）对电动机本体、控制柜中的主回路、控制回路进行仔细检查，没有发现任何问题。重新投入运行后，状态和运行参数又很正常。

3）这台电动机安装有保护继电器 SR469，查看其中的事故记录项，确认电动机当时发生了差动保护动作，由此怀疑内部绕组可能存在故障。需要进行一系列的检查和诊断。

4）用 2500V 高压兆欧表测试定子绕组对地绝缘，为 1500MΩ 左右。这个阻值不算低，但是很不稳定，有一定程度的波动。

5）使用直流双臂电桥测试定子绕组的直流电阻，三相电阻平衡，且在正常状态。

6）对绕组做交流耐压试验。通过升压变压器，给定子绕组加上 $2U_e + 1000V$ 的高压，持续 1min，未出现击穿和放电现象，初步说明定子绕组绝缘合格。

7）对电动机做无损匝间试验，并仔细观察波形图。在 A、C 相试验过程中，脉冲电压在绕组中引起的衰减波形，在第一次达到正向峰值之前已经出现了畸变，随后 A、C 相之间的衰减波形完全错峰。C 相绕组的衰减速率大于 A 相的衰减速率。这说明 C 相绕组的匝间绝缘存在薄弱环节。

8）打开电动机的人孔，进入电动机内部仔细检查，发现 C 相线圈端部引线和极间连接部位存在多处白色的电晕腐蚀点。这会引起定子弧光接地或短路，在保护继电器 SR469 中产生动作电流，引起差动保护以致跳闸。

　　故障处理：请来电机修理厂的专业工程师，对电动机进行绝缘处理，彻底排除了故障。

　　经验总结：SR469 保护继电器具有较完善的监控功能，可以提供有效的技术数据，为电气维修人员诊断此类电动机的故障带来方便。

例116　运行中电动机多次跳闸（2）

　　故障设备：某化肥厂的一台 2000kW 高压异步电动机，用于拖动氢氮压缩机。

　　控制系统：6kV 高压开关柜控制。

　　故障现象：一段时间以来，5♯电动机（6kV 高压）在运行中多次出现跳闸故障，生产受到很大的影响。

　　诊断分析：

　　1）5♯电动机是由5♯高压柜控制的。观察发现，5♯电动机的跳闸不是孤立出现的，它总是与12♯高压柜同时跳闸。

　　2）12♯高压柜控制着另外一台高压电动机，其供电线路是高压电缆，由于使用多年，电缆的绝缘严重下降，跳闸故障也时有发生。但是，5♯柜与12♯柜相距较远，不会受到振动，不应当受到牵扯而同时跳闸。

　　3）两台高压柜保护原理图见图 2-7。对两柜的控制和保护回路进行检查，二者之间没有直接的联系。

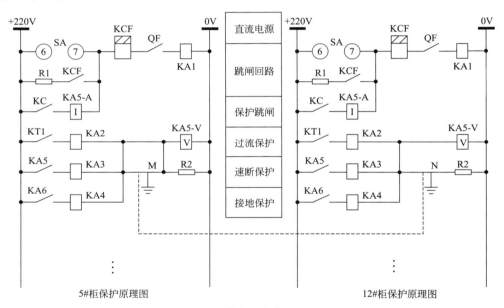

图 2-7　两台高压柜保护原理图

　　4）用 2500V 兆欧表，对两台高压柜中保护回路的电气元件和线路进行绝缘检测。发现在5♯柜中，M 点接线端子与金属底板碰触，对地电阻为零。

　　5）无独有偶，在12♯柜中，N 点接线端子上的绝缘黄蜡管磨破，对柜体的绝缘电阻也为零。也就是说，M 点和 N 点在电气上是连接在一起的，如图中虚线所示。

　　6）在12♯柜内，设有速断、过流和接地保护，当任何一种保护动作时，+220V 直流电源都可以经过继电器 KA2 或 KA3、KA4 加到 N 点，再经过柜体金属底板、接地体加到5♯柜中的 M 点。这样，+220V 直流电源从12♯柜出发，转弯抹角地进入到5♯柜中，加在保护继电器 KA5-V 上，导致断路器误跳闸。

故障处理：排除 5♯柜内 M 点的接地故障、12♯柜内 N 点的接地故障。

例 117　电动机过流后越级跳闸

故障设备：高压异步电动机，2000kW，额定电压为 6kV，额定电流为 240A。

控制系统：高压开关柜中的合闸、分闸电路，以及过流等多种保护电路。

故障现象：高压电动机正在运行时，突然跳闸断电，导致全车间停电。

诊断分析：

1）这是一起严重的，越过两级跳闸的故障。故障电动机未能及时跳闸，车间的供电变压器保护装置也没有跳闸，最后导致公司变电站的馈电开关跳闸，扩大了事故范围，导致生产受到大面积的影响。

2）这台电动机由车间变电所中 12500kV·A 的变压器供电，供电系统如图 2-8 所示。对电动机的绝缘进行检查，发现存在单相接地的故障。

3）检查电动机的过流保护装置。过流继电器为 GL-12 型老式反时限继电器，当时计算的过流整定值为 7～9A，时间为 0.5～1s，但是因为平时在启动时容易跳闸，只好把动作时间调整为 5s，这导致保护形同虚设。其后果是：在电动机过流后，电动机本身的过流保护装置反应迟滞，未能及时跳闸。

4）检查车间变压器的过流保护装置。核对这台 12500kV·A 变压器后备过流三段的整定值，不存在错误，按当时的故障电流，也应该跳闸。但是公司为了避免造成变压器频繁误动作损害高压电动机，投入了"过流三段经复压闭锁"，导致变压器的过流三段经过闭锁后未能跳闸。

故障处理：淘汰电动机的老式继电保护装置，更换为微机型保护。在发生故障时，首先切断故障设备，保证其他设备的正常供电，把经济损失降至最低点。

例 118　过流后三级保护动作跳闸

故障设备：YR560-4 型，10kV 三相绕线式高压异步电动机，用于拖动 1120kW 烧结风机。

控制系统：KYN28A-12 型高压柜，采用 WYQ6-2C 型液体电阻进行降压启动，配置有 WGB-54 型微机综合保护装置。

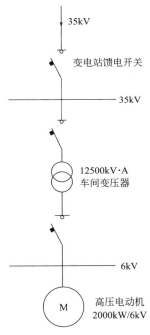

图 2-8　高压电动机的供电系统

故障现象：在启动过程中，烧结风机转速偏低，随后出现开关过流，三级保护动作跳闸。

诊断分析：

1）对转子进行盘车，没有发现卡涩现象。风机叶轮没有刮壳，电动机轴承和风机轴承座内部无异响，油泵和油位都正常。

2）检查电动机的主回路和控制回路，都在正常状态。电动机的运行参数也是正确的。

3）使用 2500V 高压兆欧表检查定子绕组对地绝缘，大于 2000MΩ，再使用 500V 兆欧表检查转子绝缘，达到 100MΩ。转子集电装置以及碳刷也在完好状态。

4）检查液压电阻装置，往返动作及切换时间正常，所插入的导电极铜棒没有氧化腐蚀。

5）打开液压电阻箱查看，液面高度合适，但是发现电解液太清晰，而正常状态下的电解液应该有一定的浓度。

故障处理：搅拌水液使电解液变浓后，使用加热设备加热至 20℃，再次启动成功。以后在启动时按此方法处理，再未出现跳闸故障。

　　经验总结：液体电阻启动器可以改善大、中型绕线式异步电动机的启动性能，但是WYQ6-2c型液体电阻启动器不带加热器，在气温较低时，水液温度下降，造成电解质与水分离，电阻增大，导电能力变差。为此可增加加热装置，提高水液温度，满足启动要求。

例 119　高压电动机无故停机

　　故障设备：高压异步电动机。
　　控制系统：高压开关柜中的合闸、分闸电路，以及过流、过压、欠压等多种保护电路。
　　故障现象：这台设备投入使用后不久，高压电动机经常无缘无故地停机。
　　诊断分析：

　　1）图 2-9 是高压异步电动机的欠压保护电路，其中的图 2-9（a）是电压继电器 KV1、KV2、KV3 和时间继电器 KT1 的接线图。电压继电器的动作电压为 70V。电压正常时，KV1、KV2、KV3 均吸合，它们的常闭触点均断开，中间继电器 KA1 不会动作。当 10kV 侧的线电压低于 7000V 时，三相电压互感器中，若有一只互感器的次级线圈电压低于 70V，电压继电器就会释放。引起中间继电器 KA1 吸合，时间继电器 KT1 通电，延时 0.5s 之后，KT1 常开触点断开，切断高压异步电动机控制回路的电源。

　　2）经初步检查，发现时间继电器 KT1 线圈烧坏，并烧断熔断器 FU1 和 FU2。更换这些元件，但用不了几天，又再次烧坏。

　　3）查看时间继电器 KT1，其型号是 DS-21，其线圈热稳定性较差，在工作电压上升到 230V 时就开始发热，而此柜直流控制电压通常高于 240V，若此电压长期加在 KT1 线圈上，

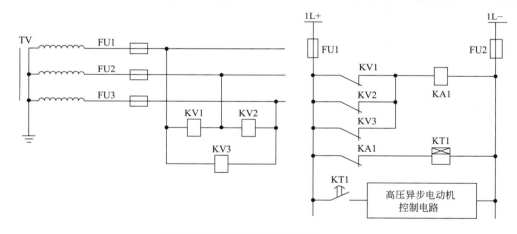

(a) 电压继电器和时间继电器接线图

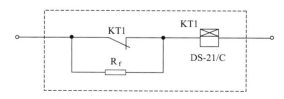

(b) 带有附加电阻的时间继电器

图 2-9　高压异步电动机欠压保护电路

肯定会把它烧坏。

故障处理：试将 KT1 换成 DS-21/C 型，它是带有常闭触点和附加电阻 R_f 的时间继电器。当它通电动作后，其常闭触点立即打开，使附加电阻接入线圈回路，如图 2-9（b）所示。这样既保证了继电器能得到足够的启动电流，又能大大减少长时间流过线圈的吸持电流，使线圈不至于发热损坏。改型之后，KT1 使用一直正常。

例 120　启动瞬间速断保护掉牌

故障设备：6kV 高压异步电动机。

控制系统：GC-1 型、6kV 高压配电柜。

故障现象：高压电动机启动时，听到高压柜内有轻微崩炸声音，与此同时，速断保护掉牌跳闸。

诊断分析：

1）将跳闸的高压小车退至试验位置，进行初步检查，发现动触头和静触头都已经烧得残缺不全。

2）对变电所的高压设备进行全面检查，这批高压柜是 20 世纪 80 年代的产品，已经使用了 30 多年，严重老化，在结构上也存在许多缺陷，安全等级很低，主要问题是：

① 高压柜相互之间没有隔离，母线室全部连通，一个高压柜出现事故后，可能导致邻近高压柜受到破坏。

② 主母线和分支母线没有加装绝缘套，一点短路会发展为整条母线多处弧光短路。

③ 高压小车上下动静触头严重磨损，定位不准确，小车推入运行位置时，很易插偏，造成接触不良。

④ 继电保护装置落后。继电保护最基本的功能就是迅速将故障点切除，防止故障扩大，保证其他设备正常供电。而该变电所采用常规继电器保护，精度很低，很多保护功能无法实现。

3）查看监控系统的事故录波和电流曲线，结合小车触头烧坏的具体情况进行分析，认为故障的直接起因是高压柜小车下侧动触头与静触头接触不良引起。虽然将小车推入运行位置后已经锁紧，并且进行了必要的检查，但由于静触头和动触头上下插偏，导致接触面积很小，引起接触不良，这种情况从柜后的探视窗难以清楚地观察到。当高压电动机启动时，200A 以上的启动电流使接触不良处急剧发热拉弧，在短时间内形成相间短路，引起速断保护动作。

故障处理：淘汰落后的 GC-1 型高压柜，将其更换为新型的 KYN28A-12（Z）型金属封闭铠装式高压柜。

例 121　零序电流保护误动作

故障设备：10kV、260kW 高压三相交流异步电动机。

控制系统：10kV 高压开关柜。

故障现象：在正常运行中，开关柜经常发生零序电流保护误动作。

诊断分析：

1）这台高压电动机额定电流是 19.8A。零序电流保护定值为 13A，从录波图上看，保护动作时零序电流为 15A。

2）检查零序电流互感器，其外观正常，安装牢固、二次接线正确无误。

3）进行绝缘测试、直流电阻测试、伏安特性测试，都在正常状态。

4）到现场查看，10kV 三芯电缆破损非常严重，很可能存在漏电现象。

5）如图 2-10（a）所示，在母线侧和电动机侧，这条电缆的屏蔽层都接地了，但是母线侧的接地线没有穿过零序电流互感器。当现场电缆漏电时，或有使用单相电源的设备工作时，部分电流将会从电动机侧屏蔽层的接地点，经过大地流回到母线侧屏蔽层的接地点，如图中的虚线所示。

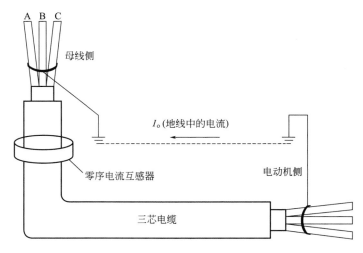

(a) 母线侧的接地线未穿过互感器

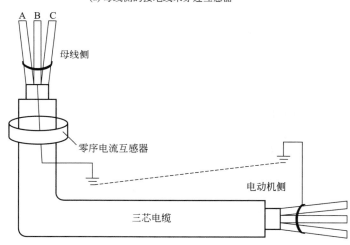

(b) 母线侧的接地线穿过互感器

图 2-10   电缆屏蔽层的接地

6）显然，这部分电流本来是从电缆的屏蔽层中流出的，它在流出时穿过了母线侧的零序 CT，但是在返回时没有经过零序 CT。这导致零序 CT 中电流的相量和不为零，即存在零序电流。

故障处理：

1）更换破损的高压电缆。

2）按图 2-10（b）接线，使屏蔽层中的电流始终穿过零序 CT。

经验总结：零序电流保护动作的常见原因有电缆或用电设备接地、零序电流互感器故障、电缆屏蔽层接地不正确、保护装置误动作。

例 122 微机差动保护装置误动作

故障设备：6kV 高压三相交流异步电动机。

控制系统：带有 WDZ-2T 型微机差动保护装置的断路器控制电路。

故障现象：电动机和控制设备安装完毕后，进行各种试验，断路器合闸和分闸正常，过流保护装置能正确地动作，但是带上负荷试验时，断路器刚刚合上就立即跳闸。

诊断分析：

1）根据信号屏的指示，断路器跳闸的原因是差动保护误动作。

2）差动保护采用的是 WDZ-2T 型微机差动保护装置，原来的接线见图 2-11（a）。TA1a、TA1c 是电源侧 A 相和 C 相的电流互感器；TA2a、TA2c 是中性点侧 A 相和 C 相的电流互感器。

3）检查 WDZ-2T 的整定值，在正常范围。

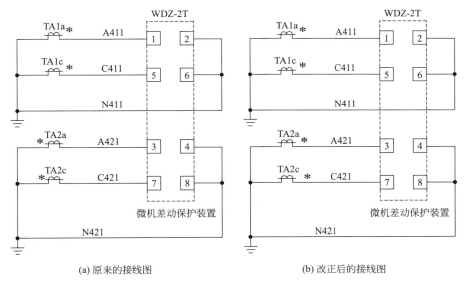

(a) 原来的接线图   (b) 改正后的接线图

图 2-11 微机差动保护装置接线图

4）检查电流互感器二次回路的接线，仍然是沿用常规的差动继电器的接线，其二次绕组按环流法连接，即 WDZ-2T 的 1 端和 5 端连接到 TA1a、TA1c 的同名端，而 3 端和 7 端连接到 TA2a、TA2c 的异名端。此时，流入 WDZ-2T 中的电流是两侧互感器的电流之差。

5）然而，这种环流法接线不能用于 WDZ-2T 型微机差动保护装置。它要求电动机两侧互感器电流同相位，电流进入到保护装置内部之后，再由 CPU 按照有关的程序自动地进行处理。

故障处理：交换电流互感器 TA2a、TA2c 二次的首尾端，即按图 2-11（b）进行接线，将 WDZ-2T 的 3 端和 7 端连接到 TA2a、TA2c 的同名端，使电动机两侧互感器二次电流以相同的相位输入到微机保护装置。

经验总结：如果采用 WDZ-2T 型微机差动保护装置，则电动机两侧电流互感器的二次绕组不能按环流法连接。

例 123 合闸时出现跳跃现象

故障设备：某水泥厂的一台 Y3552-2 型，250kW 高压异步电动机，用于拖动球磨机。

　　控制系统：高压开关柜中的合闸、分闸和保护电路。

　　故障现象：在检验这台高压开关柜的防跳跃功能时，先将操作开关KK置于合闸位置，使断路器处于合闸状态。然后短接保护出口触点，模拟保护动作，断路器能跳闸，但跳闸后又重新合上了。显然，防跳电路没有起到防跳作用。

　　诊断分析：

　　1）对高压电动机的断路器进行电动合闸时，若线路和电动机有故障，继电保护装置将动作，使断路器自动跳闸。此时如果操作人员仍将控制开关的手柄放在合闸位置上，则断路器再次合闸。这种跳闸、合闸的多次重复就是所谓"跳跃"。

　　2）图2-12是这台电动机防跳装置的电气控制原理图，防跳继电器KB是DZB-115型。当操作开关KK置于合闸位置，使触点KK5-8接通时，合闸脉冲经KB的常闭触点KB2送到合闸继电器HC的线圈上，使断路器合闸。合闸之后，如果发生故障，继电保护装置动作，则触点BCJ接通，使跳闸继电器TQ得电，断路器跳闸。

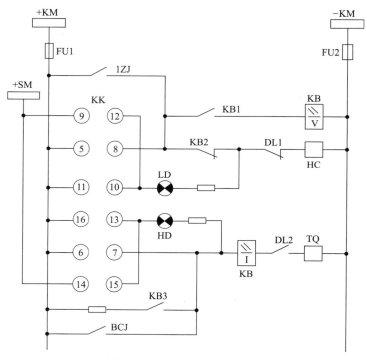

图2-12　高压开关柜防跳电路

　　3）在发出跳闸脉冲的瞬间，KB的电流线圈带电，使常开触点KB1接通。如果此时合闸脉冲未解除（例如控制开关KK未复归，使触点KK5-8仍接通；或自投继电器的触点1ZJ被卡住，处于接通状态），则KB的电压线圈也带电，形成自保持。其常闭触点KB2断开，切断合闸继电器HC的电流回路，使断路器不会再次合闸。

　　4）现在防跳电路不起作用。经过一整天的反复查找，未发现电路中有任何故障。

　　5）在迷茫中突然想到一个问题：如果KB的电流和电压线圈中有一个接反，则电压线圈产生的磁场与电流线圈产生磁场相互抵消，KB无法保持，吸合之后立即返回。其触点KB1断开，KB2闭合，这样断路器又会重新合闸，发生跳跃现象。

　　故障处理：将电压线圈的两根接线对换之后，故障立即排除，防跳功能完全正常。

　　经验总结：高压电动机的断路器在合闸时，如果多次跳跃，一方面产生操作过电压，使一次系统和电动机受到严重影响。另一方面可能造成断路器触头和机械部件的损坏。因此在设计合闸控制回路时，必须设置防跳装置，以防止发生此类现象。

例 124　高压电动机不能停止运转

故障设备： 某 6kV、360kW 高压三相交流异步电动机。

控制系统： 继电器-接触器控制。

故障现象： 当按下现场操作柱上的启动按钮 SB2 时，电动机正常启动运转；而按下现场停止按钮 SB1 时，继电器却不能释放，电动机仍在运转，出现停机失灵的故障现象。

诊断分析：

1）这台高压电动机的控制回路见图 2-13。按下启动按钮 SB2，中间继电器 KA 吸合并自保，其常开触点闭合后，使得真空接触器 KM 通电吸合，电动机启动运转。按下停止按钮 SB1 时，KA 和 KM 释放，电动机停止运转。

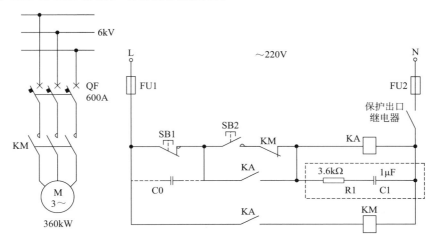

图 2-13　高压电动机控制回路

2）检查停止按钮，在完好状态；检查控制电路，接线没有错误。

3）电动机的控制柜安装在高压配电室内，与电动机和现场操作按钮箱相距约 570m。也就是说，SB1 的两根导线并行长度在 570m 以上，因此，在 SB1 上并联着较大的线路分布电容，如图中点划线所连接的电容器 C0。

4）在这种情况下，当现场操作人员按下 SB1 时，继电器 KA 的控制回路并没有切断，仍然通过分布电容 C0 构成寄生回路，导致停机失灵故障。

5）KA 的释放电流约为 7.5mA，经实测，按下 SB1 后，流过分布电容，即流过 KA 线圈的电流仍然大于 10mA，因此 KA 不能释放。

故障处理： 按图中虚线框所示，在 KA 的线圈上并联一个由电阻 R1 与电容 C1 串联的支路，这个支路对寄生回路的电流起到分流作用。这样处理后，电动机停机正常，故障不再出现。

经验总结： 对电动机进行远距离控制时，要充分考虑线路电阻和分布电容的影响，防止控制失灵。

例 125　真空接触器突然断电

故障设备： 6kV、780kW 高压交流异步电动机，用于拖动某矿井的轴流式通风机。

控制系统：串联电抗器降压启动，风机正转、反转、切除电抗器均通过三组真空接触器来实现。真空接触器吸合后，由220V操作电源持续供电实现接触器自保。

故障现象：通风机在运行过程中，真空接触器突然断电，风机停止运转。

诊断分析：

1) 通风机是矿井的命脉，一旦停止运转，将使井下瓦斯浓度升高，威胁井下职工的生命安全，必须迅速排除故障。

2) 经查询，由于供电线路故障，上级变电站对线路进行倒闸操作，通风机6kV主电源瞬间失电，真空接触器的220V操作电源也相应失电，通风机停止运转。虽然时间只有短短的2s，但是通风机必须重新操作才能启动。

故障处理：在220V操作电源系统中，增加工业UPS电源，这样倒闸瞬间操作电源不会中断。线路瞬间断电后，电动机主回路虽然断电，但是由于旋转惯性的作用，风机还在运转。此时UPS电源发挥作用，维持操作电源不中断，真空接触器保持吸合状态。2s之后线路电源恢复，电动机依靠旋转惯性直接启动，这样通风不会中断。此外，如果电网在3s之内不能恢复供电，则必须自动切除UPS电源，使真空接触器跳闸，以防止通风机在无旋转惯性情况下直接启动。

例126　电动机启动时冒烟起火

故障设备：JSQ1410-8型，280kW鼠笼型高压三相交流异步电动机，额定电压6kV，额定电流34A，定子线组为Y接法，用于拖动球磨机。

控制系统：高压开关柜中的合闸、分闸电路，以及多种保护电路。

故障现象：在启动瞬间，电动机的定子绕组突然冒烟起火。

诊断分析：

1) 检查电源电压，在正常状态，不存在缺相等问题。

2) 检查定子绕组的绝缘电阻，在良好状态，泄漏电流也很小，但是三相绕组的直流电阻不相等，而且差别较大。

3) 解体检查烧损部位，发现中性点在匝间和相间连接线的底部。为了加强固定，用白布带将它们捆扎在一起。中性点所连接的三相绕组连接线被烧断一根。L1和L2相绕组的连接线也被烧断。

4) 看来，故障是在中性点上。估计是中性点焊接不牢，当电动机启动时，强大的启动电流通过中性点，引起高温高热，使焊接点脱焊，中性点连接线断开，产生强大的电弧，将中性点绝缘层以及相间、匝间连接线烧毁。

故障处理：重新焊接好中性点，连接好烧断的线路。

经验总结：电动机定子绕组直流电阻的变化，能直接反映出中性点与各相绕组连接的情况，若发现直流电阻不正常，必须立即加以处理，否则故障会进一步扩大。

例127　电动机启动瞬间冒出火花

故障设备：TK250-14/1430型高压同步电动机。其定子额定电压为6000V、额定电流为25A；转子额定励磁电压为44V、额定电流为75A。直接启动，用于拖动5L-40型空气压缩机。

控制系统：由主柜和辅柜进行控制，主柜中用高压断路器控制启动、停止，辅柜中采用晶闸管装置进行励磁。

故障现象：在启动过程中，定子与转子之间出现"打火"现象。

诊断分析：

1）对故障现象进行观察，当定子加上额定高压进行启动的瞬间，转子与定子之间有几厘米长的火花。随着启动过程的延续，火花渐渐消失。启动完毕后电动机进入稳态运行，经长时间观察，火花不再出现。

2）观察定子回路、转子回路、转子励磁回路中电压表和电流表的指示数值，都在正常范围之内。

3）检查转子磁极绕组，各绕组外观完好，没有击穿或烧伤的痕迹。

4）用塞尺检查转子和定子之间的间隙，也在正常范围。转子阻尼笼的短路环连接处没有异常现象。

5）检查电动机的定子和转子铁芯，没有发现机械摩擦的痕迹。

6）用双臂电桥测量转子短路环之间的直流电阻。沿着转子的圆周方向，将短路环平均分为 4 个对称的部分，经测量，其中 3 个部分的电阻值约为 $0.035\text{m}\Omega$，另一个部分约为 $0.06\text{m}\Omega$，明显偏大。显然，这一部分的短路环存在接触不良现象。由于启动瞬间转子导条的电动势最大，导致明显的火花。

故障处理：将短路板之间的连接螺栓全部拆开，用细纱布对连接处进行打磨，清除污垢。处理完毕后再用双臂电桥进行测量，各部分的电阻约为 $0.02\text{m}\Omega$，此后没有出现明显的火花。

例 128　突然停机并冒出黑烟

故障设备：JSQ1512-4 型高压交流异步电动机，1050kW，额定电压 6kV，用于控制一台大功率空气压缩机。

控制系统：高压开关柜中的合闸、分闸电路，以及多种保护电路。

故障现象：在运行过程中，电动机突然停机并冒出黑烟，并发出绝缘材料被烧损的一股焦煳味道。

诊断分析：

1）用高压兆欧表摇测电动机的绝缘电阻，定子的三相绕组完全接地。

2）进行解体检查，C 相线圈前端匝间短路，后面有一根引出线崩断，定子与电动机铁芯之间有许多铜质碎末。

3）查看电动机的运行记录，电压、电流、功率、定子铁芯温升均在正常范围，没有违章操作现象。

4）这台电动机的电源由所在公司 35kV 变电站中的 P12♯高压开关柜输送，查看 P12♯柜中的综合保护记录，在停机之前 2min，曾出现了接地信号和零序动作。停机的同时则有母联速断保护动作、电动机差动速断动作、电动机正序电流动作。

5）根据故障现象，结合电动机的运行记录、变电站的综合保护记录，初步认为故障原因是：C 相线圈在制造时存在绝缘薄弱点，由于长期运行使该点的绝缘老化击穿，形成匝间短路和接地，随后出现线圈短路。电动机烧毁是其制造质量不良所引起。

6）经过"会诊"，认为这个结论有很大的片面性。35kV 变电站的综合保护记录中，有接地信号和零序动作，这说明该电动机存在接地现象。但是在电动机的运行记录中，却没有接地告警和接地跳闸的记录，这说明电动机的保护装置存在缺陷。所以正确的结论应该是：

电动机在绝缘薄弱之处接地，因接地保护不完备使事故进一步扩大，造成电动机烧毁。

故障处理：

1）由于电动机长时间大电流接地，局部温升严重超标，铁芯大面积烧伤，必须送往专业修理厂进行修复。

2）安装接地保护装置。当接地电容电流大于 10A 时，使电动机的单相接地保护装置动作跳闸；当电动机绕组接地时，继电保护装置动作，将电动机的主回路切断。

经验总结：对于 3kV 以上的异步和同步电动机，必须按照《电力装置的继电保护和自动装置的设计规范》（CB/T 50062—2008）中 9.0.1 条的规定，装设各种保护装置。而在本例中，没有按照要求装设相应的保护，使高压电动机带着隐患运行，造成重大事故。

例 129　电动机端盖处冒出黑烟

故障设备：高压异步电动机，320kW、额压电压 6000V，用于拖动某水泥厂的一台石料破碎机。

控制系统：高压开关柜中的合闸、分闸电路，以及过流、速断等多种保护电路。

故障现象：一天上午，操作工忽然发现电动机的端盖处向外冒着黑烟，并闻到一股焦煳味道，当即紧急停车。

诊断分析：

1）经检查，破碎机已经被一块大石头卡死，造成电动机堵转，电流过大，电动机因此被烧毁。

2）电动机的控制电路见图 2-14。它设置了比较完善的过电流保护和电流速断保护，在

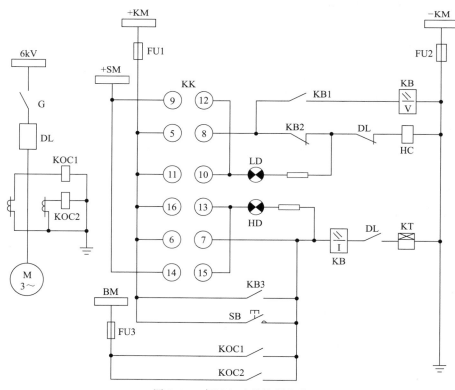

图 2-14　高压电动机控制电路

过载时应能及时跳闸断电。现在需要检查保护拒动的原因。

3）检查控制回路，没有发现接线松动和元件损坏等异常情况。

4）电动机由 SN10 型少油断路器控制，对断路器进行跳闸试验，动作完全正常。

5）一番周折后，怀疑过流继电器 KOC1 和 KOC2 不能正常动作。遂拆下 KOC1 的外壳，用手拨动铝盘使其转动，扇形齿轮随之咬合轴上的蜗杆并向上行走。当扇形齿轮的下端行走到蜗杆的上端时，扇形齿轮的拨片推动顶板，这时发出咝咝的响声，还伴有触点打火发出的绿光，而少油断路器却不能动作。

6）仔细查看之后，发现 KOC1 的常开触点已被电弧严重烧蚀，接触不良。

7）再检查 KOC2 的触点，也是伤痕累累。至此，故障原因已经很清楚了：电动机堵转时，KOC1 和 KOC2 的触点无法闭合，导致时间继电器 KT 不能通电，KT 所控制的跳闸线圈 TQ 也不能通电，SN10 不能分断，造成了高压电动机过流烧毁。

故障处理：更换过流继电器 KOC1 和 KOC2。

经验总结：上述的过流继电器，安装在生产现场，受到车间粉尘的污染，再加上高压电动机的频繁启动，造成了继电器触点的长期腐蚀，机械运动部件的反复磨损，天长日久便接触不良。平时电动机工作正常，这些隐患又难以察觉。维修电工对此类故障要有足够的重视，做好日常的检查和维护，按期对过流继电器的整定值进行校验。

例 130 转子回路绕组完全爆裂

故障设备：JR137-4 型绕线式高压异步电动机（6kV，260kW）。

控制系统：由高压开关柜控制启动、停止，转子回路中接入频敏变阻器启动，接入晶闸管调速装置调节运转速度。

故障现象：电动机在运行中，突然发出一声炸响，随即冒出黑烟，电动机高压侧自动开关跳闸。

诊断分析：

1）对电动机进行解体检查，转子回路绕组完全爆裂，同时引起扫膛，造成定子回路绕组严重破损。

2）这台电动机的主回路见图 2-15。经了解，事故的起因是：低压配电系统的一只 DW10-1500A 自动开关因故障跳闸，导致正在运转中的绕线式电动机转子控制回路失去电

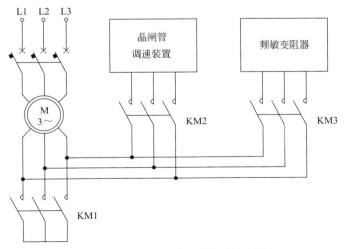

图 2-15 绕线式异步电动机的主回路

源，交流接触器 KM1～KM3 都释放，造成转子回路开路。

3）当转子回路失压时，本来可以通过电气联锁，使电动机高压柜立即跳闸，但是联锁线路中又有一个触点接触不良，导致高压柜没有及时跳闸，引起了这一起严重的事故。

故障处理：

1）将电动机送往电修厂进行大修。

2）对接触不良的触点进行了并联处理。

3）针对转子回路失压的情况，增加后备保护功能。

例131　电动机不能停止运转

故障设备：2000kW 的高压异步电动机。

控制系统：10kV 高压开关柜中的合闸、分闸电路，以及过流等多种保护电路。

故障现象：对运转中的电动机进行停机操作时，电动机继续运转，不能停止下来。

诊断分析：

1）对真空断路器进行检查，仍然处在"合闸"位置，分闸线圈冒出黑烟。

2）分闸线圈的操作电源是 DC 220V，用万用表测量，实际值不足 190V。这是因为所在的电网是地方电网，在夏季用电高峰时，电网电压严重下降。

3）检查分闸线圈，发现直流电阻偏大，正常阻值是（$1\pm4\%$）$\times88\Omega$，实测阻值为 100Ω，误差大于 10%。

4）分闸线圈通电后，产生电磁力矩，衔铁被吸引向上，顶动连杆机构跳闸。由于电源电压下降，线圈阻值又偏大，导致电流减小，电磁力矩不足，断路器不能跳开。此时断路器的辅助常开触点不能分离，使分闸线圈长时间通电而烧坏，也容易烧坏中间继电器的触点。

故障处理：

1）提高直流电源的电压，使其达到 200V 以上。

2）更换分闸线圈，保证其直流电阻在正常范围。

例132　集电环出现针状火花

故障设备：YR2000-10 型高压绕线型异步电动机。其定子电压为 6kV，电流为 227A；转子电压为 1.8kV，电流为 684A，用于拖动 $\phi3.8m\times12m$ 水泥球磨机。

控制系统：高压开关柜中的合闸、分闸电路，以及多种保护电路。

故障现象：这台电动机使用了 5 年后，电动机的 B 相集电环出现严重的火花，整个集电环沿圆周方向都有针状火花向外喷出，长度达到 10mm 以上，与直流电动机换向器的"环火"现象相似，电动机无法运行。

诊断分析：

1）观察电流表的指示值，定子电流为 150A，与正常运行电流相同，这说明电动机并没有过载。

2）停机后，检查电动机的 B 相集电环，发现表面略有灼痕，刷架表面沉积着许多油污和炭粉。整个集电环温度较高，非常烫手。

3）将电刷从刷盒内全部取出，用 2500V 兆欧表摇测刷架对地绝缘电阻，只有 $0.7M\Omega$。用汽油清洗集电环，吹干后再测量，绝缘电阻上升到 $10M\Omega$。用砂纸对集电环灼痕做轻微打磨处理后，再通电开机，故障现象没有变化。

4）用手转动 B 相集电环导电连接螺杆，发现螺杆已经松动。从螺杆与螺孔的结合处观察，螺纹被电火严重烧蚀，表面的氧化层部分脱落。将螺杆取下后，发现整个螺纹段已严重过热变形。分析认为，这是因为电动机出厂时螺纹配合间隙大，导致接触不良，经过几年的运行后受热烧损，间隙更为增大，形成耀眼的火花。因电动机在高速旋转，火花随着旋转，好似"环火"现象。

故障处理：按照原来的尺寸，重新加工 B 相的螺孔和螺杆，并进行紧密配合，故障得以排除，火花不再出现。

例 133　运行中电流出现波动

故障设备：YRKK500-8 型高压三相绕线式交流异步电动机，450kW，额定电压 10kV，额定电流 35.4A，用于拖动一台粉碎钛铁矿石的球磨机。

控制系统：继电器-接触器控制电路，主回路采用接触器和 BP4 型频敏变阻器进行启动。

故障现象：在运行过程中，电流很不稳定，从电流表中可以看到电流在 22～35A 之间摆动，波动幅度达到 13A，而且没有任何规律。

诊断分析：

1）电动机的主回路如图 2-16 所示。启动时接触器 KM1 先吸合，转子回路串联频敏变阻器进行启动。启动完成后，接触器 KM2 吸合，将频敏变阻器短接，电动机转入正常运行。

2）对电源电压进行检测，主回路的高压、控制回路的低压都很稳定，没有出现波动。

3）检查球磨机的负荷，在正常状态，进料量没有出现大的变化，不会引起电流波动。

4）检查交流接触器 KM2（CJ20-630 型），发现 B 相和 C 相的触头被烧得非常毛糙。将纸条放在触头中间，用手推动操作机构，仔细观察触头的间隙，发现三相触头的间隙有差别，不能同期合闸，这说明 KM2 的主触头接触不良，很可能导致电流波动。

故障处理：更换严重烧蚀的触头，并仔细调整好三相触头的间隙，此后电流稳定，故障不再出现。

另有一次，这台电动机出现类似的故障现象，在没有进料的空载情况下，电流在 8～12A 之间波动。经检查，发现电动机的刷架上有一些粉末，转子集电环表面粗糙，中间有较深的痕沟。清除粉末，并用细砂纸仔细研磨集电环后，故障得以排除。

经验总结：运行电流是反映大电动机，特别是高压电动机工作状况的最重要的依据。在运行过程中要经常观察，发现异常情况及时处理。

例 134　励磁装置电压电流异常

故障设备：高压同步电动机，360kW，额定

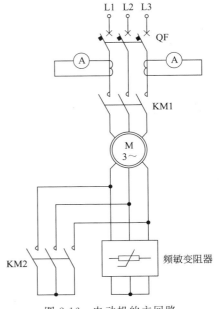

图 2-16　电动机的主回路

电压 6000V。

控制系统：高压同步电动机控制装置。

故障现象：同步电动机在运行过程中，值班人员发现励磁装置工作不正常。励磁电压由正常运行时的 55V 降低到 42V；而励磁电流由正常运行时的 50A 上升到 86A。

诊断分析：

1）对图 2-17 所示的灭磁环节主回路进行检查，发现灭磁可控硅 VT7 已经击穿短路。在正常运行时，灭磁可控硅 VT7、VT8 关断，所以放电电阻 R1、R2 上无电流流过，其压降为 0V，此时电压表反映的是同步电动机励磁绕组 M 上的电压。

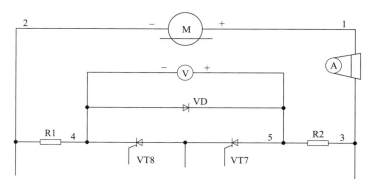

图 2-17   灭磁环节主回路

2）当 VT7 击穿之后，R2 上有电流流过，其上形成了左负右正的压降。此时 R1 上仍无电流，即 R1 无电压降，所以电压表测量的是 2、5 两点间的电压，由于 5 点电位比 1 点低，所以测得的电压值降低。

3）设备正常运行时，整流桥上的 6 只可控硅，是由触发回路发出双脉冲，按照 60° 的时间间隔轮流导通，以供给励磁绕组电流。现在，由于 VT7 击穿导通，在每一个 60° 的导通时间内，都叠加了流过灭磁可控硅 VT7 的不正常电流。因此，从电流表上看到的励磁电流上升了。

故障处理：更换 VT7 后，故障立即排除，设备恢复正常工作。

经验总结：励磁装置是同步电动机的重要组成部分，其故障判断和维修也比一般的控制电路更为复杂，需要具备电子电路的理论知识，否则难以着手。

例 135   保护继电器发出接地报警

故障设备：6kV 高压电动机，560kW，额定电流为 68A。

控制系统：主回路为高压开关柜，控制回路中采用了 ABB 公司的 SPAM150C 型电动机专用保护继电器。

故障现象：在对 6kV 高压配电室巡视检查时，发现保护继电器发出接地报警。

诊断分析：

1）查看保护继电器的动作值为 $0.16\% I_n$，折算到一次侧为 16A，远远大于整定值。

2）采取安全措施后，对电动机和电缆进行绝缘检查，并未发现接地故障。

3）对电动机恢复送电，启动后投入运行，继电器的接地保护又动作了，而且不能复位。

4）从继电器的显示窗口上查看零序电流，发现其数值在不断地变化。此时，有一位电焊工正在旁边的接地母线上焊接扁钢，于是怀疑故障与电焊施工有关联。

5）图 2-18 是系统接地线的布局和电焊机电流的路径，电动机的主回路是高压电缆，其铠装护套在两个终端经软裸铜线接地。电动机本体接地线直接连接到地基中的接地体上。该接地体与高压开关柜的接地体是同一接地网络。电焊机的地线搭接在接地体的 N 点，焊接点则是接地体的 M 点。

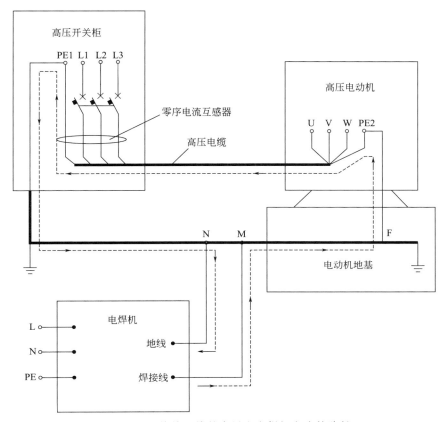

图 2-18　系统接地线的布局和电焊机电流的路径

6）电焊机的电流有两条路径。

第一路：焊接线→焊点 M→地线搭接点 N→电焊机地线。

第二路：焊接线→焊点 M→地基中的接地体→连接点 F→电动机接地端子 PE2→高压电缆的铠装护套→高压开关柜的接地端子 PE1→高压开关柜接地体→地线搭接点 N→电焊机地线。这一路在图 2-18 中用虚线表示。

7）显然，引起接地故障的是第二路电流，它在零序电流互感器上感应出了电流，致使保护继电器动作报警。

故障处理：将连接点 F 暂时断开，此时电动机的接地端子 PE2 仍然可以通过高压电缆的铠装护套、PE1 连接到接地体上。待电焊作业完成后，再恢复 F 点的连接。

第3章

直流电动机控制系统疑难故障诊断

◄◄◄

例 136 铣床加工中突然停机

故障设备： 直流电动机，用于驱动 MPA-45120 型数控龙门铣床的主轴。

控制系统： DSR-83 型直流主轴调速单元。

故障现象： 机床在进行自动切削时，突然停止工作，显示屏上出现 PC4-00♯报警。

诊断分析：

1）这台数控铣床使用 TOSNUC 600M 数控系统，PC4-00♯报警提示主轴单元存在着故障。

2）关机后再启动，又可以正常工作一段时间，随后再次出现同样的故障。

3）在 PLC 向 NC 所传输的信号中，这个故障信号是由输出点 E3F6 发出的。有关的部分梯形图见图 3-1。

4）分析梯形图，并在运行中进行监控。在发生故障时，发现 X085、T010、E3F6 这三个继电器通电，R010 断电。故障起因很可能是 51X 的状态为"1"。它是主轴调整单元送来的主轴电动机过热信号，其触点闭合后，使 X085 及 T010 得电，引起 R010 断电，其常闭触点闭合，导致 E3F6 通电，出现 PC4-00♯报警。

5）主轴电动机过热的原因，通常是进刀量太大或切削速度过快，或电动机本身有故障，导致工作电流太大。

6）对主轴铣头进行检查，其铣削正常。手摸主轴电动机外壳，确实超过了正常温升。检测电动机的电流，超过了正常数值，同时电流也不够稳定。进一步检查，发现电动机的绕组有局部短路现象。

故障处理： 更换直流电动机后，机床恢复正常工作。

另有一次，这台机床出现同样的故障现

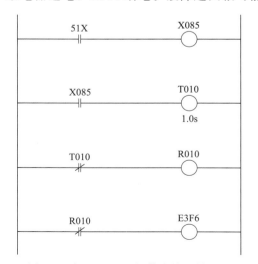

图 3-1　与 PC4-00♯报警有关的梯形图

象，按照上述思路进行检查，没有查明故障原因，最后发现是电动机通风散热不良。对风冷电动机和通风道进行检查，发现风道内堆积着大量的灰尘。打开风道盖板，将尘埃粉末清扫干净后，故障不再出现。

例 137　主轴和各轴都无动作

故障设备：24-180-31 型直流电动机，37kW，转速 3000r/min，用于驱动 CK3263A 型数控转塔车床中的主轴，主轴箱变速采用四挡液压驱动滑移齿轮。

控制系统：西门子 V57 模拟驱动器。

故障现象：机床在正常运行时，主轴突然停止运转，各轴进给全无，数控系统也没有出现任何报警。

诊断分析：

1）故障出现时，观察 V57 驱动器，发现 A3 板中的发光二极管 V79 发亮，而正常情况下是不亮的。这说明 V57 系统存在故障，因而封锁了各轴的正常进给。

2）与 V57 系统相关的逻辑原理图见图 3-2。对现场有关的信号进行状态测试，并将测试结果列表如下（见表 3-1）。

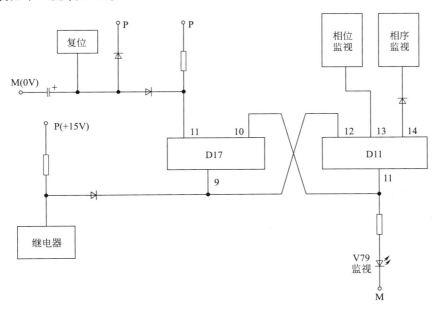

图 3-2　V57 系统有关的逻辑原理图

表 3-1　与故障有关的信号状态测试

元件编号	D17			D11			
引脚编号	9	10	11	11	12	13	14
正常电平	H	L	H	L	H	H	H
异常电平	L	H	H	H	L	H	L
异常电压/V	+0.88	+11.02	+12.40	+11.02	+0.88	+13.08	+1.10

3）从表中可以看出，好几个引脚的电压都不正常。检查集成块的外围元件，未发现异常情况，怀疑集成块 D11 损坏。

故障处理：更换集成块 D11（FZH191）后，各个引脚的逻辑电平都恢复正常，故障排除。

例 138   功率放大管多次损坏

故障设备：直流电动机，用于调节 3M2396 型精研机的研磨速度。

控制系统：由电子元器件构成的直流电动机驱动电路。

故障现象：对工件进行研磨加工时，电动机突然停机不转。

诊断分析：

1）测量电源电压，交流电源正常，电动机励磁绕组直流电压约 200V，而在电枢绕组上测不到电压。

2）进一步检查，发现触发回路中晶体管脉冲放大电路的功放管被击穿，不能输出触发脉冲，致使主回路中的晶闸管不能导通。

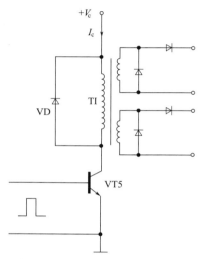

图 3-3   脉冲放大电路的功放级

3）有关的脉冲放大电路功放级如图 3-3 所示。VT5 是功放管，它将触发脉冲放大后加到脉冲变压器 TI 上，TI 次级则把放大后的脉冲送到晶闸管上。经检测，发现 VT5 的发射极-集电极已被击穿。

4）更换 VT5 后，工作正常了。但是几天之后，又重蹈覆辙，检查结果又是 VT5 击穿。

5）至此，需要检查一下二极管 VD。它的作用是：在 TI 初级电流 I_c 断开时，为 TI 提供放电回路，防止其产生反电势击穿功放管 VT5。若 VD 损坏，则因电感线圈的电流不能突变，I_c 断开时 TI 产生较高的反电势，其极性是下正上负，它加在 VT5 的集电极-发射极上，很容易将其击穿。把 VD 焊下来测量，正反向电阻都是无穷大，说明内部已经开路。

故障处理：将 VD、VT5 一并更换后，故障彻底排除。

例 139   出现间歇性的大幅度振荡

故障设备：直流电动机，用于某龙门铣床。

控制系统：X2012AG 型直流调速系统。

故障现象：在使用过程中，发生了同步变压器烧毁的故障。在更换同型号的变压器之后，调速系统出现间歇性的大幅度振荡。

诊断分析：

1）X2012AG 型直流调速系统包括稳压电源板、运算放大器调节板、放大器板、触发板等部分，它属于典型的三相半控桥式速度和电流双闭环不可逆直流调速系统。

2）检查运算放大器 AJ1 和 AJ2，没有出现自激振荡，其外围的消振电容 C61 和 C66 都在完好状态。

3）直流测速发电机是控制速度的重要器件，经检查在正常状态，其励磁电源是 DC 15V 直流稳压电源，用示波器观察，其电压稳定，纹波很小。

4）将运算放大器调节板接入调速系统，通过调零电位器重新调零，并对速度反馈调节电位器、速度环放大比例系数调节电位器、位置环放大比例系数调节电位器进行耐心的调整，此时振荡现象有所好转，但是仍然难以消除。

5）在困惑之中，想到在发生故障之前曾经更换了同步变压器，而同步变压器的相序不能接错。通过双踪示波器的观察，发现同步变压器的电源相序果然接错，在触发主回路中，L1、L2、L3 各相晶闸管触发电路同步电压的相序都被倒置。其后果是：电源的相角超前于所要触发的主回路 120°，这使得整流电路输出电压的移相范围由 0°～180°缩小到 120°～180°，导致输出电压不正常，整个调速系统出现大幅度振荡。

故障处理：更正同步变压器电源进线的相序，将 L1 改为 L2，L2 改为 L3，L3 改为 L1。此后这种故障不再出现。

例 140　电动机转速突然下降

故障设备：直流电动机，用于拖动某热轧带钢车间的轧机。

控制系统：模拟速度调节控制，不可逆双环系统。

故障现象：轧机咬钢时，直流电动机转速突然下降，电流表瞬间无负荷电流显示，几秒钟之后，电流突然急剧上升，接近 3000A，而正常负荷电流仅为 800A。随后电流回到正常值，轧机速度也恢复正常。

诊断分析：

1）对故障现象进行观察，故障不定时地出现，难以捉摸到它的规律。

2）检查主回路中的晶闸管，都在完好状态。

3）检查触发回路，线路和元器件都没有问题，触发脉冲的波形良好。

4）检查供电系统，在高压开关柜的真空接触器中，L1 相真空灭弧室温度明显偏高。

5）停电后解体检查，发现真空灭弧室的触头已经严重磨损，接触面凹凸不平。由于触头偶发接触不良，引起三相交流电源瞬间缺相。此时整流系统的交流电源由三相变为两相，整流输出电压大幅度降低，导致电动机的电动势远远高于整流电压，晶闸管被迫关断，电流截止，所以电流表突然无电流显示。由于电磁转矩的瞬间消失，电动机转速明显下降。

6）当真空接触器恢复接触时，整流输出电压又恢复到正常值，晶闸管重新开始导通，此时由于电动机的转速已经下降，电动机反电势 E 也随之减小。直流电动机的机械特性方程式是 $I＝(U－E)/R$，这里的 R 是电枢回路电阻，其数值很小，当 E 减小一点时，电枢电流 I 就会大幅度上升，所以几秒钟之后，冲击电流接近 3000A。随着电磁转矩的恢复，控制系统发挥调节作用，轧机速度和电流又回归到正常值。

故障处理：更换真空接触器后，故障不再出现。

例 141　窑炉的旋转速度不稳定

故障设备：22kW 的直流电动机，用于调节旋转窑炉的转动速度。

控制系统：KGSFM21-1400A/440V 晶闸管调速装置。

故障现象：输出电压和电流无规律地波动，造成窑炉的旋转速度不稳定。

诊断分析：

1）测量输出电压，波动范围为 80V 左右；再测量输出电流，波动范围为 170A 左右。交流侧的三相电流也在波动。

2）检查±15V 稳压电源，在正常状态。

3）用另外一台5.5kW的直流电动机作为负载，接在输出端进行调速，此时输出的电压和电流都正常，但是一接上窑炉电动机又不行。

4）更换速度调节插件板、电流调速插件板、触发回路插件板，仍然不能排除故障。

5）将反馈方式由电压反馈改为速度反馈，情况有所好转，但是窑炉的旋转速度还是时快时慢，不能稳定下来。

6）检查速度给定电位器，发现其调节端子接触不良，导致阻值不稳定。

故障处理：更换速度给定电位器后，故障得以排除。

经验总结：电位器接触不良的情况经常发生，应当进行重点检查。

例142　电动机的转速失去控制

故障设备：Z2-112型，复励4极、100kW直流电动机，用于拖动某回转窑炉。

控制系统：直流电动机控制回路（励磁方式为"加复励"）。

故障现象：这台电动机在检修之后，按照外部接线图接线。空载启动时，发现电动机反转，估计励磁线圈接线中的＋、－接错。于是将励磁线圈T1、T2上的两根导线对换，再次空载试验时电动机为正转。但是带上负荷后，在调整电位器过程中发现电流表的指示异常，像转速表一样快速上升，很快就超过了额定值，电动机的转速失去控制，出现飞车现象。

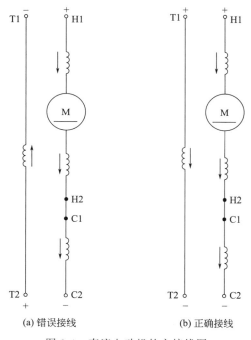

(a) 错误接线　　(b) 正确接线

图3-4　直流电动机的主接线图

诊断分析：

1）经过反复检查，找到了造成这起故障的主要原因：为了改变转向，将励磁线圈T1、T2上的两根线进行了对换。在检修之后回装时，误将电刷架上的两根导线接错，这导致电动机反向运转。

2）为了纠正电动机的转向，维修电工将励磁线圈T1、T2上的两根线进行了对换，这是一种错误的方法，它虽然使电动机改为正转，但是换向绕组（H1、H2）的电流没有与电枢上电流同时改变方向，导致励磁绕组（T1、T2）的电流方向与串励绕组（C1、C2）电流方向相反，如图3-4（a）所示。此时串励绕组由加强主磁通变成了削弱主磁通，励磁方式由"加复励"变成了"差复励"。

3）根据电机的原理，直流电动机的复励方式有两种："加复励"和"差复励"，选用何种方式应根据负载的特性来决定。这台电动机选用的是"加复励"，其输出特性是软特性，转速将随电流增加而降低。而在"差复励"的情况下，当电动机在启动时，启动电流经过串励绕组后，削弱了主磁通，转变为弱磁调速。在这种状态和负载特性的作用下，电流及转速上升很快，上升的电流又削弱主磁通，使转速继续上升，这样迅速循环下去，造成飞车现象。

故障处理：按图3-4（b）改正接线。

1) 将励磁线圈 T1、T2 上的两根线恢复到原来的接法,即 T1 接正极,T2 接负极。

2) 将电刷架上的两根导线交换。

例 143　前进时速度突然失控

故障设备:直流电动机,用于拖动某机床厂 B2016A 型龙门刨床的工作台。

控制系统:继电器-接触器控制的正反转电路。

故障现象:在自动循环工作过程中,当工作台后退行程结束,换向前进时速度突然失控,以很高的速度向前运动。操作工不得不采取紧急停车措施。但为时已晚,待电机停下时,工作台早已超越出极限位置。

诊断分析:

1) 对故障现象进行观察,发现在发生此类故障时,如果按下"步退"按钮使工作台后退,工作台反而以很高的速度前进。故障的发生没有规律性,有时几个小时出现一次,有时十几分钟出现一次。工作台复位后有时又能正常工作。这种时隐时现的"软"故障,处理起来有更大的难度。

2) 这台设备的控制回路分为交流和直流两个部分。首先观察交流控制回路的动作情况,换向和调速都很正常。考虑到这台设备比较陈旧,怀疑有的继电器间歇失灵,将几只太旧的继电器换掉,还是没有解决问题。

3) 接着检查直流控制回路。怀疑这部分有接地故障,用 500V 兆欧表检测对地绝缘电阻,发现 S1-F 端子与地之间电阻为零,确认直流回路有接地之处。

4) 拆除电气柜与外部的连线后再检查,明确接地点在电气柜内。经仔细观察,发现安装在柜子后面的电阻 11RT 与机箱后门铁板之间距离很小,又布满了丝线状灰尘,怀疑这就是故障原因。

故障处理:用空压机吹净柜内的积尘,再摇测对地绝缘电阻,已升高到 2MΩ。通电试运行,机床工作正常,此后没有发生类似故障。

经验总结:灰尘引起绝缘电阻下降,导致设备工作异常的情况时有发生。这例故障提醒我们,电气设备的日常维护和保养也是非常重要的。

例 144　减速换向后只能低速行走

故障设备:直流电动机,用于拖动 B2012A 型单臂刨床的工作台。

控制系统:继电器-接触器控制的正反转电路。

故障现象:这台刨床经过几年的使用后,出现了不正常的现象,工作台往复工作,在减速换向后,只能低速行走,在前进和后退两个方向上都达不到正常的速度。

诊断分析:

1) 对刨床的控制回路进行检查,没有发现异常情况。

2) 这台刨床采用 LX6-6H 型组合行程开关进行定位控制。机床的垂直刀架、水平刀架和组合行程开关的位置正好在一条垂直线上,而且刀架在上方,行程开关在下方。在观察中发现,加工过程中切下的铁屑正好落在组合行程开关盒的上面,并堆积在组合开关转动轴杆的顶端,这导致铁屑、灰尘和机油组成的混合剂,沿着轴杆的缝隙流进开关盒内,在开关盒内部形成了一层厚厚的油灰。

3) 这层油灰像平垫圈一样,铺垫在轴杆凸轮上面,不仅缩短了轴杆运动的距离,影响了轴杆上下的自由运动,也造成了轴杆歪斜,导致轴杆每次被压下后,都不能灵活地恢复原位,准确地断开减速行程开关。其结果是,减速继电器不能断电,工作台仍然处在减速状态，只能低速行走。

故障处理：

1）将组合行程开关内部的铁屑、灰尘和机油清理干净。

2）在组合开关上面加装一个防护罩，它将加工过程中产生的铁屑、灰尘和其他杂物挡住，防止它掉落到开关盒上面，保持了开关盒的清洁。自此之后，故障不再出现。

例 145 刨台经常冲出滑道

故障设备：直流电动机，用于拖动 8M 龙门刨床中的刨台。

控制系统：SIM0REG-V55 型电枢可逆逻辑无环流双闭环直流电动机调速系统。

故障现象：刨台在作业过程中，经常冲出滑道，有时几天一次，有时十几天一次，没有什么规律。

诊断分析：

1）对主回路和控制回路中的元器件、线路进行直观检查，测量电路中各点的电压，没有发现故障迹象。

2）怀疑刨台的减速限位或换向限位偶然失灵，于是对组合限位开关进行更换。几天之后，刨台还是冲出去了。

3）怀疑速度反馈回路有问题。仔细检查并且更换了测速发电机，还是不能排除故障。

4）在刨床旁边，用了近两天时间细心观察，刨床的每一个动作都很正常。正在郁闷时，恰好出现了刨台冲出的故障情景：

刨台前进→压下减速限位开关→刨台减速→压下换向限位开关→刀架抬刀→刨台继续慢速前进→压下终端限位开关→整个机床跳闸断电→刨台冲出→缓慢停止。

而刨台正常的运行动作应该是：

刨台前进→压下减速限位开关→刨台减速前进→压下换向限位开关→刨台停止→刀架抬刀→抬刀动作结束→刨台后退。

5）根据现象分析，故障出现时，刀架抬刀动作已经出现，说明系统的外加给定电压已切除，系统应该是在测速发电机提供的反馈电压下进行制动。然而电动机并没有获得制动力矩，这说明主回路中的可控硅没有被完全关断，电动机还在慢速运行。因此真正的故障还是在调速单元，即系统内部的制动部分有问题。

6）V55 系统的制动过程较为复杂。首先是逆变阶段，将电感所产生的电磁能反馈到电网；接着是再生制动和减速阶段；最后是电枢电压降为 0V 的停车阶段。这三个阶段所用的时间加起来不到一秒钟，制动过程太短，又是软故障，很难捕捉到具体的故障原因。

故障处理：试改变磁场调节方式。这台刨床只需用恒力矩方式调速，故将 V55 系统中的磁场控制方式改为恒定磁场方式。这一招还真灵验，自此之后，故障不再出现。

例 146 反向运转时不能制动

故障设备：直流电动机，用于驱动 BFKP130/1 型数控镗铣床的主轴。

控制系统：DT0 装置。

故障现象：主轴正转时，运转和停机制动均正常。而在反转时，运转是正常的，但停机时不能制动并自行断电，同时出现 F002 报警。

诊断分析：

1) F002 报警表示主轴驱动系统 DT0 有故障。检查外部信号完全正常，故障很可能发生在 DT0 装置中的速度调节板 IRS237 上，检修过程如下。

2) 检查电流极限值回路 AE115、AE116、AE501。调整转速匹配级 AE1004 的零点电位器，同时测量有关部位的电压，可以达到正常的逻辑数值，说明这一部分正常。

3) 检查限幅级 AE114 和 AE117、积分放大器复位级 AE118 和 AE119，都没有发现问题。

4) 故障部位仅剩下积分器和放大级。试用板上的开关 SH101 取消积分器后，正反转和停止制动均正常，只是运转方向相反，这说明故障部位在积分回路。

5) 检查积分器和积分调节器回路。用示波器观察加速启动脉冲 AE104/6 的波形，正常状态如图 3-5 (a) 所示，而现在的状态如图 3-5 (b) 所示。分析认为，这是因为反转制动时加速启动脉冲丢失。

6) 检查有关电路 AE1003，其放大特性正常，这说明运算放大器正常，问题在限幅电路。测量正反向限幅值，正向电压太低，而且正、负不对称，再检查正向限幅稳压二极管 VD1601，发现它已经短路。

故障处理：这只稳压二极管的型号是 T3-10，稳压值是 10V。用国产 10V 稳压二极管替换后，机床恢复正常工作。

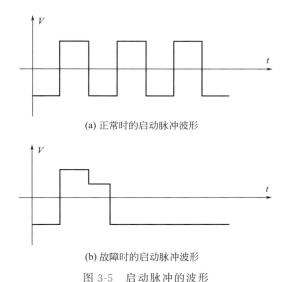

(a) 正常时的启动脉冲波形

(b) 故障时的启动脉冲波形

图 3-5 启动脉冲的波形

例 147 电动机出现 "欠磁" 故障

故障设备：直流电动机，用于驱动 X2021A 型龙门铣床的进给机构。

控制系统：SLR-3A-6A 型直流调速器。

故障现象：在使用过程中，励磁电源断路器 QF3 突然跳闸，同时调速器信号灯发出报警，提示电动机 "欠磁" 故障。

诊断分析：

1) 这种调速器内部用一块磁场控制板来调整励磁电压，实现弱磁调速，有关的电路见图 3-6 (a)。

2) 检查磁场控制板，发现其中的整流模块 KBPC5010 等元件被击穿，引起电源短路，导致断路器 QF3 跳闸。

故障处理：

1) 这台设备使用率很高，购买更换新的磁场控制板周期太长，根据具体使用情况，采用固定励磁也可以满足使用要求。

2) 电动机励磁线圈的电压是 DC 220V，选用一个价格仅十几元的 KBPC5008 整流模块，就可以满足要求，直接给直流电动机供电。改进后的电路如图 3-6 (b) 所示，整流模块 KBPC5008 将 AC 220V 交流电源变换为 DC 200V 直流电源，直接加到电动机的励磁绕组上此时需要将主板上的 JF1/2（弱磁调速）短接，而将 JF2/3（非弱磁调速）连接。

3) 改接之后，经过试用完全满足使用要求，既缩短了停机时间，又节约了资金。

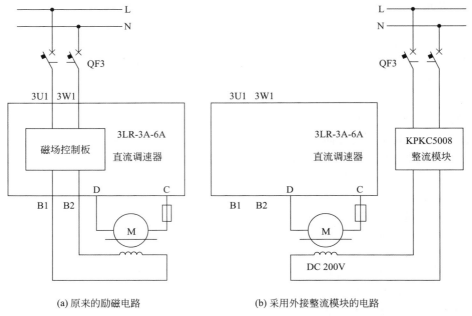

(a) 原来的励磁电路   (b) 采用外接整流模块的电路

图 3-6   直流电动机的励磁电压控制电路

例 148   主轴过流报警并跳闸

故障设备：直流电动机，用于驱动 CSK3163P 型数控机床的主轴。

控制系统：BS-300A 型直流调速系统。

故障现象：机床通电后，在自动状态或手动输入数据时，主轴电机整流子均出现较大的火花，并出现过流报警，引起主电路电源跳闸。

诊断分析：按照"先简单，后复杂"的原则，按下列步骤查找故障部位。

1）检查机械传动部件，没有发现异常情况。

2）检查电源、所有的熔断器和强电电路，都很正常。

3）测量电动机绕组正常，将整流子和碳刷清洗、整理，再开机故障现象不变。

4）拔出 BS-300A 型调速系统的抽屉，检测晶闸管、阻容吸收元件、触发电路元件，没有发现损坏。

5）仔细阅读电气技术资料，在主轴驱动系统中，有一个"软换向装置"，其作用是降低主轴电动机在启动、制动时的电流，以减小机械冲击，也可以减小电动机整流子的打火。分析认为，如果降低主轴电动机在启动、制动时的电流，就有可能消除此故障。

故障处理：在抽屉面板上有一只电位器 4W，用于调节"软换向装置"的电流。旋转 4W，可见整流子火花渐渐减小，报警和跳闸现象也随之排除了。

变频电动机控制系统疑难故障诊断

例149　变频电动机不能启动（1）

故障设备：德立 YVPG112L2-4 型三相交流变频电动机，380V，2.2kW，1430r/min，用于控制辊道变速运行。

控制系统：ABB　ACV700 型变频调速装置。

故障现象：通电后，变频电动机不能正常启动。

诊断分析：

1）对电路进行检查，发现供电主回路中的快速熔断器已经烧断。

2）检查电动机和 U、V、W 三相动力电缆，都在完好状态，负载也没有加重。

3）更换熔断器，拆除电动机后再启动，故障现象不变，仍然不能启动。

4）怀疑逆变器主回路不正常，准备更换时，发现电柜上部的绕线电阻器烧灼发黑。使用万用表检查，发现电阻值大大减小。

5）在变频装置中，交-直-交变换电路都配置有容量很大的主回路滤波电容，若滤波电容直接连接到直流母线上，合闸瞬间会产生很大的冲击电流。因此，需要在直流充电回路中串接一个充电电阻器，在主回路合闸瞬间，限制充电电流。充电结束后，再将这个电阻切除。现在因为电阻值大大减小，导致充电电流过大，熔断器熔断。

故障处理：更换绕线电阻器后，重新上电，变频装置恢复正常工作。

例150　变频电动机不能启动（2）

故障设备：15kW 的三相交流变频电动机。

控制系统：VT86S-L250A11E9 型变频器（25kV·A、73A）。

故障现象：接通电源后，变频电动机不能启动。

诊断分析：

1）查看变频器主控板 PCB 上的电源信号灯，在熄灭状态。怀疑主控板 PCB 损坏，于是换上另一台同型号变频器的主控板，但是故障现象不变。

2）PCB 的电源取自主回路的直流母排，母排上的直流电压是通过三相整流桥获得的，如图 4-1 所示。经电源变压器 SJ 变压后，R、S、T 之间的三相线电压为 220V。整流后的直流电压，通过限流电阻 R1 送到 PCB 板，使 PCB 板上获得几十伏的直流启动电压，板上的微型继电器 KA 得电吸合，使交流接触器 KM 通电吸合，其触点将 R1 短接。此后，整流电压全部加到 PCB 板、滤波电容 C1、IGBT 逆变模块上，使变频器进入正常工作状态。

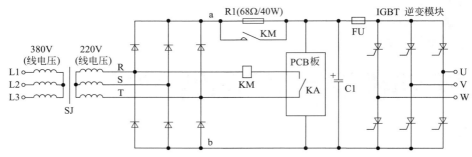

图 4-1　变频器整流和逆变主回路

3）用万用表测量，a、b 两端整流所得的直流电压很高，约为 300V，而 C1 两端的直流电压很低，约为 10V 左右，即没有建立起正常的直流电压，这很可能是接触器 KM 没有吸合。

4）电阻 R1 是一只大功率水泥电阻（68Ω，40W），仔细观察，发现该电阻表面有多处裂纹，怀疑它已经损坏。将其拆下后，用万用表欧姆挡测量，其阻值已达 80kΩ。R1 损坏后，PCB 板上得不到正常的启动电压，导致 KA 和 KM 不能吸合，产生上述故障。

故障处理：更换限流电阻 R1。

经验总结：变频器在启动瞬间，启动电阻上承受较大的冲击电流。例如在此例中，启动瞬间 C1 上的电压为 0V，直流电压 U_{ab}（$U_{ab}=1.35\times220=297V$）全部加在 R1 上，则冲击电流 $I=297/68\approx4.4A$，R1 所承受的瞬间功率 $P=297\times4.4\approx1307W$

可见，启动电阻是容易损坏的。如果变频器不能启动，要对它进行重点检查。

例 151　变频电动机不能启动（3）

故障设备：YCTL160-4A 型，2.2kW 的三相交流变频电动机，用于拖动烘干输送带。输送带的配套设备是 4 台加热电阻炉，均为 9kW。

控制系统：汇川 MD-300 型，3.0kW 的变频器。

故障现象：在使用过程中，变频电动机不能启动，变频器的功率模块接二连三地炸裂，驱动板 IC 以及部分外围贴片元件也毁损严重。有的变频器刚刚投入使用就出现这种故障，有的则在使用了一段时间后出现故障。

诊断分析：

1）检查变频器输入端、输出端、控制回路的接线，都是正确的。

2）检查输送带电动机（即变频器负载）的动力电缆，发现在电缆槽出口处，电缆的绝缘层被磨破，W 相电缆的芯线与电缆槽的金属支架短路。

3）在检修过程中，意外发现有一台加热炉的电流指示值不正常，其中 L1 相明显偏大，接近 20A，而正常值应为 6A。对这相电缆进行检查，同样处于短路状态，短路点也在电缆槽的金属支架上。

4）至此，可知变频器烧坏的根本原因是：加热炉的 L1 相与电缆支架短路后，L1 相电源直接加到了变频器的输出端，如图 4-2 所示，电流路径是：L1→加热炉的电缆→电缆金属支架→输送带电动机的 W 相动力电缆→变频器的输出端 W。

于是导致变频器的功率模块炸裂。

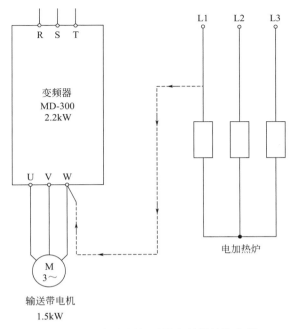

图 4-2　L1 相电源加到了变频器的输出端

　　故障处理：将加热炉和变频器的电缆更换为耐高温电缆，并做好电缆槽穿孔处的防护。

　　经验总结：变频器的输出端严禁接入交流电源。然而在此例中，由于邻近设备短路，造成交流电源直接加到变频器的输出端，导致变频器接二连三地损坏，这也是一种少见的情况。

例 152　变频电动机不能启动（4）

　　故障设备：20kW 的变频电动机。

　　控制系统：安川 616G5　22kW 变频器。

　　故障现象：接通电源后，按下启动按钮，电动机不能启动。

　　诊断分析：

　　1）检查交流接触器，在启动时不能吸合，导致电动机主回路没有三相交流电源。

　　2）观察充电信号灯，没有亮起来，风扇也没有运转。

　　3）检查充电电阻，阻值为无穷大，这说明电阻开路，导致变频器的控制板没有控制电源。

　　4）更换充电电阻之后，控制电源恢复正常，充电信号灯亮起来了，风扇也在运转，但是接触器仍然不能吸合，并显示 "UV DC Bus Undervolt" 的报警信号。

　　5）进一步检查，变频器的控制板已经损坏。

　　故障处理：更换控制板后，电动机顺利启动。

　　另有一次，这台变频器送电后，风扇运转，充电信号灯亮，但是交流接触器不能吸合，变频电动机无法启动。打开变频器进行检测，发现驱动板上的光电耦合器 PC923 烧坏，从同型号的变频器上拆了一块 PC923 换上，故障得以排除。

例 153　车床主轴不能启动

　　故障设备：变频电动机，用于驱动 S1-296A 型数控车床的主轴。

控制系统：FR-SF-2-15K 型变频器。

故障现象：机床工作一段时间后，主轴电动机停止运行，不能再次启动。

诊断分析：

1）经测量，主轴电动机的三相绕组完全正常。手摸主轴电动机外壳，温度很正常，说明电动机没有过载，由此也可以排除机械负载过重的问题。

2）主轴电动机由变频器控制。检查变频器的三相输入电压 R、S、T 都正常，而三相输出电压 U、V、W 为零，这说明变频器没有工作。

3）对变频器的控制电路进行检查。电动机过载保护热继电器 FR，通过 OHS1 和 OHS2 两个端子与变频器相连接。如图 4-3 所示。检查图中的连接线都没有问题，但是 OHS1 和 OHS2 的外部呈开路状态。

4）怀疑是 FR 没有闭合，经检测果真如此。电动机本身并没有过载，但是 FR 的触点接触不良，导致变频器内部的保护电路动作，变频器不能启动。

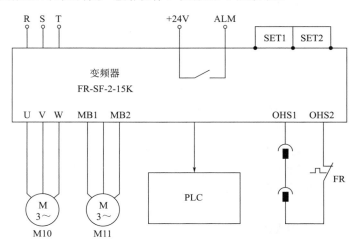

图 4-3   变频器外部接线图

故障处理：更换相同规格的热继电器之后，主轴恢复正常工作。

例 154   水泵电动机不能启动

故障设备：11kW 的三相交流变频电动机，用于拖动一台水泵。

控制系统：JP6C-T9 型变频器。

故障现象：这台电动机有时可以启动，有时不能启动。

诊断分析：

1）对变频器和电动机进行检查，都在完好状态。

2）变频器的控制电路见图 4-4（a），变频器的启动由端子 FWD 控制。分析认为：变频器的主回路应该提前获得电源电压，而现在主接触器 KM 的辅助常开触点接在 FWD 与 CM 之间，在辅助触点闭合、端子 FWD 得到启动信号的同时，变频器主回路才能获得电源电压，这说明主回路获得电源电压的时间被滞后，导致变频器启动困难。

故障处理：按图 4-4（b）进行改进，增加一只时间继电器 KT，用其延时闭合的常开触点，替代图 4-4（a）中 KM 的辅助常开触点。这样主回路提前得到电源电压，延时 0.5s 以后，FWD 端子才得到启动信号，保证了变频器的可靠启动。

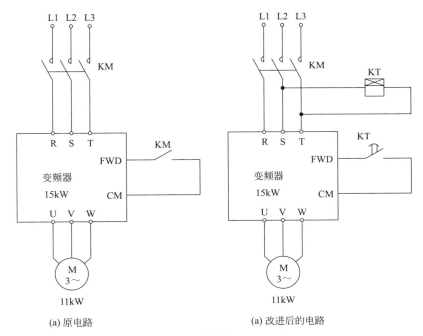

图 4-4　变频器的供电和启动电路

经验总结：变频器是集电工技术和电子技术为一体的电气设备。异步电动机使用变频调速技术时，速度调节方便，节约电能，运行稳定可靠，故应用范围越来越广泛。但是必须熟悉其性能和控制电路，才能得心应手地进行运用。

例 155　停机后冷水泵不能启动

故障设备：15kW 三相交流变频电动机，用于拖动一台冷水循环泵。

控制系统：ABB 公司的 ACS510-01 型变频器（15kW）。

故障现象：在一次停机后，再次启动时，冷水循环泵不能启动。

诊断分析：

1）观察变频器的显示，频率 13Hz，转矩 45%，电流由 15A 慢慢上升到 32A，超过了电动机的额定电流（28.8A）。而后这些数字出现跳变现象，电动机不能转动，并且发出"嗡嗡"的响声。

2）经几次试验后，电动机已经发热，外壳有点烫手。变频器显示故障代码"1"。

3）查阅使用说明书，报警代码"1"提示电动机过载、加速时间短等故障。

4）检测主回路电源，没有缺相且电压正常。

5）用手盘动循环泵，感到很轻松，不存在过载问题。该冷水循环泵一共有两台，一用一备，都是由这台变频器控制。于是切换到另外一台循环泵试车，仍然不能启动。这说明故障不在循环泵，而是变频器的问题。

6）调整加速时间参数（2202♯、2205♯参数），适当延长启动加速时间，故障仍未排除。

7）再次检查变频器，发现启动后输出电压只有 30V 左右，这导致输出转矩较小，不能驱动循环泵电动机。

8）查看原来设置的输出转矩参数，正是按照风机、水泵类负载设定的，与现场实际负载相符。

故障处理：根据说明书的提示，对部分控制输出转矩的参数进行调整，以增大输出转矩，所调整的参数如下。

1) 2101♯（启动方式选择），原设置为"1"，现改为"4"；

2) 2110♯（转矩提升电流），原设置为 100%，现改为 150%；

3) 2603♯（IR 补偿电压），原设置为"—"，现改为"12"；

4) 2605♯（在弱磁时电压/频率比的形式），原设置为"2"，现改为"1"。

如此调整之后，变频器恢复正常工作。

例 156　工件电动机不能启动（1）

故障设备：变频电动机，用于驱动 3MK2320 型数控外圈滚道磨床中的工件机构。

控制系统：汇川 MD300 型变频器和 PLC 可编程序控制。

故障现象：机床通电后，驱动工件机构的变频电动机不能启动，无法进行加工。

诊断分析：

1) 在操作面板上有工件电机启动、停止按钮。按钮控制信号进入 PLC 后，由 PLC 的输出端子 Y26 控制继电器 KA2，进而控制变频器的启动和停止。现在工件电机不能启动，需要检查这个控制环节。

2) 变频器的启停控制电路见图 4-5（a）。检查启动按钮 SB5、停止按钮 SB6，都在完好状态。按下 SB5 后，观察 PLC 的输出端子 Y26，红灯没有亮，说明 PLC 内部有问题。

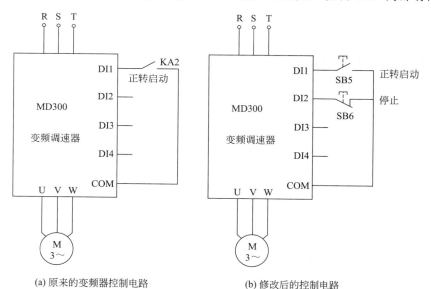

(a) 原来的变频器控制电路　　　　　　(b) 修改后的控制电路

图 4-5　MD300 变频器启停控制电路

3) 按照通常的处理方法，需要修复 PLC，但是此项工作有一定的难度。考虑到机床工作时，变频电动机一直在通电运行，与逻辑控制系统没有很多的关联，可以单独控制，于是决定避开 PLC 系统，由按钮直接控制变频器。

4) 按图 4-5（b）改接：拆除 KA2 与变频器的连接线，以及 SB5、SB6 与 PLC 的连接线。将 SB5、SB6 直接与变频器连接。SB5 连接到 DI1 端子，起"正转启动"作用；SB6 连接到 DI2 端子，起停止作用；公共线连接到 COM 端子。这种控制方式称为"三线式控制"。

5）修改变频器的功能参数。变频器的型号是汇川 MD300，按照其使用说明书，将启动端子 DI1 的功能参数 F0-09 设置为"1"（正转运行），停止端子 DI2 的功能参数 F0-10 设置为"8"（自由停车）；端子命令方式 F3-00 则设置为"1"（三线式）。

6）按下 SB5，变频器仍然不能启动。仔细阅读使用说明书，并电话询问变频器生产厂家，得知问题出在功能参数的设置方面：停止端子 DI2 的功能参数 F0-10 不能设置为"8"（自由停车），需要设置为"3"（三线式控制）。也就是说，"三线式控制"的命令要在 F0-10、F3-00 这两个功能码中同时进行设置。但是它在两个功能码中的代号不一样，前者是"3"，后者是"1"。

故障处理：按照上述的正确方法，重新设置功能参数 F0-10。

例 157　工件电动机不能启动（2）

故障设备：变频电动机，用于 3MK2316 型数控外圈滚道磨床中的工件机构。

控制系统：汇川 MD300T2.2KB 型变频器。

故障现象：机床通电工作后，按下操作面板上的工件电机启动按钮 SB10，工件电机不能启动。

诊断分析：

1）这台机床的工件电机由变频器控制。原来的变频器损坏后，更换了一台新的变频器，故障是在调试过程中，由维修人员进行操作而出现的。

2）打开电控柜观察，变频器没有启动。分析认为更换变频器后，操作方式和其他参数的设置可能不对，于是对参数进行逐项核对，没有发现任何问题。

3）检查停止按钮 SB9、启动按钮 SB10 以及按钮的连接电缆，都在正常状态。

4）对照电气原理图（图 4-6）进行检查，发现按钮 SB9、SB10 不是直接控制变频器，而是通过继电器 KA3 的触点去控制变频器，而 KA3 受到接触器 KM1（用于控制油泵电动机）的联锁。在油泵没有启动，即 KM1 没有吸合的情况下，按 SB10 并不能使 KA3 吸合，也就不能启动变频器和工件电机。

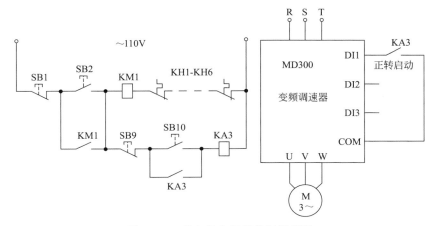

图 4-6　工件电机变频器控制原理图

故障处理：显然，此故障并不是真正的故障，只不过是维修人员对电气图纸和操作工艺不太熟悉，白白浪费了时间。只要先启动油泵，再启动工件电机，就不会出现此种故障。

例 158　工件电动机不能启动（3）

故障设备：变频电动机，用于驱动 3MK2316 型数控外圈滚道磨床中的工件机构。

控制系统：汇川 MD300 型变频器，1.5kW，额定电流是 3.8A。

故障现象：机床在自动循环加工过程中，突然自动停机，操作面板上的故障报警红灯亮起。断电后重新送电，发现工件电动机不能启动。

诊断分析：

1）打开 CRT 的故障诊断页面，显示出进给伺服驱动器故障、修整伺服驱动器故障、变频器故障三个报警。分析认为，同时出现三种故障的可能性很小，很可能是驱动工件电机的变频器发生故障，封锁了其他各项动作。

2）打开电控柜观察，变频器没有启动。并显示 ERROR 18 故障报警。变频器的型号是汇川 MD300 型。阅读其使用说明书，报警的具体内容是"电流检测故障"。

3）工件电动机的额定电流为 2.5A，参数 F1-03（电动机额定电流）原来设置为 2.5A，试加大这个参数，设置到 3.8A，故障现象不变。这说明"电流检测故障"与电流设置、电动机过载没有关系。

4）据说明书介绍，ERROR 18 故障报警的处理措施是检查变频器内部的驱动板、霍尔元件等是否正常，而用户并不具备这个条件，即使找出了故障原因，也没有配件更换，需要向机床制造厂家或变频器制造厂家寻求支持。

故障处理：联系变频器制造厂家，更换整台变频器。

例 159　工件电动机不能启动（4）

故障设备：1.5kW 变频电动机，用于 3MK2320 型数控外圈滚道磨床中的工件机构。

控制系统：汇川 MD300 型变频器（2.2kW）。

故障现象：机床通电工作后，按下机床操作面板上的工件电动机启动按钮 SB6，工件电动机不能启动。

诊断分析：

1）工件电动机由变频器控制，原来的变频器损坏后，更换了一台新的同型号的变频器，故障是在调试过程中出现的。

2）打开电控柜观察，变频器没有启动。对照电气原理图（图 4-7），检查启动按钮 SB6、停止按钮 SB5 以及按钮的连接电缆，都在正常状态，而且控制变频器启动、停止的继电器 KA2 已经吸合。

3）分析认为更换变频器后，操作方式和其他参数的设置可能不对，于是对参数进行逐项核对。在功能参数表中，F0-01 是操作方式选择，原始设定值为"0"。这需要打开电控柜，在变频器的操作面板上进行启停操作，而不能用外部的按钮操作，这显然与当前所要求的操作方式不相符。

故障处理：修改 F0-01 的设置，将原始设定值"0"改为"1"，这样就可以用机床的操作按钮控制工件电动机了。

后来另有一次，这台机床出现同样的故障现象，工件电动机不能启动。检查发现继电器 KA2 已经吸合，但是其触点接触不良。由于另一对常开触点空置未用，于是将两对常开触点并联，故障得以排除。

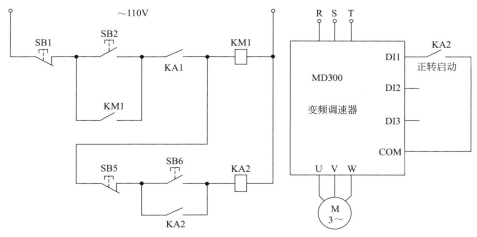

图 4-7　工件电动机控制原理图

例 160　启动 10s 后电机才转动

故障设备： 变频电动机，用于 3MK3312 型数控内圈滚道超精机中的工件电动机。

控制系统： FR-S540-2.2K-CH 型变频器。

故障现象： 机床循环启动后，工件电动机不能转动，约 10s 之后才开始转动。

诊断分析：

1）在这台超精机中，工件电动机的转动分为两个阶段：先是粗超阶段，时间为 10s；接着是精超阶段，时间也是 10s。分析认为：启动后约 10s 才能转动，说明工件电动机在粗超阶段不能转动。

2）查看工件电动机控制电路图（图 4-8）可知，工件电动机由变频器控制。在粗超阶段，由继电器 KA3 的常闭触点接通电位器 RP1；在精超阶段，由 KA3 的常开触点接通电位器 RP2。现在粗超阶段电机不能转动，很可能是 KA3 的常闭触点没有接通。

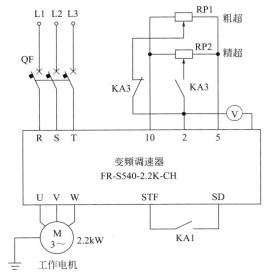

图 4-8　工件电机控制电路

3）用万用表检测，KA3 的常闭触点果然没有接通。

故障处理：需要更换继电器 KA3。KA3 的旁边另有一只同型号的继电器 KA4，它只使用了常开触点，常闭触点闲置未用。将两只继电器对换后，故障得以排除，机床工作正常。

例 161　主轴变频器自行启动

故障设备：变频电动机，用于驱动某数控铣床的主轴。

控制系统：变频器。

故障现象：机床通电后进行调试，还没有进行任何操作，控制主轴的变频器就自行启动。

诊断分析：

1）这是一台自己改造的数控铣床。在改造之前，变频器的控制电路如图 4-9（a）所示。改造之后的控制电路如图 4-9（b）所示。这种故障是在改造后才出现的。

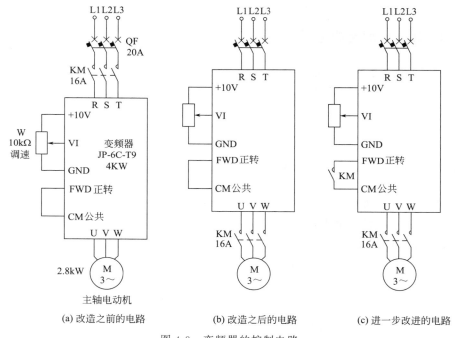

图 4-9　变频器的控制电路

2）对改造之前的变频器控制回路进行分析：在改造之前，变频器接在交流接触器 KM 的主触点之后。在 KM 吸合之前，变频器没有电源，当然不会启动。当 KM 吸合后，变频器通电，因控制端子中的 FWD（正转启动）与 COM 直接相连，所以变频器启动，主轴电动机通电运转。

3）再对改造之后的控制回路进行分析：这时，变频器接在交流接触器 KM 的主触点之前。在 KM 吸合之前，只要机床送电，变频器就已经有了电源，因控制端子中的接线没有改变，FWD 还是与 COM 直接相连，所以机床刚一通电，变频器就直接启动了。但此时 KM 没有吸合，所以主轴电动机并没有运转。

故障处理：按图 4-9（c）做进一步的改进。将 FWD、COM 端子上的短接线拆除，再将 KM 的一对辅助常开触点接在 FWD、COM 端子上，控制变频器的启动。这样在机床送电后，变频器不会自行启动，只有当 KM 吸合时，变频器才能启动。

例 162　工件电动机自行停止（1）

故障设备：变频电动机，1.5kW，额定电流 3.2A，用于 3MZ3310 型内圈滚道超精机中的工件电动机。

控制系统：海德 HD-7500 型，2.2kW 变频器。

故障现象：机床在自动循环方式下，对轴承内圈进行精研。在工作过程中，工件电动机经常性地自行停止。

诊断分析：

1）工件电动机由变频器实行调速控制。故障发生时，变频器面板上出现 "OCP" 报警，提示 "系统受到干扰或瞬间过电流冲击"。

2）检查三相交流电源，电压为 380V，没有出现明显的波动。

3）在变频器中，由电动机参数 F74-b01 所设定的额定电流为 3.7A。测量电动机的实际工作电流不足 3A，电流也很平稳。

4）检查变频器。拆开其端盖后，发现其进线端只连接了三根相线，而地线 PE 的端子空置着没有连接，这样来自机内和外部的电磁干扰会扰乱变频器的正常工作。这与面板上 "OCP" 报警所提示的 "系统受到干扰…" 完全相符。

故障处理：用一根 2.5mm² 左右的铜芯线，将变频器的 PE 端子与大地做可靠的连接。如果控制柜的柜体和机床的床身接地良好，也可以把 PE 线接到柜体或床身上。这样处置后，上述故障立即排除。

经验总结：外界和机床本身对变频器的干扰，主要途径是电源线，所以 PLC 和变频器的 PE 端子必须可靠接地。

例 163　工件电动机自行停止（2）

故障设备：变频电动机，0.75kW，额定电流 2.0A，用于 3MZ3310 型内圈滚道超精机中的工件电动机。

控制系统：海德 HD-7500 型变频器，2.2kW，额定电流 5A。

故障现象：机床在自动循环加工过程中，工件电动机经常性地自行停止。

诊断分析：

1）打开电气控制柜进行观察，发现变频器的操作显示板上出现 "OC" 报警，查阅变频器的使用说明书，报警内容为电动机过载。

2）工件电动机通过皮带轮带动机械，用手盘动皮带轮，转动比较灵活，没有特殊的阻力点，电动机外壳的温度也很正常，初步认为机械部分是正常的。

3）在变频器中，由电动机参数 F74-b01 所设定的额定电流为 2.5A。用万用表测量，电动机的实际工作电流是 1.5A，这说明根本没有过载。

4）将参数 F74-b01 所设定的额定电流逐步加大，当达到变频器的额定电流 5A 时，仍然出现 "OC" 过载报警。分析认为变频器本身有故障。这台变频器的体积很小，内部的排风扇也很小，工作时温度很高，在电流正常的情况下，也容易出现 "OC" 过载报警。

故障处理：更换为汇川 MD300 型变频器后，故障不再出现。换上的变频器功率为 1.5kW，比原来的还小，但体积较大，排风扇也较大，驱动 0.75kW 的电动机绰绰有余。

例 164   冷渣器经常自动停车

故障设备：2.2kW 的三相交流变频电动机，用于拖动锅炉中的冷渣器。

控制系统：ABB 公司 ACS510 系列变频器（3kW）。

故障现象：在原来的变频器损坏后，购置了这台新变频器，安装完毕后，简单地设置了几个参数，便通电试运行。几天之后，操作员工反映冷渣器经常有自动停车现象。

诊断分析：

1）检查电动机和动力线，没有发现异常现象。

2）拆除原来的电动机动力线，在变频器出线端子上临时接上 1 台电动机，用手操器控制，启动、停止、工频运行都很正常。

3）换上原来的电动机，通电再试，故障现象没有变化。

4）查看变频器的使用说明书，发现 ACS510 系列是风机、水泵类负载专用的变频器，默认的控制宏为 ABB 标准宏，默认参数只适合于风机、水泵类负载。在它的电动机控制参数组 GROUP26 中，2605♯参数为 U/F RATIO（选择在弱磁点以下时的电压/频率比形式），其默认设置为"2"（平方型，用于风机、水泵），即负载转矩与转速的平方成正比，而冷渣器电动机经常在低频、低速状态下运行，当转矩过低时，容易引发停车。

故障处理：将 2605♯参数改为"1"（线性，用于恒转矩），此后冷渣器工作正常。

经验总结：在其他一些风机、水泵类负载专用变频器中，同样存在类似问题。变频器参数众多，要根据变频器特定使用环境，正确地设置参数，保证设备的正常运行。

例 165   主轴速度不能改变

故障设备：变频电动机，用于驱动 CAK6163 CNC 型数控车床中的主轴。

控制系统：Varispeed F7 型变频器。

故障现象：机床通电后，主轴的速度不能改变。点一下调速按钮"＋"，速度应该稍稍提高一点，但是却一直上升到本挡最高速度；点一下调速按钮"－"，速度应该稍稍降低一点，但是却一直下降到本挡最低速度。

诊断分析：

1）主轴的速度由变频器进行调节，变频器采用模拟电压控制频率输出，进而控制主轴电动机的运转速度。去掉变频器原来的控制信号，另外输入直流 15V 模拟电压，进行调速试验，电动机的转速调节自如，这说明变频器完好无损。

2）对变频器的控制信号进行检查，发现其中有 4 个参数号用于设置变频器的频率，它们是 D476、D477、D478、D479。它们都是 BCD 码，D476 作为低 8 位参数，D477 作为高 8 位的参数，它们共同组成 16 位二进制数，以作为主轴调速量。在原设计中，这个数值转换为十进制数之后是 20。D478（低 8 位）和 D479（高 8 位）则组成另一个 16 位二进制数，作为主轴调速的上限值，它转化为十进制数是 4095。

在调节主轴速度时，每按一次"＋"钮，主轴的速度就改变一个增量 ΔS：

$$\Delta S = 20/4095 = 1/204.75$$

这个增量是很微小的，它说明在同一挡速度中，从最低转速上升到最高转速，要经过 205 次增速。

3）再来看看本机床实际设置的二进制参数，发现 D476、D477 的二进制参数值存在问题。D476 是 00010100；D477 是 00100000。它们共同组成 16 位二进制数后，转换为十进制就是 8212，它是 20 的 410.6 倍，因此 ΔS 也增大了 410.6 倍。更为荒唐的是，它还大大超过了调速上限值 4095，这样就造成调速过程中加速度特别大，产生速度不能调节的故障现象。

故障处理：将 D477 设置为 00000000，这时主轴调速量为 20，符合设计要求，故障没有再次出现。

例 166　主轴转速达不到给定值

故障设备：变频电动机，用于驱动德国 NB-H150 型卧式加工中心的主轴。

控制系统：变频器。

故障现象：当给定主轴转速时，转速达不到给定值，而且转速总是在波动。

诊断分析：

1）对主轴和变频器进行检查，都有异常的响声。

2）检查主轴部分的交直流电源、导线等，都在完好状态。

3）对变频器功率模块中的晶闸管 V2～V4、V6～V8 进行检测对比，都在正常状态。

4）用示波器检测控制板 A1 中插头 X12～X14 的电压波形，发现 X12 的 PWM 波形不正常。

5）检查 A1 中的元件，没有发现异常情况。

6）将插头 X12 取下检查，发现插头间绝缘不好。

故障处理：更换插头后，故障得以排除。

另有一台中捷友谊厂制造的 THY5640 型加工中心，主轴电动机的转速很不稳定。其主轴速度由西门子变频器控制，变频器上出现 F11 报警，提示故障在转速反馈单元上。反馈元件是编码器，它安装在主轴电动机内部。拆开电动机，将后端盖打开，发现固定编码器的弹簧已经振断，造成反馈信号波动。更换弹簧后，故障得以排除。

例 167　主起升转速出现大波动

故障设备：三相交流变频电动机，用于驱动某车间 300T 龙门吊车中下小车的主起升。

控制系统：变频器。

故障现象：在调试阶段，下小车的主起升与下小车联动时，下小车转速不稳，示波器显示下小车主起升的波形中含有又尖又窄的脉冲，脉冲方向也不确定，导致主起升转速出现大幅度波动。

诊断分析：

1）检查与下小车主起升相关的器件和连接电缆，都在完好状态。

2）将小车起升机构中的编码器更新，暂时有所好转，两天后又旧病复发。

3）查看电控柜中元器件和电线电缆的布局，发现下小车变频器的输出电缆没有使用屏蔽电缆，而且动力电缆与下小车编码器的电缆混放在同一个塑料线槽中。变频器输出电缆上还带有载波，其频率是 20kHz，在工作时电磁波向周围辐射，进入由编码器和检测卡等组成的变频调速系统，导致下小车主起升转速突然变化。

故障处理：调整这部分电缆，变频器的输出电缆改用屏蔽电缆，并使编码器的电缆远离变频器的输出电缆，故障得以排除。

经验总结：变频器、晶闸管等调压、调速电子设备，在工作过程中会产生频率较高的干扰信号，窜入电网或设备自身的控制电路中，干扰设备的正常工作，出现一些难以排除的故障。在这些设备中，信号线要使用屏蔽电缆，敷设时要尽量远离动力电缆。

例168　输送带速度明显变慢

故障设备：2.2kW变频电动机，用于拖动砖坯编组装置中的同步输送带，输送带将砖坯输送到指定位置后进行编组，以便于机器人用专用夹具抓取和搬运砖坯。

控制系统：3kW三菱变频器。

故障现象：同步输送带在行走时，速度明显变慢，导致砖坯不能按照控制程序进行编组。

诊断分析：

1）输送带的行走速度是由变频器调节的。检查同步输送带的传动链，没有阻碍运转的异常现象。

2）检查变频器，输出的频率符合设计要求。试将频率提高，输送带的速度并没有相应的提升。此外，变频器的输出电流偏大，这是不正常的。

3）查看有关的电路图，发现与输送带配套的电动机与普通电动机有区别：它带有制动线圈和抱闸机构。制动线圈并联在电动机的电源上，如图4-10（a）所示。当电动机通电时，

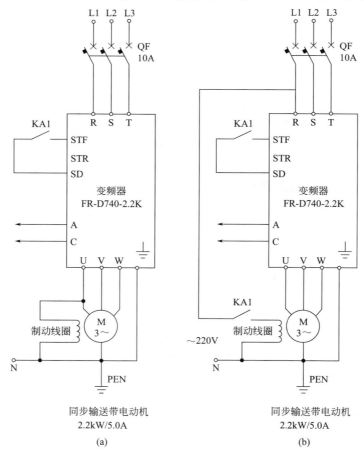

图 4-10　带有制动线圈的同步输送带主回路

制动线圈也通电，抱闸松开，使电动机运转。电动机断电时，制动线圈也断电，将抱闸抱紧，电动机被制动。

4）分析认为：制动线圈所要求的电源是～220V/50Hz，但是这台电动机的电源并不是普通的三相交流电，而是来自变频器。根据调速的要求，其运行频率为20Hz左右，远远低于50Hz。此时相电压也远远低于220V，不足100V。这导致制动线圈在通电时电磁力不足，抱闸不能全部打开，仍有一定的制动作用，电动机的负荷被加重，因此同步输送带速度变慢，变频器电流也增大。

故障处理：按图4-10（b）改正接线，利用正转启动继电器KA1的另外一对触点，向制动线圈提供220V/50Hz的交流电源。在变频器启动的同时，制动线圈得电，抱闸完全松开，同步输送带以正常速度运转。

例 169 工件电动机转速太慢

故障设备：变频电动机，1.1kW，用于3MZ3410型内圈滚道超精机中的工件电动机。

控制系统：海德 HD-7500 型变频器，2.2kW，额定电流5A。

故障现象：机床对轴承套圈进行精研时，工作电动机转速太慢，研完一个工件需要很长的时间。

诊断分析：

1）按照工艺要求，工件电动机的速度分为低速和高速两挡，在上料和下料时，电动机以低速旋转，在精研时再以高速旋转。但是现在没有出现高速，始终以低速旋转。

2）图4-11是工件电动机的控制原理图。在图4-11（a）中，PLC的输出端子7.0和7.1控制继电器KA1和KA2。在图4-11（b）中，KA1的常开触点连接到变频器的频率控制端子SS2上，KA2的常开触点连接到变频器的频率控制端子SS3上，SS1～SS3共同作用，控制变频器的输出频率，进而控制工件电动机的转速。

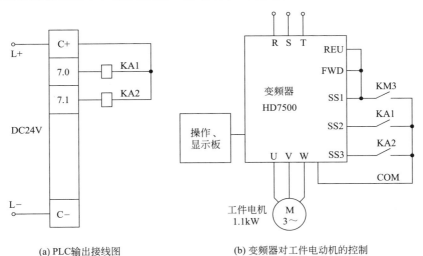

(a) PLC输出接线图   (b) 变频器对工件电动机的控制

图 4-11 工件电动机控制原理图

3）观察输出端子7.0和7.1的状态，完全符合程序要求。这说明机床程序没有问题。

4）进一步检查，发现KA1未能吸合，其原因是7.0的接线螺钉松动，造成KA1不能得电，变频器的高速挡没有输出。

故障处理：拧紧松动的接线螺钉。

例170　一启动就升至最高转速

故障设备：75kW变频电动机，用于拖动某供水系统中的给水泵。

控制系统：ABB ACS800-01型变频器，采用手动/自动控制宏，自动速度给定通过A12通道输入。

故障现象：在自动调速时，电动机一启动就自动升至最高转速，给水量无法调节。

诊断分析：

1）改用手动控制，电动机增速、减速都很正常。

2）怀疑外部存在干扰信号，对输入信号屏蔽线进行检查，其接地良好，无异常情况。

3）该变频器能在线监控A12的输入值。查看有关的变频器监控单元01.19，显示A12的输入控制电流信号是20mA，这是最大值。所以在自动状态下，一启动就上升到最高转速。

4）这20mA的控制信号是从哪来的呢？将电流表（mA挡）串入控制电流回路，通过DCS调节输入电流，电流表的显示和DCS输入一致，但是变频器中的测量参数01.19始终显示20mA。

5）将变频器自身A01输出的4mA信号接至A12，以校验其测量是否准确，结果A12仍然显示20mA，这说明A12不正常。

6）测量A12的阻值，是无穷大，而说明书中规定A12的阻值是100Ω。显然，A12已经处于开路状态。

故障处理：在该变频器中有一个备用的测量通道A13，其阻值也是100Ω。把自动调速线改接至A13，并将测量通道的参数重新定义为13，此后电动机调速恢复正常。

例171　液体流量经常失控

故障设备：三相交流变频电动机，用于控制某化工管道中化学液体的流量。

控制系统：通用变频器。

故障现象：在工作过程中，变频器的输出频率忽高忽低，波动很大，致使电动机的转速忽快忽慢，管道中的液体流量经常失控。

诊断分析：

1）该变频器由现场电流变送器（它将液体的流量转变成电流信号）提供的4～20mA信号进行控制，测量发现，此电流信号忽大忽小，时有时无。

2）对电流变送器进行检查，没有发现异常情况。试换一台变送器，故障现象没有变化。

3）分析认为，电流变送器安装在80m之外的管道上，电流信号通过KVV-2×1.5控制电缆送至变频器。在这长途跋涉的过程中，信号很容易受到各种干扰源的串扰，反复波动，难以反映现场流量的实际情况，因此变频器根本无法工作。

故障处理：按照图4-12，在传输4～20mA电流信号的控制电缆芯线上加设旁路电容器，用它来防止干扰。电容器C1和C2规格为4700pF，耐压600V。

经验总结：除上述措施之外，还可以采取以下措施排除此类故障。

1）采用屏蔽电缆，在变频器侧将金属屏蔽层可靠接地，但不能两端都接地；

2）采用带有光电隔离式插件的电流变送器；

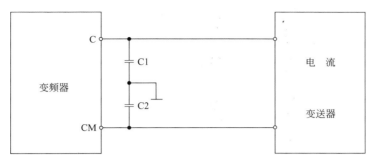

图 4-12　在传输电缆上增加防干扰电容器

3）将电流变送器改为电压变送器，用 5～10V 电压信号控制，以减小干扰。

例 172　门机出现不稳定现象

故障设备：三相交流变频电动机，用于驱动某船台中的 150T 门机。

控制系统：欧姆龙 C200H 型 PLC 可编程序自动控制，变频器调速。

故障现象：门机出现工作不稳定现象。当驾驶员操作门机，要求行走时，电动机有时不能启动，有时行走中突然停车，故障没有规律，随机性很大。

诊断分析：

1）对门机的主回路和控制回路进行检测，没有发现异常情况。

2）更换变频器，故障现象没有改善。

3）更换 PLC，也没有任何效果。

4）对 PLC 的输入信号进行监测，发现 PLC 的输入点 00203（电缆向南过紧）、00205（电缆转筒放缆极限）等存在干扰信号。在这些输入点的限位触点未闭合时，相应的 PLC 输入点应该没有信号，输入点上的 LED 不能发亮，但是它们偶尔会瞬间闪烁几下，尽管亮度稍暗，但足以说明干扰信号进入了这些输入点。

5）检查这几个输入点的线路，它们从现场的台车架敷设到机房的电控柜中，距离接近 100m，沿途分布着许多电焊机，日日夜夜弧光闪烁不停，还有许多金属加工设备，它们频繁地启动和停止，这些控制导线受到的干扰可想而知。尽管 PLC 的输入采用光电耦合，但是较强的干扰信号足以推动光电耦合器发出错误信号，干扰门机的正常工作。

故障处理：可以采取以下方法。

1）重新敷设 PLC 输入信号的电缆，让它们避开这些电焊机，这项工作难度非常大。

2）将原来的船用电缆更换为双绞屏蔽电缆，但工作量很大，也不能保证彻底排除干扰。

3）改变 PLC 信号的输入方式。原来的控制方式如图 4-13（a）所示，控制电源为 DC24V，PLC 的输入采用光电耦合。现在将控制电源改为 AC220V，用原来的 PLC 输入信号控制中间继电器，如图 4-13（b）所示。再由继电器的触点触发对应的 PLC 输入点，如图 4-13（c）所示。由于继电器所需的电压大大提高，几十伏的干扰电压难以推动继电器吸合，确保了门机行走机构正常运行。

经验总结：

1）干扰是一种难以排除的故障，要因地制宜地采取有效措施。在本例中，如果将原来的信号电缆绕过施工现场，或采用屏蔽电缆，都有很大的工作量，也不一定能解决问题。而采取上述方式，则"一剑封喉"，有效地排除了故障。

2）在 PLC 的输入点上，不能采用 RC 吸收装置来排除干扰。因为 RC 吸收装置会使输

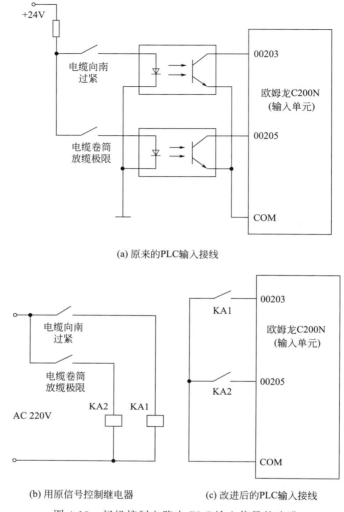

(a) 原来的PLC输入接线

(b) 用原信号控制继电器   (c) 改进后的PLC输入接线

图 4-13   门机控制电路中 PLC 输入信号的改进

入点上正常的控制信号被延迟，导致 PLC 在扫描中不能及时取样，影响 PLC 程序的正常执行。

例 173   振动机的振荡幅度太低

故障设备：三相交流变频电动机，用于某振动机。这台振动机的用途是针对焊接件、锻件、铸件在加工成型之后的残余应力，进行机械振动，向其施加一个周期性外力，使工件产生亚共振。在亚共振过程中，施加到工件各部位的应力与工件内部的残余应力叠加，在残余应力较高区域产生微观的塑性变形，从而改变工件原来的残余应力场，使残余应力降低并重新分布，达到新的平衡状态。通过反复加载，向工件内部不断输送能量，使畸变晶格较快地恢复到平衡位置，从而使工件获得较好的稳定性和较高的尺寸精度。

控制系统：变频器。

故障现象：振动机的振荡幅度太低，无法达到共振的效果，在快要达到理想的工作点时，电动机突然停转。

诊断分析：

1）怀疑负载的刚度太大，于是对前级工序中的工艺做了适当的调整，但振动效果没有一点改变。

2）怀疑振动机的偏心量太小，于是将偏心量适当地加大，也未能排除故障。

3）对振动机的工作点进行检查，经过缜密的计算，工作点的设置是适当的。

4）振动机的工作点与操作方式有关。它有 C0 和 C1 两种方式：C0 是人工方式，可根据不同的构件，人工设置不同的共振点，使工作点在此范围内上下波动，保证振幅达到所要求的共振效果。C1 则是自动方式，在所设置的转速范围内，自动寻找一个比较合适的工作点，一旦此工作点超出范围，控制系统就会自动输出保护信号，使电动机停转。现在采用的是 C1（自动）方式，如果设置的转速范围太小，振动过程中就会超出，导致控制系统保护动作。

故障处理：试将转速范围加大后，振动机工作稳定，加工效果非常理想。

另有一次，这台振动机出现同样的故障现象，振荡幅度太低，经过一番周折，没有找到具体的原因，改用人工方式进行工作，故障得以排除，振动所产生的效果达到工艺要求。

经验总结：如果振动机振幅过低，一般有以下三种原因。

1）负载刚度过大；

2）振动机的偏心量太小；

3）振动机的工作点不适当。

例 174　货物失去控制掉落下来

故障设备：两台 YZP355M2-10/90kW 的起重变频电动机，用于拖动 15T（32M）浮式起重机。起重机为双卷筒结构，可以进行抓斗作业和吊钩作业。两台电动机中，一台是支持绳电动机，另一台是开闭绳电动机。

控制系统：PLC 可编程序自动控制，变频器调速。

故障现象：在调试过程中，进行抓斗作业，两台起升电动机在运行时可以同步，但是在停机制动时不能同步。当货物下放到适当位置，停机准备卸货时，抓斗不受司机控制而提前打开，货物失去控制掉落下来，险些造成安全事故。

诊断分析：

1）检查变频器的数码显示，没有出现报警信息，PLC 的故障指示灯也没有亮。

2）反复调节制动器的压力和行程，故障现象不变。由于制动器被调节得太紧，导致制动片与制动鼓摩擦发热。

3）改用吊钩方式作业，故障现象不变。

4）两台制动器的型号均为 YWZ2-600/200，对相关机构进行全面检查，没有发现底座松动和销轴松旷等异常情况。

5）两台变频器的型号均为安川 CIMR-G7A4132。检查它们的运行状态，从运行到停止，频率的变化一致。用钳形电流表检测，两台电动机的电流相等。

6）更换变频器的制动单元，也不能排除故障。

7）查看 PLC（欧姆龙 C200 系列）中的起升电动机制动器延时，均设置为 20s。再查看变频器的参数设置，其中的减速时间为 40s。显然，变频器的减速停止时间与 PLC 中设置的时间不匹配。在这种情况下，当 PLC 给出制动信号，让制动器进行制动时，变频器的减速过程远远没有结束，还在向电动机供电，让电动机继续转动，导致制动失效。

故障处理：将变频器的减速停止时间改为 30s。这样，当电动机在变频器控制下经过 20s 减速，离停止还有 10s 时，PLC 输出信号，制动器进行制动。这时电动机转速很慢，制动有效可靠，故障不再出现。

经验总结：在这些故障中，硬件没有问题，只是变频器与 PLC 的参数设置不匹配。在使用 PLC 和变频器这些新型的电控设备时，要熟悉参数的查找和设置方法，积累相关的经验。

例 175　加工中出现"啃刀"现象

故障设备：变频电动机，用于驱动 S1-296A 型数控车床中的主轴。
控制系统：变频器。
故障现象：在加工过程中，主轴电动机突然停止转动，造成"啃刀"现象，并导致刀具严重损坏。
诊断分析：

1）将工作方式开关放在"调整"位置，用手动方式将 X 轴和 Z 轴返回到参考点。重新进行加工，当工作台快速进给到车削位置时，主轴仍然不能转动，变频器出现 LED 报警，提示过热故障。由此确定为主轴电动机或交流变频调速系统工作不正常。

2）手摸电动机的外壳，感觉非常发烫，用较大功率的风扇强制冷吹后，电动机温度下降到正常状态。重新启动后能正常运转几分钟，随后温度又很快升高。由此判断故障是由电动机过热所引起。

3）检查变频器的输出电压，三相都很正常，说明变频器没有问题。检查机械负载也很正常。手摸主轴电动机的端部，感觉没有风力。拆开主轴电动机进行观察，发现独立散热风扇电动机损坏，其绕组阻值为无穷大。这导致散热不良，主轴电动机过热引起报警，变频器保护动作而突然停止工作。

故障处理：更换风扇电动机后，机床恢复正常工作。

例 176　低速启动时主轴抖动

故障设备：变频电动机，用于驱动 RAM8 型数控铣床中的主轴。
控制系统：通用变频器。
故障现象：高速启动时工作正常，而低速启动时主轴剧烈抖动。
诊断分析：

1）检查机械传动系统，没有发现故障。怀疑主轴系统的变频调速器有问题。

2）这台变频调速器是台湾地区生产的。将变频器的输出端与主轴电动机的连接电缆拆除，在主轴低速启动信号的控制下，用万用表测量变频器 U、V、W 三个输出端子的电压。U 相是 80V；V 相是 80V；W 相是 220V。旋转调速电位器时，U、V 两相的电压能变化，而 W 相的电压不变，始终为 220V。这说明 W 相电压失控，并造成三相输出电压不平衡，引起主轴抖动。

3）在变频调速器中，输出级的晶体管模块损坏的可能性比较大，其电路见图 4-14。用万用表检查，W 相的 VT5 已经击穿导通。

故障处理：更换输出模块后，三相输出电压平衡，主轴运转正常。

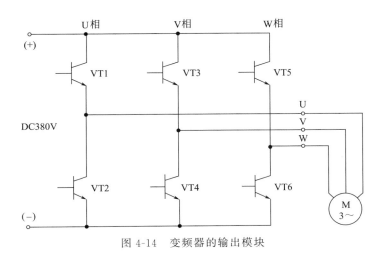

图 4-14 变频器的输出模块

例 177 电动机出现"接地" 故障

故障设备: 155kW 变频电动机, 用于拖动某热电厂的引风机。

控制系统: 三菱变频器。

故障现象: 在使用过程中, 报警系统中出现"接地保护"报警, 接着低压断路器便跳闸断电。

诊断分析:

1) 电动机和变频器的接线如图 4-15 所示。将变频器的三相输出线 U、V、W 拆开, 测量电动机绕组对地绝缘, 约为 10MΩ, 看上去问题不大。

2) 测量变频器对地绝缘, 约为 20MΩ, 也在正常范围。

3) 再次启动后, 运转约半小时, 变频器保护动作, 面板上显示"E. CF", 提示变频器的输出侧发生接地故障, 变频器停止输出。

4) 变频器至电动机的出线是一根 $3 \times 185mm^2$ 铜芯电缆, 将电缆拆除后, 测量电动机绕组对地绝缘, 上升到 80MΩ, 可见这根电缆存在问题。

5) 用 500V 兆欧表测量电缆, 绝缘值慢慢变小, 到后来降至 1MΩ, 怀疑其存在隐性故障, 运行时间一长, 发热后就会击穿。

6) 沿着电缆沟仔细检查, 发现电缆上有一个直径为 2mm 的小洞, 碰在角钢支架上, 造成接地故障。电缆沟里的大量电缆相互重叠, 这根电缆刚好压在角钢的尖锐处, 引起

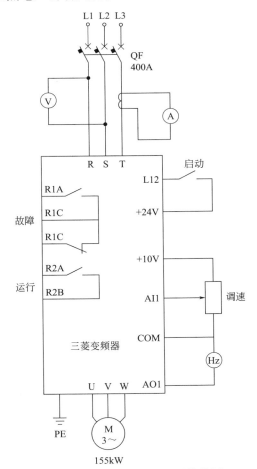

图 4-15 电动机和变频器的接线图

接地故障。

故障处理：将电缆的小洞用绝缘胶布包扎好，再将电缆摆放好，远离角钢的尖锐处。

例178   多个用电装置被烧坏

故障设备：变频电动机，用于对回转窑的旋转窑体进行变速控制。

控制系统：110kV·A变频器。

故障现象：在大窑停料保温期间，窑体在电动机的拖动下，以超低速状态运行，变频器工作频率约5Hz。1个多小时后，操作室内部分低压用电装置（如应急照明灯充电器、对讲机充电器和监控显示器等）突然冒出黑烟，并伴有焦煳味和异常的响声。

诊断分析：

1）打开操作台和控制柜，有浓烈的焦煳味，UPS跳闸，多个指示灯烧坏，PLC和皮带计量秤的电源模块烧坏。

2）采取监测措施后，重新启动大窑变频器，上述异常现象又立即出现。特别异常的是：此时供电系统单相电压升至290V左右，变频器制动电阻自动投入工作，对电能进行释放，启动只持续了几秒钟，然后自动停止，电网电压又恢复正常。

3）拆开窑体旋转电动机的接线盒，并拆散线头，使三相绕组各自独立，然后用兆欧表（摇表）测量各相对地绝缘电阻，有两相是正常的，但是另外一相绝缘电阻为零，对地完全短路。

4）分析认为，供电系统电压升高可能是由这台电动机的绝缘损坏所引起，但是这种现象极为少见，需要从理论上进行探索。

5）对接地线路进行检测，供电系统的零线，连接到电动机接线盒内部的接地端子上（与外壳为一体）。电动机的保护接地线，则从这里连接到大地，二者之间的电阻为0Ω，如图4-16所示。这种零线N和接地线PE的共接，构成了电气设备的重复接地（又称为环路式重复接地）。其作用是：当某一部位的接地线断开，或接地体电阻较大时，可以减少触电危险。当设备带电部分碰壳时，短路电流通过零线形成回路，使线路保护装置迅速地动作。

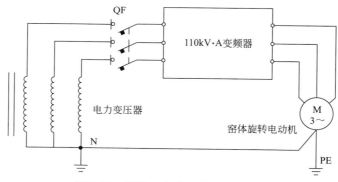

图4-16   零线N与接地线PE的共接

6）根据电源叠加原理，在构成电流通路的情况下，两个幅值、频率和初相位均不同的交流电源会出现相互叠加现象。叠加之后，电压和电流的波形均会发生较大的变化，峰值和有效值均相应地增大。在这起故障中，当电动机绕组与铁芯间的绝缘层击穿后，变压器次级绕组、供电线路、变频器、电动机（包括动力线、铁芯）、接地线、电网中性线（零线）等构成电流通路。供电系统的50Hz交流电压，与变频器输出的0～20Hz低频交流电压相互叠加，导致低压供电系统的相电压升高至 290V 左右，烧坏部分电器。与此同时，变频器的输入交流电压升高，整流后的直流电压也随着升高，使过压保护电路启动，投入制动电阻以消耗电能。

7）通过以上分析，可知这起故障的原因是：在大窑停料保温期间，变频器较长时间运行在 5Hz 的超低频状态，这时电动机端部的冷却风扇也低速运转，风量严重地减小，导致电动机过热，定子绕组绝缘被烧坏。由此又导致供电系统电压与变频器输出电压叠加，电压升高后烧坏其他电器。

故障处理：

1）更换绝缘被损坏的电动机。

2）将电动机的接地保护线和电网中性点（零线）分开，各自独立敷设。在这种情况下，如果变频器输出回路出现接地故障，接地电流则会通过接地线、大地流回到变压器，接地电流所产生的压降主要分布在大地上，不同频率的电源叠加幅度就会显著减小，其危害可以忽略不计。

例 179　停车时发出巨大响声

故障设备：变频电动机，用于驱动 1.8M 数控卧式车床中的主轴。

控制系统：变频器。

故障现象：主轴停车时发出巨大响声，同时车间总电源跳闸。

诊断分析：

1）对供电系统进行检查，跳闸的自动开关所在处，环境非常潮湿，跳闸的自动开关连杆机构已腐蚀，三相触点中有一相只有一小部分能接触。这个车间供电变压器容量小，平时就超负荷运行，其正常的线电压也只有 340V 左右。

2）检查主轴变频器的逆变及驱动电路。一只晶闸管已被烧坏，驱动电路中，V 相触发脉冲短小，只有正常触发脉冲幅值的四分之一，进一步检查，发现 V 相触发电路中的放大管 T3 性能不好。

3）这台变频器的出模块（晶闸管逆变主回路）如图 4-17 所示。在停车降速时，晶闸管处于逆变状态。此时触发电位较高的那一对脉冲起作用，使对应的晶闸管导通，并使前一个晶闸管承受反压而关断，被关断的晶闸管在很长一段时间内处于正向阻断状态。这样，若后

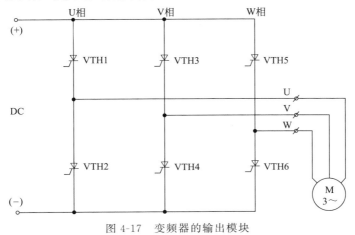

图 4-17　变频器的输出模块

一个晶闸管因触发脉冲太小而不能导通，则由于电动机绕组线圈的放电作用，使已经导通的晶闸管再延续导通一个周期，进入正半周，晶闸管将继续导通下去，同时阻碍后面的晶闸管导通。于是，晶闸管输出的正向电压与电动机电势叠加产生很大的电流，这时即产生逆变颠覆，轻则烧坏保险丝，重则烧坏晶闸管。

4）如果车间的电压供电系统正常，没有大的波动，也许不会烧坏晶闸管。现在车间变压器容量小，交流电网电压波动大，供电系统的总开关盒又损坏了，再加上 V 相触发脉冲幅值小，这些综合因素造成了这次故障的发生。

故障处理：更换自动开关、晶闸管和放大管 T3。

例 180　铣床的螺距误差太大

故障设备：变频电动机，用于驱动某数控异形螺杆铣床的铣刀。

控制系统：通用变频器。

故障现象：所加工的螺距比划线的螺距小了许多，而且误差是累积的，加工时间越长，误差也越大。

诊断分析：

1）在这台铣床中，C 轴旋转一周时，Z 轴所移动的距离就是螺距。如果螺距不对，就是 C 轴转过的角度与 Z 轴所移动的距离对应关系不对。螺距的数值变小，有两种可能：一是 C 轴比设定的数多走了；二是 Z 轴比设定的值少走了。

2）编制一个单走 C 轴的程序，所走的角度与编程的角度是一致的；再编制一个单走 Z 轴的程序，所移动的距离与编程的距离也是吻合的，但是两轴一联动就出现了问题。

3）按照正常加工的情况，事先在两个轴上做好标记，再编写一个两轴联动的试验程序，进行模拟试验。结果发现，Z 轴走的数据是正确的，而 C 轴的数据大于设定值。

4）C 轴多走的现象令人百思不解，参数是多年延续下来的，没有任何变化。机械的传动比也是固定不变的，仔细观察 C 轴电动机，发现在系统没有发出指令的情况下，只要铣刀一旋转，C 轴电动机就跟着缓慢地转动。

5）分析认为，系统对电动机的控制方式是位置控制，与速度控制相比，抗干扰能力稍逊一筹。而铣刀电动机是变频电动机，电流中含有丰富的谐波成分，对其他控制电路有较大的干扰，故障可能是由干扰所引起。

6）对线路进行检查，发现铣刀电动机的动力线与 C 轴电动机的反馈线紧靠在一起。铣刀电动机的动力线要求使用屏蔽线，为节约成本换成了普通的四芯电缆。

故障处理：将铣刀电动机的动力线恢复为屏蔽线，并将屏蔽层可靠接地，机床立即恢复正常状态。同一批号生产的机床，普遍存在这种故障现象。找出了这种原因后，故障一一得以排除。

例 181　变频器直流母线电压过高

故障设备：变频电动机，用于调节打印头的速度。

控制系统：美国 A-B 公司的 1336PLUS 型变频器

故障现象：电动机在启动过程中运行平稳，但是在调节转速时，变频器出现了直流母线电压过高的报警，导致电动机自行停车，调速不能进行。

诊断分析：

1）对变频器的设置进行调整。在默认的设置项目中，将"是否检测直流侧电压"设置为"检测"，现在改为"不检测"。这样暂时地维持了变频器的运行。但是，这种方法不能解决长期出现的直流母线电压超高现象，不利于变频器的安全运行。

2）根据故障现象，分析可能是变频调速时的加速时间太短，造成直流侧母线电压超高。于是将变频器的加速时间调整到15s。再次启动后，在小范围内调速时，变频器能正常工作，但是加大调速范围后，仍然出现直流母线电压过高的故障。

3）对机械传动系统进行观察和分析，在电动机的传动轴上，配置了一个大飞轮，依靠飞轮的惯性克服打印头的运动死点。而飞轮是一个大惯性负荷，在变频调速过程中，由于飞轮的作用，可能使机械转速高于电动机旋转磁场的转速，即超过了变频器给定的转速。在这种情况下，电动机处于发电状态，能量的流动发生逆转，从而造成变频器直流母线电压过高。

故障处理：原则就是要把飞轮产生的这部分电压消耗掉，可以采取在变频器直流侧加装电阻的方法，通过电阻来消耗直流母线侧过高的电压，如图 4-18 所示。电阻 R 的大小取决于电动机的功率、机械负荷转矩等因素。这样处理后，变频器转入正常工作状态。

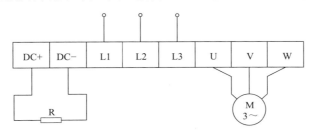

图 4-18　在直流母线上加装电阻 R

例 182　显示故障代码"Er-03"

故障设备：变频电动机，用于驱动某立式加工中心的主轴。

控制系统：BKS-CA0075G 型变频器。

故障现象：机床通电后，按下"伺服上电"按钮，变频器显示故障代码"Er-03"。10s 之后，主轴变频器、进给伺服模块都掉电，主轴的矢量变频电动机、伺服轴的 SIEMENSI FK6 交流伺服电动机都不能启动，显示屏上提示主轴和进给轴通信故障。

诊断分析：

1）这台机床采用变频器对主轴电动机实行无级调速，进给轴采用 SIMODRIVE 611UE 型数字化驱动器。数控 CNC、I/O 接口、伺服驱动之间通过现场总线 PROFIBUS 连接，以实现输入输出信号的传送和位置调节。

2）怀疑变频器有故障，试换变频器之后，变频器上的故障代码"Er-03"不再出现，但是 10s 之后，主轴变频器、进给伺服模块仍然掉电，并显示通信故障。

3）主轴和伺服驱动模块的上电控制电路见图 4-19，这是一个 PLC 控制电路。按下"伺服上电"按钮后，Q8.0 输出高电位，中间继电器 KA10 通电吸合，控制变频器的接触器 KM5、控制驱动电源的接触器 KM6 同时得电吸合。此时如果变频器正常，10s 之内就会输出"就绪信号"M01 到 PLC，使变频器和电源模块正常工作；如果变频器有故障，就会输出故障信息 MA 到 PLC，此时 Q8.2 输出高电位，中间继电器 KA19 通电吸合，输出"主轴掉电"信号，再通过 KA10 断开 KM5 和 KM6 线圈的电源，切断变频器和电源模块的输入电压，产生上述报警信号。

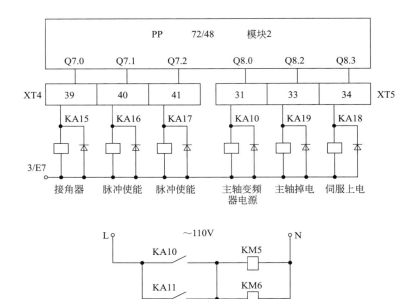

图 4-19   主轴和伺服驱动模块的上电控制电路

4）对 PLC 程序进行诊断，发现新变频器送出"就绪信号"的时间大于 10s，PLC 还没有收到这个信号，就输出主轴掉电信号 Q8.2，从而断开 KA10、KM5、KM6，使变频器和电源模块失去电源而产生报警。

故障处理：修改 PLC 内部时间继电器 T16 的定时，由原来的 10s 增加到 15s。此后故障不再出现，各轴电动机正常启动。

例 183   驱动器出现"AC9"报警

故障设备：变频电动机，用于驱动某数控异形螺杆铣床的铣刀。

控制系统：变频器。

故障现象：机床在制造厂家调试时一切正常。用户正常使用一段时间后，Z 轴驱动器经常出现"AC9"报警。

诊断分析：

1）Z 轴的伺服驱动器是日本安川驱动器，型号是 SGDA-10ADA，AC9 报警表示脉冲编码器通信方面存在故障。

2）仔细检查连接导线，没有发现问题。更换 Z 轴的伺服电动机和驱动器，故障依然存在，而且时隐时现，用户要求彻底解决问题。

3）经过几天的耐心观察，发现报警一般发生在铣刀电动机启动和停止的瞬间，而其他时刻很少出现报警。

4）联想到这种机床以往曾经出现过干扰故障，怀疑铣刀变频电动机的动力线是干扰源，而 Z 轴伺服电动机脉冲编码器的反馈线是受干扰的对象。

5）把脉冲编码器的反馈线分别接到各个伺服电动机的驱动器上，发现连接哪个驱动器，报警就转移在哪个驱动器上。至此，可以确定故障是由铣刀电动机干扰所引起。

故障处理：将变频电动机的动力线由普通的四芯电缆更换为屏蔽线，并将屏蔽层可靠接地，机床故障立即排除，恢复正常工作。

例 184 经常出现"PG OPEN" 报警

故障设备：132kW 三相交流变频电动机，用于驱动某龙门吊车中的升降机。

控制系统：安川 CIMR G7B4132 型（132kW）变频器。

故障现象：电动机启动时，变频器上经常出现"PG OPEN" （脉冲编码器开路）、"UV"（欠压）及、"OV"（过压）等报警。报警出现的频率没有规律，有时一天出现数次，有时几天才出现一次。

诊断分析：

1）首先检查 PG（脉冲编码器）的线路，在完好状态。

2）修改几项变频器参数，未见任何好转。

3）电控室的环境温度较高，于是启动空调，将温度设置在 18℃，并打开电柜门散热，这一措施有一定的效果，故障率有所降低，但还是时有发生。

4）更换变频器的 PG 板、主板、输出板、接线板，都不能解决问题。

5）怀疑"终点限位"信号动作，导致制动器紧急制动，变频器受到冲击而报警。为此在 PLC 程序中增加一段程序，统计"终点限位"信号动作情况。结果表明故障报警与"终点限位"没有关联。

6）查阅安川变频器说明书，要求 PG 接线采用屏蔽双绞线，而且屏蔽地线只能连接变频器一侧，在电机端要悬空不接。但是这台变频器采用的屏蔽线不是双绞屏蔽线，而且屏蔽地线在两端都进行了接地。于是换上双绞屏蔽线，并按照要求重新连接，还是未能排除故障。

7）在诊断过程中发现，PG 电缆与龙门吊车的电机动力电缆、其他控制电缆一起，敷设在同一电缆桥架内，这样很容易受到电磁干扰。由于 PG 电缆有屏蔽层，当电磁干扰信号不太强时，可以滤除干扰，不至于造成故障报警。一旦干扰信号太强，就会诱发故障报警。

故障处理：从桥架内拆除原来的 PG 电缆，重新进行敷设，直接走机房底板，加大与动力电缆的距离，此后故障不再出现。

例 185 面板上出现"F006" 报警

故障设备：YVP100L2-4 型，3kW 三相交流变频电动机，用于拖动主斜井皮带运输机。

控制系统：西门子 6SE-7035 型变频器

故障现象：皮带运输机在运行时突然停止，变频器的 OPIS 操作面板上出现"F006"报警。

诊断分析：

1）查看变频器的使用说明书，"F006"报警的含义是"直流中间回路电压过高"。

2）查看变频器故障记录，显示故障存储单元的电压数值为 980V。

3）将操作台中的控制整流单元开关打到零位，关闭变频器整流单元直流输出电压 U_e，但此时 OP1S 操作面板上显示的电压值仍为 980V，而万用表所测量的数值仅为 14V。

4）用万用表 R×1k 挡测量 U_e 端＋、－之间的正反向电阻，以及变频器输出端 U、V、W 之间的正反向电阻，均在正常范围。

5）拆下电容器和铜排组件检查，发现在其中一块触发板上，逆变三极管 T1 和 T2 击穿损坏。整体拆下驱动板检查，有两个驱动板（驱动 IGBT 模块）上的驱动三极管均已损坏。

6）用万用表检查 IGBT 模块的正反向电阻，发现有两个模块的正反向特性正常，而触发极已经损坏。

故障处理：更换损坏的三极管和 IGBT 模块。

经验总结：

1）IGBT 是变频器的核心部件，长期在高电压和大电流下工作。当元器件老化或环境温度异常时，容易导致 IGBT 损坏。IGBT 损坏后，高压、大电流经过触发极加到驱动板，使驱动板的部分元件损坏，引发逆变三极管击穿，并造成供给触发板的 18V 电压及采样电路电压下降，因此 OP1S 操作面板显示的 980V 电压数值是错误的。

2）更换 IGBT 模块要用原厂的正品元件，两只 IGBT 参数要一致，否则会导致两只 IGBT 承受的电流相差过大，重载时会再次损坏。

3）更换模块时，要在模块与散热器之间涂抹导热硅脂，以确保 IGBT 散热良好。

例 186　显示器出现"E018"报警

故障设备：YVP200L-4 型，30kW 三相交流变频电动机，用于驱动自动恒压供水装置中的给水泵。

控制系统：37kW 的通用变频器。

故障现象：在运行两年多后，电动机不能启动，在变频器的数码显示器上，出现了"E018"报警。

诊断分析：

1）在这台变频器中，"E018"报警的具体内容是变频器内部的主接触器未能吸合。

2）检测 R、S、T 供电端子上的 380V 交流电压，在正常范围内。

3）重新启动，仔细听变频器内部的声音，接触器的吸合声很正常。

4）拆开变频器的盖板，检查各个元器件、连接导线、接线端子，没有发现异常现象。

5）正在准备更换接触器时，注意到变频器内部有厚厚的一层灰尘，接触器的触头上布满了尘埃，怀疑接触器触头因此而接触不良。

故障处理：用皮吹器对变频器内部进行吹尘，并重点清理接触器的触头。再次启动后，变频器恢复正常工作，不再出现"E018"故障信号。

经验总结：灰尘会影响电气设备，特别是变频器等电子设备的正常工作，在灰尘较多的场所，要定期对设备进行吹尘和清扫，排除这一类故障隐患。

例 187　启动时显示"过流"报警

故障设备：三相交流变频电动机。

控制系统：AEG　Multiverter　78/102-400 型变频器。

故障现象：接通电源后，电动机刚一启动，变频机就显示"过流"报警，按下复位按钮，不能进行复位。

诊断分析：

1）检查变频器所驱动的变频电动机，在正常状态。

2）检查所拖动的机械负载，用手也能盘动，没有卡滞现象，不存在过载问题。

3）检查连接电缆，相间绝缘电阻和对地绝缘电阻都在 5MΩ 以上。

4）测量控制板 A10 上面的电流反馈测试点，L1 相和 L3 相的电压均为 0V，而 L2 相的电压为 6.8V，远远大于最大电流所对应的 2.5V。

5）怀疑 A10 板上的某一元件损坏，于是更换 A10 板，但是故障现象没有改变。

6) 分析认为，故障原因可能是 L2 相电流互感器不正常，导致所测试的电压远远大于正常数值。

故障处理：试换 L2 相的电流互感器，报警消失，变频器恢复正常工作。

例 188　变频器显示"LU" 报警

故障设备：变频电动机，用于驱动某机床的进给机构。

控制系统：富士 FVR150G7S-4EX 型变频器。

故障现象：在加工过程中，电动机突然停止运转，变频器的显示窗上出现"LU"报警，提示"欠电压"故障。

诊断分析：

1) 按下"复位"键，故障不能消除。

2) 从报警信息来看，故障部位应该在主回路，但检查后没有发现问题。三相电源电压、压敏电阻、整流桥、快速熔断器、直流电压均正常，GTR 模块也在完好状态。

3) 分析认为，变频器的检测电路可能存在故障，把正常状态误报为欠电压。

4) 图 4-20 为电源驱动板的局部电路图。OV2 是变频器的电压检测点，在正常情况下，OV2 与 M 之间的电压约为 27V。当电压降到 20V 左右时，便发出"欠电压"报警。

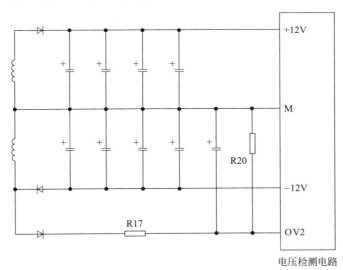

图 4-20　变频器的电源驱动板（局部电路）

5) 实测 OV2 与 M 之间的电压，只有 13V。

6) OV2 的电压是经电阻 R17 和 R20 分压后取出的，如果其中一个电阻出现问题，取出的电压就不正常。测量后发现 R17 远远大于正常值（68Ω），这导致 R20 的分压大大减小，造成"欠电压"假象。

故障处理：更换电阻 R17 后，"LU"报警消除，电动机恢复正常工作。

例 189　变频器显示"过负荷" 报警

故障设备：YPT-95kW 变频电动机，用于拖动某引风机。

控制系统：FR-F500L 型，110kW 变频器。

故障现象：在调试过程中，将运行频率上限设定在 50Hz、下限设定在 10Hz。在频率下调至 10Hz 时，按停止按钮，电动机减速，频率慢慢下降至 0Hz，然而此时变频器发出报警信号，显示为变频器过负荷，需要减轻负荷。

诊断分析：

1）报警是在变频器停机过程中出现的，此时电动机转速很慢，引风机基本处于空载状况，不应该出现过负荷报警。

2）对电路和变频器的各项参数进行检查，没有找出故障原因。

3）电话咨询变频器制造厂家的工程师，对方答复是直流制动电压设定过大。当变频器停运时，由其内部产生的直流电压来制动，以便快速停机。由于引风机泵体惯性大，在强行制动的过程中，产生了过电流。

故障处理：将变频器的直流制动电压参数 pr.12 减小，从原来的 2% 降低到 1%，此后故障不再出现。

另有几次，这台引风机在启动时，频率从 0Hz 慢慢上升，此时变频器突然跳闸，并显示故障代码 "E. OCl"，提示在加速过程中变频器输出电流超过额定电流的 150%，导致保护电路动作。分析认为引风机运行了两年之久，风叶表面上积存了很多灰尘，质量增大，导致启动困难。清除灰尘后，将参数 pr.7（加速时间）从 90s 上调到 120s，引风机顺利启动。

例 190   显示 "SHORTCIRC" 报警

故障设备：变频电动机，用于驱动一台调速设备。

控制系统：ABB ASC600 型变频器。

故障现象：在运行过程中，电动机突然停止运转，变频器显示 "SHORTCIRC" 故障报警，提示电动机、电缆短路，或变频器逆变电路存在故障。

诊断分析：

1）拆下变频器 U、V、W 三个输出端子的接线，用 500V 兆欧表分别测试电动机和电缆的绝缘电阻值，均大于 30MΩ。

2）用万用表测试变频器的 IGBT 模块，没有发现短路等异常情况。

3）恢复主回路的接线，再次通电试机，启动后还在加速，仍然出现故障警示。

4）打开变频器外罩，看到各个元器件上都有厚厚的一层灰尘。这台变频器的体积是 470mm（宽）×815mm（高）×400mm（深），电控柜内放置不下，只能将变频器放置在电控柜外面的过道上。变频器距离地面的高度只有 400mm，又紧贴着墙体，潮湿的气体沿着墙体侵入变频器内部，灰尘也被散热风机吹入变频器内，附着在各个元器件上，导致绝缘严重下降，酿成了这起故障。

故障处理：用吹尘器对变频器进行仔细的吹扫。再次启动后，没有出现报警，变频器恢复正常运行。

第5章

步进电动机控制系统疑难故障诊断

例 191　步进电动机不能转动

故障设备：两台步进电动机，分别用于驱动某数控线切割机床的 X 轴和 Y 轴。

控制系统：步进驱动电路为主的开环步进系统。

故障现象：机床在工作过程中突然发生故障，X 轴和 Y 轴的步进电动机都不能转动。

诊断分析：

1）断开电源后，用手转动步进电动机的手柄，转动很灵活，说明机械部分没有问题。

2）检查步进电动机的驱动电路，发现 12V 直流电源电压为 0V。

3）有关部分的电源电路见图 5-1。测量控制变压器次级交流电压，在正常状态。整流后的直流电压也达到 20V。这个电压已经加到了三端稳压集成块 7812 的输入端，但是 7812 没有 12V 直流电压输出。显然 7812 已经损坏。

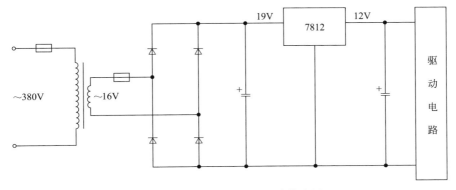

图 5-1　步进电动机驱动电路的电源

故障处理：更换集成块 7812 后，12V 直流电压恢复，步进电动机运转正常。

例 192　步进电动机不能进给

故障设备：步进电动机，用于驱动 DK7740B 型数控线切割机床中的工作台。

控制系统：以步进驱动电路为主的开环进给系统。

故障现象：按下加工键，机床不能启动；按下检查键，也不运行程序；按下工作台键，X 轴及 Y 轴步进电动机自锁而不能运转。

诊断分析：

1）从故障现象来看，工作台步进电动机不能进给。

2）检查交流电源和有关的直流电源，电压都很正常。检查有关的按钮、开关、继电器、插接件，都在完好状态。

3）步进脉冲信号是由进给板送出的，用示波器测量端子 317（进给板送至数控控制板的进给脉冲）与 316（接地端）之间的脉冲信号，发现没有信号。

4）进给板电路见图 5-2。由单结晶体管 BT33C 等元件组成张弛振荡器，由电位器 2RP2 调整三极管 3CG2 的基极电位，控制其饱和深度，进而调节振荡器产生的脉冲频率和相位。所产生的脉冲经三极管 3DG6 放大后，通过光电耦合器 TIL117 输出至 317 端。

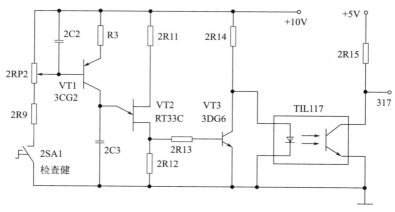

图 5-2   进给板电路图

5）关断电源，用万用表检查进给板上的各个元件，都在完好状态。各点电压也很正常。按下检查键，发现进给自动恢复正常。分析可能是进给板上有虚焊点。将进给板拆下，仔细检查各焊接点，发现电阻 2R11 有一端焊点所用焊锡很少，而且焊点发黑，有氧化的痕迹。

故障处理：对电阻 2R11 进行补焊后，故障得以排除。

例 193   Z 轴完全不能移动

故障设备：步进电动机，用于驱动某经济型数控车床的 Z 轴。

控制系统：以步进驱动器为主的开环进给系统。

故障现象：使用自动和手动方式操作时，Z 轴方向完全不能移动，但 CRT 上显示 Z 轴的坐标值在改变。

诊断分析：

1）对 X 轴进行操作，进给动作完全正常，这说明数控系统没有问题。

2）断开机床电源，用手转动 Z 轴的滚珠丝杠，感觉并不费力，没有卡阻现象，因此判断故障不在 Z 轴机械部分。

3）检查 Z 轴步进电机。测量步进电机的绕组阻值，在正常状态，绝缘电阻也高达 10MΩ，连接导线没有开路和短路现象。

4）检查步进电机的驱动器。分别测量驱动板上的 +12V、+54V、+110V 电源，电压都很正常。检测 250 型场效应管，发现有两只击穿，漏极和源极之间的电阻值为零，这导致驱动器不能向步进电机发出进给脉冲。

故障处理：换上同型号的场效应管后，Z 轴恢复正常。

例 194 铣床进给轴不能移动

故障设备：步进电动机，用于驱动某数控铣床的进给机构。

控制系统：以步进驱动器为主的开环进给电路。

故障现象：自动和手动操作时，CRT 显示一切正常，进给量在递增，但是进给轴中的步进电动机根本没有转动。

诊断分析：

1）将显示器切换到报警页面，没有看到任何报警。

2）进给轴使用步进电动机，检查机床进给轴的使能信号，在正常状态。检查数控系统，已经向步进电动机发出了脉冲指令，但是步进电动机没有转动。

3）检查步进电机与步进驱动器之间的连接线，在正常状态。

4）用万用表测量，发现伺服驱动器没有 85V 的交流输入电源。进一步检查，发现有一根电源线的端子松动。

故障处理：接好电源线的端子后，故障得以排除。

经验总结：这台铣床的步进电动机是开环驱动系统，没有安装位置检测装置，PLC 中也没有使用"准备好"信号进行联锁。当驱动器工作异常时，数控系统的显示仍然是正常的，并照样输出指令脉冲，使人误认为步进驱动器工作正常。

例 195 X 轴加工不能到位（1）

故障设备：步进电动机，用于驱动 CKJ7620-Ⅱ 经济型数控车床中的 X 轴。

控制系统：步进电动机驱动板 SEEYA SYMBDIII$_G$。

故障现象：在加工过程中，Z 轴工作完全正常，但是 X 轴每次都不能准确到位，出现丢步现象。

诊断分析：

1）根据以往的检修经验，数控机床的丢步多数是由电气故障所引起，而且机械拆卸较为困难，所以决定先检查电气部分。

2）从数控系统的 LED 显示器上观察，加工程序正常无误。由此认为数控系统的主板没有问题。

3）用百分表检测，发现每次加工时丢步的尺寸都不一样，忽大忽小又找不出规律。检查 X 轴步进电机，没有异常现象。怀疑步进电机的驱动板 SEEYA SYMBDIII$_G$ 不正常，更换此板后，故障状态不变。

4）回头检查 X 轴的传动部分。在运转时用螺丝刀顶住传动部件，进行长时间的监听，没有听到杂音。手摸步进电机，在故障出现时感觉有轻微的振动。

5）拆下步进电动机与滚珠丝杠的连接部件，发现结合部位的键槽扩大变形，长条形的方键已经变成了扁圆形。这种现象俗称"滚键"故障。

故障处理：修复键槽，更换方键后，机床恢复正常工作。

例 196   X 轴加工不能到位（2）

故障设备：步进电动机，用于驱动 CKJ7620-Ⅱ 经济型数控车床中的 X 轴。

控制系统：步进电动机驱动板 SEEYA SYMBDIII$_G$。

故障现象：X 轴在每次加工时，尺寸都有误差，不能准确到位。

诊断分析：

1）检测数控系统。为 X 轴编制一个简单的手动加工程序，进行试运行，LED 显示程序完全正常，这说明数控系统没有问题。

2）在机床运转中进行观察，每加工一个零件，尺寸都相差 0.5mm，有明显的丢步现象。

3）检查机械传动部件。手摸步进电机和滚珠丝杠，感觉平稳无抖动。初步判断故障不在机械方面。

4）试换 X 轴步进电动机的驱动板 SEEYA SYMBDIII$_G$ 之后，故障立即消除，证明驱动板有问题。进一步做对照检查，发现电路板上有一只功率晶体管损坏。

故障处理：更换晶体管后，故障不再出现。根据维修经验，在这种机床中，若出现丢步故障，通常是驱动板上的功放管击穿或二极管损坏。

例 197   Y 轴出现失步现象

故障设备：步进电动机，用于驱动 DK7725E 型数控电火花线切割机床的进给机构。

控制系统：步进驱动器。

故障现象：机床在加工时，Y 轴出现失步现象。

诊断分析：

1）这台机床的 Y 轴步进驱动采用的是步进电动机。出现失步故障时，要重点检查 Y 轴的 PIO 信号、步进驱动器、单片机与驱动器之间的接口电路。

2）观察步进驱动器上的 U、V、W 三相指示灯（发光二极管），发现 V、W 两相正常，而 U 相要暗一些，这反应 U 相工作不正常。

3）试换步进驱动器和 PIO 芯片，故障仍然存在。

4）检查接口电路，其原理图见图 5-3。测量静态时电路中各点的电位，发现端子 113 处（晶体管 1V23 的集电极）为低电位，而在 V、W 两相的电路中，这一点是高电位。

5）进一步检查，是晶体管 1V23 严重漏电。

故障处理：更换损坏的晶体管，其型号是 3DK4B。

例 198   Z 轴不能高速进给

故障设备：步进电动机，用于驱动 WSK882 型数控铣床的 Z 轴。

控制系统：步进驱动电路。

故障现象：当速度开关置于 25％ 时，Z 轴可以勉强移动，置于 50％ 以上时就不能进给了。

诊断分析：

1）将速度开关放置在 50％ 挡位，将 Z 轴的进给增量设置为 0.01mm，然后使用手动进给指令，验证 Z 轴步进电动机的运动情况，这时各相的发光二极管都亮了，电动机发出"嗡嗡"的声音，但是不能转动起来。

2）检测 Z 轴步进驱动板，发现 E 相没有＋120V 电压输出。用示波器对电路中的各点进行观测，发现脉冲变压器的初级有正常的脉冲信号，而次级看不到脉冲信号。

3）用万用表的欧姆挡检测脉冲变压器，其初级是正常的，而次级线圈开路，阻值在无穷大状态。

故障处理：更换脉冲变压器后，故障得以排除。

另有一台数控车床，当 Z 轴进给

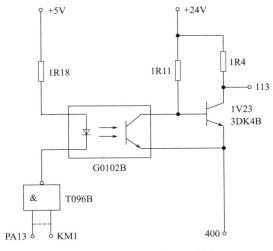

图 5-3　Y 轴 U 相接口电路图

时，出现抖动、噪声大的故障，所加工的零件也达不到精度。采用手动和手摇脉冲方式进给，故障现象不变。Z 轴使用的是步进电动机，检查机械部分没有问题，步时驱动器上的指示灯也正常。通过交换法，断定 Z 轴步进电动机有故障。最后查明是电动机有一相引线开路，修复后机床恢复正常工作。

例 199　自动状态下不能进给

故障设备：110BF003 型步进电动机，用于驱动 MZW208 型全自动内圆磨床中的进给轴。

控制系统：以 SD-J714-306B 型步进驱动器为主的开环进给系统。

故障现象：机床在"自动循环"状态下，执行磨削加工指令，但是进给机构不能动作。

诊断分析：

1）在这台机床中，进给机构由 110BF003 型步进电动机进行驱动，步进电动机则由 SD-J714-306B 型步进驱动器控制，步进驱动器又受到步进模块 SMC01 的控制。图 5-4 是控制电路图。

2）将工作方式转换开关置于"手动"状态，此时步进电动机正、反向都可以缓慢转动。进给机构也可以缓慢地进退。但是恢复到"自动循环"状态时又不行。

3）观察键盘显示器上的显示，在自动进给状态下，进给量在不断地增加，但是进给机构却纹丝不动。

4）在"定程磨削"方式下，将步进电动机拆下，进行空运转，发现步进电动机震颤，但是不能运转。但这可以说明控制指令是正确的，而且已经施加到步进电动机上。

5）分别更换步进模块、步进驱动器、步进电动机，都不能排除故障。将这几个部件换到其他机床上试验，工作完全正常。

6）有关的部件似乎都已经检查过了，但是没有查明故障源。冷静分析后，想到还需要检查步进驱动器至步进电动机的连接电缆。将电缆从驱动器和步进电动机上拆下，对芯线一根一根地进行测量，没有发现断路现象，但是 B1、B2 之间的绝缘电阻很小。这根电缆是经过机床底部的接线端子板进行连接的。进一步检查，发现端子板被水淋湿，造成绝缘电阻严

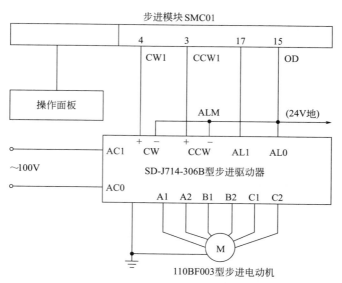

图 5-4　步进电动机控制电路图

重下降，B1、B2 之间的步进脉冲短路。

故障处理：对接线端子进行干燥。

例 200　两进给轴都不能工作

故障设备：两台步进电动机，分别驱动华中Ⅲ型教学经济数控车床中的 X 轴和 Z 轴。

控制系统：以步进驱动器为主的开环进给系统。

故障现象：机床通电后，辅助部位动作正常，但是 X 轴和 Z 轴都不能作进给运动。

诊断分析：

1）两个轴同时出现故障的可能性很小，要重点检查它们的公共部分——工作电源，这部分电路见图 5-5。

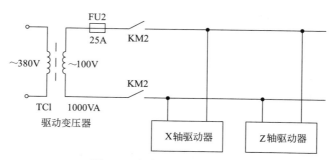

图 5-5　步进驱动器电源电路

2）打开电控柜，检测驱动变压器 TC1 的初级，380V 交流电源正常；再测量次级，100V 交流电源也没有问题。但是接触器 KM2 的下端电压为 0V。

3）观察 KM2，已经正常吸合。检测熔断器 FU2，发现它已经烧断。FU2 就是步进驱动器电源回路的保险，烧断后不能贸然更换，要查明是否有短路故障。

4）检测 X 轴步进驱动器，在正常状态。再检测 Z 轴步进驱动器，其电源输入端电阻很小，只有几欧姆，说明这个驱动器内部短路。

故障处理：更换 Z 轴步进驱动器和熔断器 FU2。

例 201 循环加工动作紊乱

故障设备：步进电动机，用于驱动 3MZ3410C 型数控外圈滚道超精机的进给机构。

控制系统：PC80 型 PLC 和 SMC 步进控制模块。

故障现象：这台机床用油石对工件进行精研。在精研结束，油石退出后，步进电动机没有停止，仍在执行进给动作，数秒钟后才停止下来，以致不能及时进行下一个工件的加工。

诊断分析：

1) 机床的主控部件是 PLC 和 SMC 步进控制模块。在自动循环方式下，精研一个工件的动作顺序是：上料→上磁→工件架跳进→振荡→油石进→粗超→精超→油石退出→振荡停止→工件架跳出→断磁→下料。在粗超和精超时，步进电动机作往复进给。

2) 检查和试换步进控制模块 SMC，没有排除故障。

3) 观察 SMC 的数字显示屏，发现在精研还未结束时（设置的超精时间未到），进给动作已经结束，于是步进电机又立即重复进行下一轮进给。随后设定的超精时间到，油石退出，但是正在重复进行的进给又没有结束，步进电动机还在继续进给。

4) 步进电动机的进给动作由图 5-6 所示的梯形图进行控制，这是一个步进控制器。输入点 43.0 是"油石进入"；8.0 是"进给在零位"；8.1 是"进给 I 结束"；8.2 和 8.3 是"进给 II 结束"。从梯形图上分析，如果进给已经结束（16.3＝"1"，8.0＝"1"），则 16 卡（即 PLC 内部辅助继电器 16.0～16.7）的内容被清除，16.0、16.1、16.2、16.3 均复位，但是如果此时油石没有退出，43.0 的状态为"1"，则辅助继电器 16.0 重新得电，步进电动机会再次执行步进动作，造成重复进给现象。

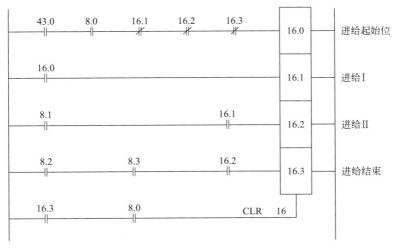

图 5-6 步进电动机的进给控制

故障处理：根据以上分析，故障原因是有关的加工参数设置不合理，超精的时间还没有到，进给动作就过早地结束。排除故障的原则是：如果没有到达预定的超精时间，就不能让步进电动机的进给动作提前结束。具体方法有以下几种：

1) 在保证加工精度的情况下，适当缩短超精时间，这可以通过操作面板上的拨码盘进行设置；

2) 通过键盘显示器的设置，适当加大精研进给量；

3) 通过键盘显示器的设置，适当降低精研时的进给速度。

例 202   X 轴电动机 "咕咕" 乱叫

故障设备：步进电动机，用于驱动 WSK882 型数控铣床的 X 轴。

控制系统：步进驱动电路。

故障现象：机床通电几分钟后，X 轴步进电动机发出 "咕咕" 的叫声。

诊断分析：

1）观察发现，X 轴 D 相的发光二极管总是亮着，显然，微处理器输出的信号一直是高电平。用万用表检测，X 轴 PXD 输入电压维持在高电平 0.7V，而正常情况下，应该在 0V 和 0.7V 之间跳动。

2）检测由前级微机板送来的信号，其逻辑关系正常无误。这个信号经光电隔离输出电路 4N29 处理后，就变得不正常了。这样故障范围便压缩到 4N29，将它取下后用万用表检测，其输出端穿透电流相当大，已经不能使用了。

故障处理：换上一只新的光电耦合器，"咕咕" 叫声立即消失。

还是这台数控机床，另有一次 Y 轴电动机不能运转，并且发出 "咕咕" 的叫声。检查机械部分没有问题，检测步进驱动板，发现板上的电容器 C1 短路，造成 Y 轴步进电动机没有驱动电压。更换 C1 后，故障得以排除。

例 203   X 轴在加工时振动

故障设备：步进电动机，用于 DK7725E 型数控电火花线切割机床的进给机构。

控制系统：以步进驱动电路为主的开环进给系统。

故障现象：机床在加工时，X 轴振动并伴有机械噪声。

诊断分析：

1）这台机床的 X 轴进给机构采用的是步进电动机。为了区分故障是在机械部分还是在电气部分，将步进电动机与机械分离开。此时振动和噪声依然存在，这说明电气部分有问题。

2）电气包括四个部分：单片机主控电路、步进驱动电路、接口电路、其他辅助电路。鉴于 Y 轴工作正常，分析认为 X 轴步进部分发生故障的可能性比较大。

3）将 X 轴与 Y 轴的步进驱动器交换工作，这时 X 轴正常，故障转移到 Y 轴步进电动机上，这说明 X 轴原来的步进驱动器不正常。测量其输出电压，发现少了一相。进一步检查，发现其中的一只大功率晶体管 3DD101B 损坏。

故障处理：更换损坏的晶体管。

另有一次，这台机床的 X 轴出现了类似的故障现象，按照以上的步骤查找，没有发现故障原因。进一步检查后，发现控制信号与步进驱动器之间的接插件 XP1 松动，造成接触不良。将其紧固后，故障得以排除。

例 204   步进电动机出现抖动现象

故障设备：步进电动机，用于驱动某数控铣床的 X 轴。

控制系统：步进开环驱动进给系统。

故障现象：铣床在加工过程中，X 轴步进电动机出现抖动现象。

诊断分析：

1) 打开显示器的报警页面，没有看到任何报警信息。

2) X轴是开环驱动系统。脱开步进电动机的滚珠丝杠，再通电观察，此时电动机仍在抖动。这说明故障原因在电气部分。

3) 测量机床的电源电压，在正常范围。步进驱动器的交流电源电压是正常值85V。

4) 将驱动器拆开，测量直流母线电压，不足80V，而正常值应该在100V以上。

5) 进一步检查，发现步进驱动器的整流模块中，有一个桥臂不通，这说明内部的整流二极管断路。

故障处理：更换整流模块后。抖动现象消失，机床恢复正常工作。

例205　砂轮切割机经常掉电

故障设备：步进电动机，用于7100HM型砂轮切割机。

控制系统：步进驱动器。

故障现象：这种切割机是进行陶瓷切割的关键设备。在自动加工过程中，Y轴步进电动机经常出现掉电故障，自动停止运转。重新启动后，又可以正常工作一段时间。

诊断分析：

1) 进入显示器的参数设置界面，查看Y轴的运动参数值，均在合适的范围内。适当增大输出力矩，反复调节运动参数值，还是不能排除故障。

2) 如果Y轴步进电动机性能不好，也可能引起掉电等不稳定的情况。用万用表检测步进电动机的两相线圈绕组，阻值均为20Ω左右，这是正常的。用兆欧表检测步进电动机的绝缘，绝缘电阻大于5MΩ，这说明步进电动机是完好的。

3) Y轴步进电动机驱动板所用的电源是DC24V，它与驱动板的连接如图5-7所示。用万用表检测，电压是正确的。有关的接触器KM2通断正常，线路连接可靠。

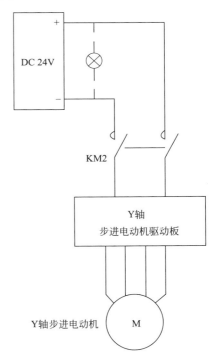

4) Y轴控制器受到两路传感器SSB1和SSB2的控制，若是控制器的输入信号出错，也可导致Y轴驱动板上的控制信号不正常，从而影响步进电动机的正常工作。用数据线将控制器与计算机的RS232通信接口连接后，通过计算机对控制器内的程序重新刷新，未发现错误。

5) 在困惑之中，再次怀疑到DC24V电源。前面已经检测过其输出电压确实为24V，但是这不能确保电压是否稳定。于是按图中虚线所示，在电源的24V输出端上，连接一个额定电压为直流24V的指示灯泡（其型号是AD16-22D/S DC 24V），并进行观察。在步进电

图5-7　DC 24V电源与驱动板的连接

动机再次掉电的同时，灯泡轻微地闪烁一下，亮度下降了。显然，DC 24V电压是不够稳定的。

故障处理：更换一套新的DC 24V电源，此后灯泡没出现闪烁现象，步进电动机的掉电故障得以排除。

经验总结：对于这类偶发故障，除了用仪器、仪表检测之外，还要想方设法使故障现象暴露出来，以便抓住故障的根源。

例 206 两台步进电机都不能启动

故障设备：两台步进电动机，用于 3MZ2210A 型数控内圈挡边磨床，分别对磨削砂轮进行修整和补偿。

控制系统：两台步进驱动器。

故障现象：在自动和调整状态下，两台步进电动机都不能启动。

诊断分析：

1）这台机床由步进电动机 M1 执行进给；在砂轮修整后，由步进电动机 M2 进行补偿，即每次修整后，M2 带动砂轮前进一小段距离，以补偿砂轮的磨损。

2）将工作方式转换开关分别置于自动和手动状态下，观察进给轴上的步进电动机 M1，在进给状态下，显示屏上的进给量在不断地增加，达到了 $1000\mu m$，但是 M1 的传动丝杠却纹丝不动。

3）有关部分的电路方框图见图 5-8。M1 由步进驱动器 A1 驱动，M2 由步进驱动器 A2 驱动。观察 A1 和 A2，面板上的脉冲指示灯均未发亮，说明控制脉冲不曾加入。由此怀疑步进模块 SMC 有故障，但试换 SMC 后故障依然存在。

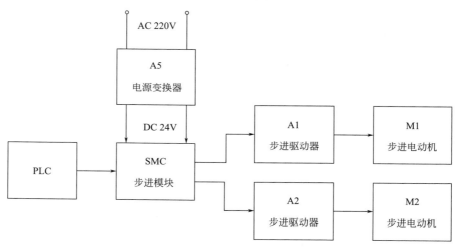

图 5-8 步进电动机控制方框图

4）检查 SMC 至 A1、A2 的连接线，均在完好状态。

5）从图 5-8 可知，SMC 的直流 24V 工作电源由电源变换器 A5 提供。检查 A5，其输入电源 AC 220V 正常，而输出电压 DC 24V 为零，这说明 A5 有故障。

故障处理：拆开 A5 进行检查，其 3A 的保险管熔断，但并未发黑。这说明不存在大电流短路故障，可能是电源电压较高，或保险丝偶然熔断。更换保险丝后，故障得以排除。

经验总结：此例维修走了一点弯路，在发现两个步进电动机都不运转时，首先就应检查电源变换器 A5。

例 207 电动刀架不能后退

故障设备：步进电动机，用于驱动 CJK6140 经济型数控车床 Z 轴的电动刀架。

控制系统：以步进驱动器为主的开环进给系统。

故障现象：在加工过程中，电动刀架只能前进，不能后退。

诊断分析：

1）这台车床的电动刀架由 Z 轴步进电动机驱动。检查步进电动机的工作情况，在正、负两个方向上，步进电动机的运转都很正常，这说明步进电动机和驱动系统都没有问题。

2）再检查滚珠丝杠，在正方向时它能转动，而在负方向时不能转动。

3）进一步检查，发现丝杠与步进电动机的连接销子已经脱落。由于丝杠在负方向时不能转动，导致电动刀架只能前进不能后退，并造成刀具损坏。

故障处理：将脱落的销子重新连接。

经验总结：如果做好日常的维护和保养，这样的故障完全可以避免。维护和保养是保证数控机床长期可靠运行的重要因素。操作者在使用过程中，要对易松动部件、易损件、密封圈等勤观察，发现问题及时处理，把故障消灭在萌芽状态。

例 208　进给量与设置值不符

故障设备：步进电动机，用于驱动 ZX7 型数控锥齿轮粗铣机床中的 X 轴。

控制系统：以步进驱动器为主的开环进给系统。

故障现象：使用两年之后，实际进给量与设置值不符，当设置值为 100mm 时，实际进给量只有 95mm 左右，而且在不断地变化。

诊断分析：

1）用手扳动滚珠丝杠，无死点而且阻力很小，由此排除了机械方面的故障。

2）检查系统的程序和各项参数，都是正确的。让机床空运行几次，故障现象不变。

3）检查 X 轴步进电动机和驱动器，都在正常状态。为了进一步证实，更换上备用的步进电机和驱动器，还是不能解决问题。

4）测量步进电机驱动器的电源线，没有发现问题。但是原来的电缆与交流 220V 电缆缠绕在一起，分析认为很可能产生电源干扰。

故障处理：另外敷设一根屏蔽电缆，从电动机直接连接到驱动器上，并将屏蔽线可靠接地。试运行后故障不再出现。这说明故障的确是由电源干扰所引起。

例 209　印花机出现花型错位

故障设备：步进电动机，用于驱动某印花机的导带。

控制系统：PLC 可编程序自动控制。

故障现象：印花机按照自动循环程序运行，当印板处在印花下限位时，导带自行前进，造成花型错位，并将导带撕裂。

诊断分析：

1）印花机由 PLC 实行自动控制。如图 5-9 所示，只有在接到印板上限位信号 M007C 之后，导带前进指令 Y036 才能输出控制信号，向同步控制器发出导带前进指令。

图 5-9　导带前进控制梯形图

2）查看印板的上限位输入信号，指示灯不亮。用万用表测量，的确没有这个输入信号，这是正确的。再查看导带前进指令信号 Y036，指示灯亮了，这是不正常的。这说明 PLC 主控单元的内部有故障。

3）在现场诊断故障的过程中，发现印花机电控柜的零线与地线共用（PEN 线），并与印花机的金属外壳相连接。此时机器旁边正在安装其他设备，且有两台电焊机在工作，电焊机的电源接在印花机电控柜总开关下方，它的地线也连接到印花机的金属外壳上。

4）检查电控柜的 PEN 线，已经被电焊机的大电流烧坏。电焊机的脉动电流又形成一个强大的干扰源，进入 PLC 中，破坏了 PLC 所存储的程序，导致 PLC 不能正常工作。

故障处理：拆除电焊机的电源线和地线，接通电控柜 PEN 线，再将 PLC 的程序全部清零，然后重新输入原来的控制程序。再次开机后，故障没有出现。

经验总结：当 PLC 附近有焊接设备在工作时，其负载电流中含有大量的高次谐波，会对 PLC 的自动控制产生严重干扰。

例 210　快速移动时突然反向

故障设备：步进电动机，用于 FW2 型数控高速走丝电火花线切割机床，对 X 轴进行驱动。

控制系统：步进驱动电路。

故障现象：在手动方式下，X 轴朝着正方向快速移动时，先正向快速移动一段，然后突然改变方向，以工进速度反向行走。

诊断分析：

1）这台机床的运动部分采用步进电动机控制，检查电气箱中各个电路板、插接件及线路，均正常无误。

2）分析认为，只有在满足加工条件时，才能走工进速度。当加工时，如果钼丝和工件接触，就相当于钼丝接地。此时钼丝不能放电，才会导致反向行走现象。于是检查导轮、传动轮以及走丝的全部路径，均未发现接地现象。剩下故障部位就集中到了丝筒。

3）拆下丝筒检查，果然发现丝筒内部有断丝，并且断丝接地。

故障处理：清除断丝，装上再试，机床恢复正常工作。

例 211　运丝电动机不能换向

故障设备：步进电动机，用于驱动 DK3220 型快走丝线切割机中的进给机构。

控制系统：步进驱动电路。

故障现象：在进行线切割加工过程中，控制丝筒运转的步进电动机不能换向。

诊断分析：

1）检查换向开关和连接导线，没有发现问题。

2）检查换向继电器，在完好状态。

3）检查交流接触器，发现反转接触器的主触头严重烧损，造成电动机电源缺相。更换交流接触器后，还是不能换向。

4）仔细观察贮丝筒的运转方向，发现方向不对。询问操作员工后，确认运丝电动机是反方向启动。

5）检查交流接触器的接线，发现在更换接触器时，将三相交流电源 L1～L3 的相序接反，导致运丝电机反向启动，不能压下换向开关。

故障处理：更正电源相序后，故障得以排除。

经验总结：这起故障的第一个因素是接触器缺相运行。更换接触器时又产生第二个因素——交流电源的相序接反。

另有一台 X61W 型卧式铣床，在调试过程中，工作台不能进给。经检查，控制电路、进给电动机、联轴器和其他机械部位都没有问题。进给电动机的控制线路为单向启动，用手转动电动机轴，发现它可以反向转动，遂发现问题所在——电源相序不对。更正相序后，工作台恢复正常工作。

例 212　磨架不能准确地回零

故障设备：步进电动机，用于驱动 3MZ3310 型数控内圈滚道超精机的进给机构。

控制系统：PC80 型 PLC 和 SMC 步进控制模块。

故障现象：机床在对工件（轴承套圈）进行研磨时，每研完一个工件后，Z 轴（磨架）不能准确地回到零点，而是向 Z 轴负方向挪动几个毫米，而且每次挪动的位置也不确定，在 2～5mm 变化。这样无法用一个固定的数值进行补偿，只能逐次进行手动补偿。

诊断分析：

1）试换步进驱动器，故障现象都没有变化。

2）试换步进电动机，也不能解决问题。

3）检查机械部分。用手转动滚珠丝杠，发现受力不均，有时比较轻松，有时颇感费力。这说明滚珠丝杠存在着故障。

故障处理：拆下丝杠检查，没有明显的变形。仔细调平安装基座后重新紧固，再用手转动丝杠，感到受力均匀，试车后完全正常。分析是因为丝杠受力不匀，造成步进电动机在某些位置上因负荷过重而丢步，没有完成设置的进给量。而在自动循环的加工过程中，步进电动机在每次进给结束后，执行"快退到零位"的指令，此时回退量等于设置的进给量。于是造成了进给量少，回退量多，导致 Z 轴向负方向挪动。

经验总结：在此例维修中，应该从简单处着手，首先检查滚珠丝杠，而不应该盲目地更换部件。

例 213　线切割走丝速度太慢（1）

故障设备：步进电动机，用于驱动 DK7725 型线切割机床中的进给机构。

控制系统：步进驱动电路。

故障现象：机床使用大半年后，进行线切割加工时，步进电动机的走丝速度太慢。

诊断分析：

1）观察电流表上的切割电流，只有 0.8A，远远小于正常电流。通过控制电位器进行调节，电流没有明显的升高。

2）切割电流由 9 块功率放大板供给，如图 5-10 所示。它们由 5 只功放开关（S1～S5）控制，其中 S1 控制一块功放板 A1，S2～S5 各控制两块功放板。

3）扳动各功放开关，动作干脆，没有卡滞现象。

4）拆开功率放大板的外壳，测量 100V 直流功放电源、+15V 控制电源，没有异常现象。认为故障可能是振荡电路或部分功放管不正常。

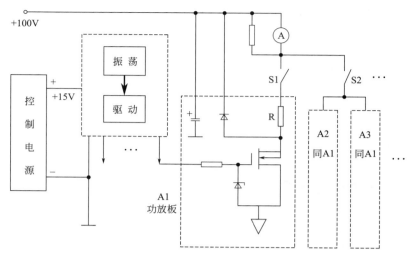

图 5-10　功率放大板电气原理图

5）再试切割一个工件，工作一段时间后，站在干燥的木板上，用手触摸功放管限流电阻 R 表面，发现只有第一块板的电阻有一定的温升，其余 8 只均无发热的感觉。因此怀疑这些电阻所对应的功放板根本没有工作。

6）用替换法检查功放板。将正常工作的功放板拔下，其他 8 块功放板也都拔下，再将它们分别插入正常板的插座。通电试机并观察电流，都是 0.8A 左右，这说明功放板都是好的。

7）检查功放开关。用万用表分别测量，S2～S5 都不通。反复扳动这 4 个开关，只能偶尔接通，说明这 4 只开关都接触不良。

故障处理：将这 4 个开关全部更换，再将功放板逐块插上，此时电流逐渐加大，切割速度逐渐加快，故障得以排除。

经验总结：这个故障本身并不复杂，但因机床使用的时间不长，没有怀疑到功放开关大部分损坏，走了一点弯路。本例也反映出机床厂家选用优质元器件的重要性。

例 214　线切割走丝速度太慢（2）

故障设备：步进电动机，用于驱动 DK7740 型电火花线切割机床中的进给机构。

控制系统：步进驱动电路。

故障现象：自动进行线切割加工时，步进电动机的转动和钼丝的走丝速度都很缓慢。

诊断分析：

1）将控制柜上的变频跟踪旋钮调到最大位置，速度也没有明显的提升。将变频旋钮调到较低的位置时，步进电机完全不转。

2）用示波器检测，发现驱动步进电机的脉冲频率太低。

3）在这台机床中，脉冲频率是受计算机的插补运算速度控制的，而插补运算的快慢又受变频电路反馈信号的控制，每接收到变频电路送来一个脉冲信号，计算机就运算一步，并指挥步进电机转动一步。

4）变频电路的振荡频率，取决于图 5-11 所示的电压-频率变换电路。在这里，采样电路将电火花信号进行整流滤波后，变换为直流电压信号，经调频电阻网络分压后，送至晶体管 V17、V18 进行放大。V18 驱动 V19 和 V21，V21 再驱动光电耦合器件 B4，B4 发出的脉冲信号送到计算机，进行插补运算。

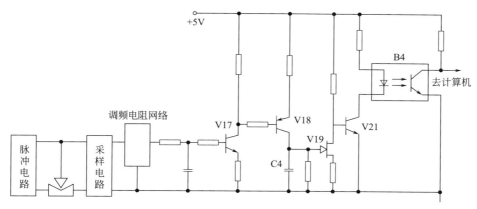

图 5-11　电压-频率变换电路

5）由上述工作原理可知，采样信号的大小，以及 V17、V18 的放大能力，都将影响到 V19 的振荡频率。

6）检测电路中的晶体管和光电耦合器件，都在完好状态。再检测定时电容 C4 时，发现其漏电流较大，这导致送往 V19 发射结的控制信号被严重衰减，V19 的振荡频率大大下降。

故障处理：用相同规格的电容替换 C4 后，故障得以消除，进给速度恢复到正常状态。

经验总结：电子电路中，电容（特别是电解电容）漏电是常见故障，且会造成多种故障现象。

例 215　走丝时速度时快时慢

故障设备：步进电动机，用于驱动 DK3220 型线切割机床中的进给机构。

控制系统：步进驱动电路。

故障现象：走丝时，步进电动机速度不稳定，时快时慢，偶尔有冲击现象。

诊断分析：

1）检查电控箱中的各个元件和线路，没有发现任何问题。

2）图 5-12 是振荡板的电气原理图，它由电源电路（包括整流、滤波、稳压电路）和多

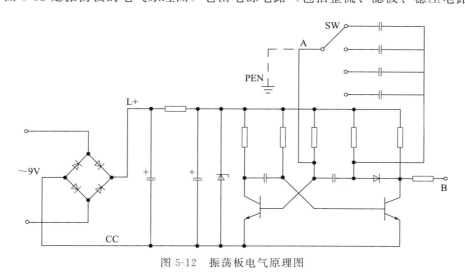

图 5-12　振荡板电气原理图

谐振荡器等组成。测量板上各点对电源负极 CC 的电压，发现端子 B 所在的振荡器输出电压有很大的波动。

3）将金属操作面板拆下，B 点电压不再波动，装上后又有了。这说明电压波动与金属面板有关。

4）检查操作面板上的元件，发现调节脉宽用的旋转式波段开关 S 不正常：固定在其金属支架上的静触头松动，时而与金属支架相碰触，而金属支架、面板、构架通过紧固螺钉形成了电气上的连接，并连接到零-地共用线 PEN 上。这引起电路中的 A 点与 PEN 线碰触，而 A 点是脉宽调节的关键之点，因此振荡器中的时间常数被改变，导致脉冲电源出现波动。

故障处理：更换波段开关 S 后，故障得以排除。

例 216   电动机在低速时不稳定

故障设备：步进电动机，用于驱动 WSK882 型数控铣床的 Y 轴。

控制系统：步进驱动电路。

故障现象：Y 轴在工作时，如果速度开关处在 25％ 的低挡位，则电动机噪声很大，运转很不稳定。

诊断分析：

1）在故障发生时观察步进电动机的工作情况，明显地感到 Y 轴力矩不足。试将速度开关转换到 50％ 挡位，工作基本正常。

2）Y 轴步进电动机运转的节拍是五相十拍：

AB→ABC→BC→BCD→CD→CDE→DE→DEA→EA→EAB

用示波器检测，发现 B 相脉冲幅度很小。

3）有关的步进驱动电路如图 5-13 所示。来自输入端的步进脉冲信号，经晶体管 VT1～VT3 进行前置放大后，经脉冲变压器 MB 送到驱动末级。对电路中的主要元件进行检查，晶体管 VT1、VT2 等都正常，但是 VT3 严重漏电。

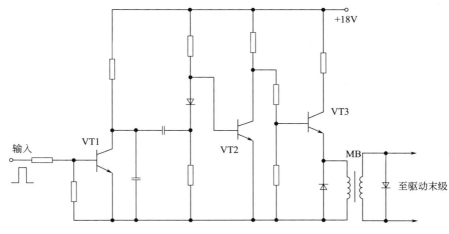

图 5-13   B 相步进驱动电路

故障处理：更换 VT3 后，故障不再出现。

第6章

交流伺服电动机控制系统疑难故障诊断

◀◀◀

例 217 电动机在冬季不能启动

故障设备：交流伺服电动机，用于驱动 XK2145×140 型数控龙门铣床中的主轴。

控制系统：交流伺服驱动器。

故障现象：机床在冬季停电检修，送电后主轴电动机不能启动，显示器上出现"主轴电源模块没有准备好"的报警。

诊断分析：

1）打开机床电柜，发现主轴电源模块上黄色指示灯 Unit 亮，提示单元使能正常，而绿色指示灯 Ext 也亮，提示伺服驱动器没有使能信号。

2）用万用表测量下述使能信号（这些信号均由 PLC 控制）：

①X121 插头上 9 号端子与 64 号端子之间电源模块调节器使能信号；

②X121 插头上 9 号端子与 63 号端子之间电源模块脉冲使能信号；

③X121 插头上 9 号端子与 X161 插头上 48 号端子之间电源模块预充电使能信号。

测量结果：这些信号都在正常状态。

3）测量直流母线 P6001 与 M6001 之间的电压，只有 300V，而正常值约为 600V。几次停电之后再送电启动，故障现象不变。

4）拆下主轴电源模块，搬到实验室继续检查，对电源模块内控制主接触器的小继电器也做了通电试验，均在正常状态。模拟机床通电情况实验，主接触器能吸合，直流母线上的电压约 600V。

5）将电源模块重新装回到机床电控柜内，通电启动，故障现象依旧不变，反复操作多次还是如此。

6）对比电控柜现场与实验室的环境，发现存在以下区别：

① 实验室的温度是 18℃，而电控柜安装位置距车间大门较近，电控柜周围的温度接近室外温度（−10℃）。

② 在实验室做实验时，主轴电源模块上没有安装排风扇，而在机床电控柜箱内安装有排风扇。

可见，电控柜内部的温度太低，导致主轴电源模块不能正常启动。

故障处理：

1）在冬季，断开电源模块下面外接排风扇的电源，而在夏季则要恢复排风扇的使用。

2）机床工作之前，用1kW热风机对主轴电源模块的左侧面加热几分钟。

这样处理后，故障不再出现。

经验总结：机床电控设备对使用环境有一定的要求。电控柜内既不能过热也不能过冷。

例218   更换电动机后不能启动

故障设备：IFT6021型交流伺服电动机，用于某数控插齿机床。

控制系统：交流伺服驱动器。

故障现象：原来的交流伺服电动机（IFT6061系列）损坏，更换新的伺服电动机（IFT6021系列）之后，电动机不能启动。

诊断分析：

1）这台数控机床采用SINUMERIK 840D数控系统，在系统中查找新电动机的代码数据，但是原来的NCK（数控单元的核心数据）版本是05.02.16，这个版本太低，没有包含新电动机的代码数据，需要进行NCU版本的升级。

2）将系统数据和PLC程序进行备份，再利用西门子数控的专用软件，将版本升级到06.04.18，然后重装系统数据和PLC程序，修改与伺服电动机有关的数据。

3）启动机床后，X轴还是不能工作。分析可能是伺服驱动器中的功率模块与电动机没有匹配。

4）更换功率模块，仍然没有排除故障。

5）在"驱动配置"参数中，检查功率模块的代码，发现这个代码与新换上的功率模块的代码不一致。

故障处理：修改功率模块的代码后，X轴恢复正常工作。

例219   进给轴电动机不能启动（1）

故障设备：交流伺服电动机，用于驱动某四坐标轴数控铣床的进给机构。

控制系统：以伺服驱动器为主的闭环进给系统。

故障现象：铣床在加工过程中，外部电网突然停电。再次开机后，显示器不亮，进给轴的交流伺服电动机不能启动。

诊断分析：

1）检查机床的强电回路，输入和输出电压都正常。

2）测量控制回路中的24V直流电源，也在正常状态，而且排风扇可以运转。但是当NC-ON端子短接后，系统不能启动。

3）再测量+5V电源，其电压为0V，这说明电源模块中存在着故障。

4）图6-1是DC 24V/DC 5V电源转换电路。这个电路并不复杂，Z1是滤波器，对输入的DC 24V电源进行滤波。V16是保护二极管，U2是DC 24V/DC 5V转换集成电路，V12是输出电压调节和滤波组件。

5）检测电路中的各个元件，发现熔断器F1烧断，但是其后级并没有元器件短路。分析认为，可能是突然停电造成F1偶然熔断。

故障处理：试换熔断器F1后，故障得以排除。

另有一次，这台数控铣床出现同样的故障现象。短接NC-ON端子后，所有的电动机仍然不能启动。测量+5V电源，其电压为0V。检查图中的元件，发现U2损坏。U2是带有封锁输入的DC 24V/DC 5V电压转换集成电路。更换U2后，机床恢复正常工作。

经验总结：在这台数控机床中，对控制电源的要求比较简单，当CNC所要求的24V直

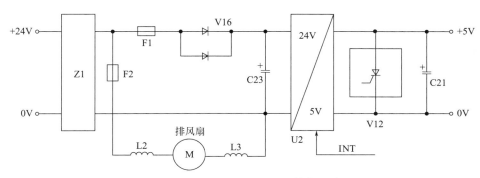

图 6-1 DC 24V/DC 5V 电源转换电路

流电源正常时，通过控制回路短接 CNC 电源模块上的 NC-ON 端子，就可以启动数控系统。如果不能启动，则说明控制电源中存在故障。

例 220 进给轴电动机不能启动（2）

故障设备：交流伺服电动机，用于驱动某数控滚齿机床的进给机构。

控制系统：以伺服驱动器为主的半闭环伺服进给电路。

故障现象：合上电源开关后，滚齿机床中的伺服电动机不能启动。有时能启动，但工作一段时间后自动停止，也没有任何报警。

诊断分析：

1）检查数控系统各部分的元件，没有发现异常情况。

2）试换数控处理板后，可以正常工作，但是没过多久又自行停机。

3）分析认为，滚齿机所在的厂房内，全部是重型机械，有 3.4M 立式车床、大型龙门刨床、桥式起重机等，它们频繁地启动停止。再加上车间的配电变压器容量偏小，电源电压通常不足 380V，所以电压波动较大，在设备启动时，照明灯也变暗。在这种环境下，数控机床很容易受到电磁干扰，出现各种难以查找的故障。

故障处理：按图 6-2 的方法减小电磁干扰。在三相电源的输入线上加接阻容吸收回路，如图 6-2（a）所示；在控制变压器次级的控制电源线上，加上瓷片电容和滤波线圈，如图 6-2（b）所示。这样处理后，滚齿机受干扰的情况大大减少，能正常工作了。

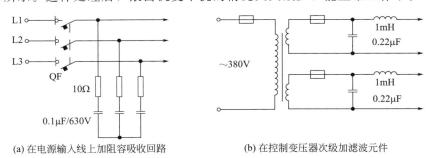

(a) 在电源输入线上加阻容吸收回路　　(b) 在控制变压器次级加滤波元件

图 6-2 减小电磁干扰的措施

例 221 三轴伺服电机都不能启动

故障设备：三台交流伺服电动机，分别用于驱动某数控球道磨床的 X、Y、B 轴。

控制系统：以交流伺服驱动器为主的闭环伺服系统。

故障现象：机床通电后，X、Y、B 三个轴的伺服电动机都不能启动。

诊断分析：

1）三个轴同时发生故障的可能性很小，分析故障原因是总的伺服使能信号没有加上。

2）总伺服使能信号是 PLC 的输出点 Q66.7。通过系统诊断功能，查出 Q66.7 的状态为 "0"，这说明总伺服使能信号确实没有加上。

3）用户程序 PB251 中的第 17 段是 Q66.7 的梯形图，如图 6-3 所示。观察这段梯形图中各个元件的状态，发现输入点 I10.6 不正常，其状态为 "0"，这就是导致 Q66.7 为 "0" 的原因。

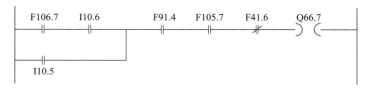

图 6-3   Q66.7 的梯形图

4）查看 PLC 的接线图，I10.6 所连接的是接近开关 B10.6，它用于检测修整器是否在正常位置。观察修整器，已处在正常位置。检查接近开关 B10.6，已经失灵了，不能正确地检测出修整器的到位信号。

故障处理：更换接近开关 B10.6 后，故障得以排除。

例 222　铣床的 Y 轴不能运行

故障设备：伺服电动机，用于驱动某数控铣床的 Y 轴。

控制系统：以伺服驱动器为主的闭环伺服进给系统。

故障现象：机床通电后，Y 轴不能运行，无论是手动、自动，还是 MDI（手动数据输入），都不能使 Y 轴启动。

诊断分析：

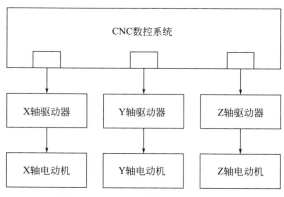

图 6-4　X、Y、Z轴的控制方框图

1）数控系统对 X、Y、Z 轴的控制方框图如图 6-4 所示。如果数控装置、伺服驱动器、伺服电动机、连接导线当中任何一个部位存在问题，都会造成进给轴不能运动。

2）检查 X 轴和 Z 轴，都在正常状态，这说明 CNC 数控系统是正常的。

3）检查 Y 轴的连接电缆和插接件，都是完好的。

4）三个轴的伺服驱动器完全相同，完全可以通过交换法判断故障。于是将 Y 轴的驱动器与 X 轴交换，此时 Y 轴正常，故障转移到 X 轴上，由此可以断定 Y 轴原来的驱动器损坏。

故障处理：采购并更换新的伺服驱动器。

例 223 伺服进给轴不能动作

故障设备：交流伺服电动机，用于驱动 3MK2316 型数控外圈滚道磨床的进给机构。

控制系统：安川 SGDM-10ADA 型交流伺服驱动器。

故障现象：机床在调试过程中，按下显示器上的"自动"软键，进行自动循环磨削，但是进给轴不能动作。

诊断分析：

1）断电后，用手转动滚珠丝杠，转动很灵活，说明丝杠和工作台都在正常状态，不存在异常的阻力。

2）在调整状态下，执行手动进给指令，观察滚珠丝杠，发现它根本没有转动。这说明伺服电动机根本没有通电。

3）这是一台闲置了好几年的数控机床，进给轴的伺服驱动器是日本安川 SGDM-10ADA 型，原来的驱动器被拆走了，但是没有记录下参数，现在的驱动器则是新装上的。遗憾的是，驱动器所带来的说明书中，只有接线图等内容，而没有介绍如何设置参数。于是仿照修整轴伺服驱动器（两者型号完全相同）设置了小部分参数，但是大部分参数保持在驱动器出厂时设置的默认值上。

4）分析认为，现在伺服电动机没有通电，问题可能还是在驱动器的参数设置方面。虽然进给轴与修整轴的负载特性有较大的不同，但是在不知道参数如何设置的情况下，不妨先按照修整轴驱动器的参数进行设置，这样也许可以正常工作。

故障处理：将进给轴与修整轴伺服驱动器的 P 参数（从 Pn000 至 Pn601）进行逐项核对，发现其中好几项参数有区别，有的相差甚远。然后按照修整轴驱动器的参数，逐项设置新驱动器的参数。设置完毕后，关断机床电源，以使设置的内容生效。再次通电重新启动，进给轴工作完全正常。

例 224 各种方式下 Z 轴都不动作

故障设备：交流伺服电动机，用于驱动 M920 型五坐标轴加工中心的 Z 轴。

控制系统：以交流伺服驱动器为主的全闭环伺服系统，以及 PLC 自动控制电路。

故障现象：停用几天后，再次启动时 Z 轴不动作，手动方式、手轮方式、回零方式、MDI 方式都不行。

诊断分析：

1）检查 X、Y、B、C 轴的动作，都在正常状态。

2）在机床的操作面板上，有"Z 轴联锁"按键"ZLOCK"，它是一个带锁的按钮。检查这个按钮，不在"锁定"位置，不影响 Z 轴的启动。

3）利用替换法，将 Z 轴数字驱动器与 Y 轴交换，此时 Y 轴可以正常移动，由此排除了 Z 轴数字驱动器的问题。

4）查阅电气维修资料，在梯形图 DGN G130 中，G130.0～G130.8 对应 1～8 轴的互锁信号。其中 G130.0 对应于 X 轴，G130.1 对应于 Y 轴，G130.2 对应于 Z 轴，见图 6-5。当信号为"0"时，禁止对应的轴移动，若正在移动则减速停止，当信号为"1"时，对应的轴可以启动。

5）对梯形图的状态进行检查，G130.0 的状态为"1"，G130.1 的状态也是"1"，但是

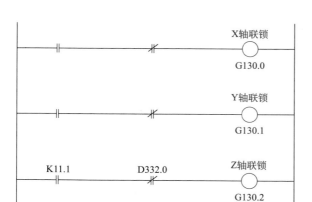

图 6-5 X、Y、Z 轴的互锁信号

G130.2 的状态为 "0"。从梯形图中可知，如果要求 G130.2 为 "1"，必须使诊断参数 K11.1 的状态转变为 "1"。

故障处理：将梯形图程序中的诊断参数 K11.1 设置为 "1"，重新启动后，机床恢复正常工作。

例 225 工作台交换时无动作

故障设备：交流伺服电动机，用于驱动 MKC-500 型卧式加工中心的分度盘。

控制系统：以交流伺服驱动器为主的全闭环系统，以及 PLC 可编程序自动控制电路。

故障现象：机床在加工时，不能执行 A、B 工作台交换指令，也没有出现任何报警。

诊断分析：

1）从电气原理图可知，PLC 的输出点 A11.3、A11.4、A11.5、A11.6 控制着 KR30～KR33 四只中间继电器，这四只中间继电器控制着 KM07、KM17 和 KM08、KM18 四只交流接触器，进而控制 A、B 工作台的电机。

2）在诊断状态下，检查 PLC 的这四个输出点，它们的状态均为 "0"。显然，是 PLC 无输出信号造成了工作台不交换。分析认为：PLC 无输出，一般是其逻辑控制信号不正常，通常是输入条件没有满足，应重点检查 PLC 的有关输入点。

3）与 A11.3、A11.5 有关的梯形图见图 6-6。若使 A11.3 为 "1"，必须使 F165.4 和 F162.7 为 "1"，F165.3 和 E9.2 为 "0"；若使 A11.5 为 "1"，必须使 F165.6 和 F162.7 为 "1"，F165.5 和 E9.6 为 "0"。

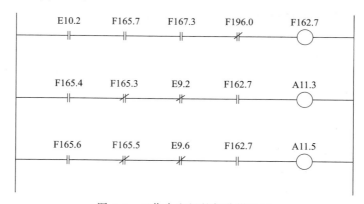

图 6-6 工作台电机的部分梯形图

4）检查 F 标志字，发现 F162.7 的状态为 "0"。而要使 F162.7 为 "1"，E10.2、F165.7、F167.3 都必须为 "1"，F196.0 为 "0"。再检查 PLC 输入状态，发现 E10.2 为 "0"。从图纸可知，E10.2 反映分度盘自动交换工作台位置，此时它为 "0" 是不正确的。

5）经了解，故障根源是 B 轴原来的分度盘交流伺服电动机损坏后，在安装新电动机时，曾将旋转编码器拆下，没有做好标记，重新安装后其位置出现差错。

故障处理：拆下 B 轴分度盘电机旋转编码器，重新进行安装，保证在自动交换工作台位置时，E10.2 的状态为"1"。此后机床工作正常。

例 226　在第七轴上不能走动

故障设备：交流伺服电动机，用于驱动 IRB2000 型工业机器人的第七轴。

控制系统：交流伺服驱动器。

故障现象：机床启动后，机器人在第七轴（导轨上）不能走动。与此同时，出现了 506 1407 报警。

诊断分析：

1）查阅设备使用说明书，导致 506 1407 报警的原因有以下几种：

① 驱动电动机没有通电；

② 驱动电动机已经通电，但不能正确换向；

③ 驱动电动机过载，或电磁刹车没有松开；

④ 机器人在第七轴运行时遇到障碍。

2）检查主电源、驱动板、驱动电动机，没有发现异常情况。

3）检查控制电路，发现控制驱动电动机电磁刹车的时间继电器中，有一对触点损坏，换接到另一对触点后，重新通电启动，但是电动机仍不能运行。

4）把电动机与机械部分脱开，只接通刹车电源，用手转动电动机轴，电动机不能动弹。用万用表测量电磁刹车的线圈，发现线圈的阻值无穷大，显然线圈已经开路。在这台设备中，驱动电动机利用电磁刹车进行制动，电动机运转时刹车必须通电松开。现在因线圈开路，刹车始终抱紧，电动机通电后堵转，引起过载并报警。

故障处理：更换刹车线圈后，故障排除。

例 227　Y 轴反向进给有时停止

故障设备：交流伺服电动机，用于驱动某立式数控铣床的 Y 轴。

控制系统：交流伺服驱动系统。

故障现象：机床在加工过程中，Y 轴正向进给正常，而在反向进给时，有时很正常，有时却停止不动。

诊断分析：

1）在手动方式下，通过手摇脉冲发生器，让 Y 轴正、反向进给，故障现象完全不变，怀疑是 Y 轴速度控制电路板存在故障。速度和方向控制电路见图 6-7（a）。

2）用万用表测量速度环输出端 CH8 的电压，随着正、反向进给，这个电压的极性也在改变，没有断续现象。测量方向控制厚膜电路 M7A-AF12 的 5 脚信号电压，正向进给时为

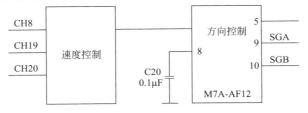

(a) 控制方框图

图 6-7

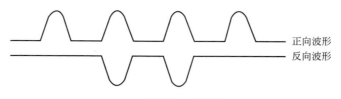

(b) 正反向电流波形

图 6-7　速度和方向控制电路

0V，反向时为 6.6V，这是正常的。

3）再测输出脚 9 和 10 的电压，正向进给时 SGA 为低电平，SGB 为高电平；反向进给时 SGA 为高电平，SGB 为低电平。如果总是这样那就正常了，但有时 SGA 和 SGB 同时出现高电平，这时 Y 轴反向就停止不动了。可见故障原因是 M7 电路不良，也可能是外围元件不正常。进一步检查，是 8 脚外接的滤波电容 C20（0.1μF）漏电。

故障处理：更换电容 C20。

例 228　机床磨削的速度太快

故障设备：交流伺服电动机，用于驱动 3MK2316 型数控外圈滚道磨床的进给轴。

控制系统：安川 SGDB-10ADA 型交流伺服驱动器。

故障现象：在自动循环状态下磨削工件时，应进行分段磨削。这台机床磨削的速度太快，各个工步的进给动作很快就结束了，看不出是在分段磨削。加工的质量也大受影响。

诊断分析：

1）伺服进给轴的进给量和进给速度，一方面与数控系统参数的设置有关，另一方面与伺服驱动器中电子齿轮比的设置有关。

2）打开显示器的参数页面，查看各段的进给量和进给速度，如下表所示：

进给量和进给速度参数表

工步	进给量/μm	进给速度/(μm/s)
快靠	200	20000
快趋	250	1500
黑皮	250	600
粗磨	250	300
精磨	40	200
补进	40	1000
粗修	20	
精修	20	

与原来的设置值进行比较，这些数值没有发生变化。

3）这台磨床使用的伺服驱动器是安川 SGDB-10ADA 型，参数项 Pn202 和 Pn203 的数值代表电子齿轮比。Pn202 是分子，Pn203 是分母。查看其设置值，Pn202 为 32768，这是正确的；Pn203 为 250，而正常值应为 625。分母的数值越小，伺服电动机的转速就越高。

故障处理：将 Pn203 项参数修改为 625，此后机床恢复正常工作。

例 229　Z 轴出现高速飞车现象

故障设备：交流伺服电动机，用于驱动某数控铣床的 Z 轴。

控制系统：以伺服驱动模块为主的全闭环伺服进给系统。

故障现象：当 Z 轴获得使能信号，通电运转时，出现高速飞车现象。

诊断分析：

1）Z 轴使用交流伺服电动机。核对脉冲编码器的类型、位置反馈信号的极性、脉冲数的设定等，都是正确的。

2）检查伺服驱动器与电动机和编码器的连接、驱动器与 CNC 的连接、位置反馈电缆的连接，都是正确的，也不存在接触不良的问题。

3）Z 轴和 Y 轴共用一个双轴驱动模块，把两轴伺服电动机的动力线及反馈线交换，结果 Z 轴运动正常，故障转移到 Y 轴上去了。

4）根据检修经验，如果伺服电动机动力线的相序不正确，也可能出现高速飞车现象。

故障处理：将电动机动力线的 V 相与 W 相进行交换，高速飞车现象立即消失，机床恢复正常工作。

经验总结：伺服驱动器输出电源的相序 U、V、W 与电动机的相序 U、V、W 必须一一对应，如图 6-8 所示。否则会导致电动机过流和飞车，并引起保护电路动作。

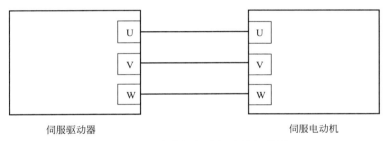

图 6-8　驱动器与电动机连接相序图

例 230　进给机构不能返回

故障设备：交流伺服电动机，用于驱动 3MK2316 型数控外圈滚道磨床中的进给系统。

控制系统：YASKAWA SGDB-10ADA 型伺服驱动器。

故障现象：机床在加工过程中出现故障，伺服机构只能进给，不能够返回。

诊断分析：

1）进给机构不能返回，说明电动机只能正向运转，不能反向运转。

2）打开显示器中的的故障诊断页面，没有显示报警。查看伺服驱动器的数码显示器，显示"运行"状态，也无报警信息。核对驱动器中有关的参数，其中 Pn50B 的设置为"6548"，它将信号一直固定为"可以反转侧驱动"，即没有禁止伺服电动机反向运转。

3）怀疑进给轴的机械部分不正常。欲将伺服电动机拆下进行空载试验，但是将 4 根固定螺钉拆除后，电动机也不能取下。于是脱开电动机的电缆，接到备用电动机上。通电后，故障现象不变，还是不能反转。这说明问题不在机械方面。

4）伺服电动机由日本 YASKAWA SGDB-10ADA 型伺服驱动器进行控制，从另外一台机床（数控精研机）上取下相同型号的驱动器，替换原驱动器后再试验，还是不能排除故障。由此认为伺服驱动器没有问题。

5）伺服驱动器由欧姆龙 PLC 中的位控模块 C200H-NC111 控制。驱动器接收到 NC111 输出的 CW 脉冲后，向电动机发出正转指令；接收到 CCW 脉冲后，发出反转指令。怀疑

NC111 模块不正常，试换后也无济于事。而且从驱动器的输入端子 8、12 上，用示波器可以检测到 CW 和 CCW 脉冲，这进一步说明位控模块是正常的。

6）按照图 6-9 所示的方框图，已经将有关的部位都检查过了，但是没有捕捉到任何故障信息。

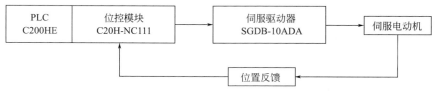

图 6-9　伺服进给系统方框图

7）电话咨询 SGDB-10ADA 伺服驱动器的技术服务机构，对方工程师提示：查看伺服驱动器中的参数 Pn200。这项参数原来设置为"n.005"，其含义是，以"符号＋脉冲，负逻辑"方式进行控制，而实际的控制方式是"CW＋CCW，正逻辑"，应该设置为"n.001"。

故障处理：将参数 Pn200 修改为"n.001"。

经验总结：这次检修颇费周折，这是因为在第三步中，试换伺服驱动器后认为驱动器正常，而忽视了驱动器的参数问题。在这两台数控机床中，因为驱动器的有关参数设置不同，在精研机上可以正常工作的驱动器，在磨床上不一定能正常工作。

例 231　X 轴电动机剧烈抖动

故障设备：交流伺服电动机，用于驱动某数控镗铣床的 X 轴。

控制系统：带有位置反馈的伺服进给系统。

故障现象：机床在加工时，X 轴电动机剧烈地抖动，CRT 上显示"X 轴静态误差"报警。

诊断分析：

1）图 6-10 是这台机床 X 轴伺服系统位置控制的方框图，其中 θ_r 是位置指令信号，θ_f 是位置反馈信号，二者进行比较后，得到差值 $\Delta\theta$（$\Delta\theta=\theta_r-\theta_f$）。从理论上讲，X 轴剧烈抖动，是因为控制信号 $\Delta\theta$ 不稳定，导致位置控制电压 V 不稳定。

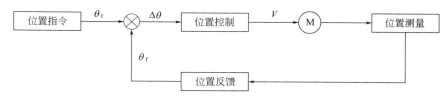

图 6-10　X 轴伺服系统位置控制方框图

2）一般来说，位置指令信号 θ_r 是稳定的，V 不稳定是由位置反馈信号 θ_f 不稳定所引起。θ_f 受到多种因素的影响，不稳定往往是由测量系统的故障所引起。

3）这台机床使用光栅尺作为位置反馈元件，试换光栅尺和读数头，都不能排除故障。

4）分析认为，如果 X 轴传动齿轮的间隙过大，也可能造成 θ_f、$\Delta\theta$ 和 V 不稳定，导致 X 轴剧烈抖动。对传动齿轮进行检查，证实存在间隙过大的问题。

故障处理：重新安装 X 轴传动齿轮，将间隙调整到合适的位置。

例 232　进给轴出现异常振动

故障设备：交流伺服电动机，用于驱动某车削加工中心的 X 轴。

控制系统：以交流伺服驱动器为主的全闭环进给系统。

故障现象：当 X 轴在快速移动时，显示器上出现报警："1120 ORD X Clamping monitoring"；"1160 ORD X contour monitoring"。此时 X 轴出现异常振动。

诊断分析：

1）在慢速移动下，用百分表测量 X 轴的位移，与 CRT 所显示的移动距离一致，说明光栅测量系统正常，即系统的位置环没有问题。

2）分析认为，故障原因可能在伺服电动机及控制部分，可以脱开位置环，检测速度环，以判断控制系统、伺服电动机部分是否正常。

3）脱开电动机和丝杠的连接齿形皮带，然后断开 X 轴伺服模块（A90）中 321-56、X32I-14 两个接点，在此处外加参考电压（参考电压由 9V 干电池和电位器组成，参考电压的正负则影响电动机的旋转方向）。此时伺服电动机在外加的参考电压控制下转动，转速由电位器调节。逐渐调高转速时，电动机出现抖动，类似步进电动机缺相旋转，由此怀疑伺服电动机不正常。

4）拆开电动机后盖，对比检测光电编码器，在完好状态。

5）在困惑中，将所拆卸的部件重新装回并连接好，进行试运转，机床却莫名其妙地变得正常了。

6）经过反复试验，确认故障原因是伺服驱动模块和伺服电动机相连接的接插件松动，引起接触不良，其他部位并没有什么故障。

故障处理：对插接件进行紧固。

经验总结：插接件松动、接触不良等，也是数控机床中经常发生的故障。

例 233　伺服电动机剧烈振动（1）

故障设备：交流伺服电动机，用于驱动 XH715A 型立式加工中心的 Z 轴。

控制系统：FANUC SYSTEM5 型伺服驱动器。

故障现象：机床工作一段时间之后，Z 轴伺服电动机剧烈振动，显示器上出现 401♯报警。

诊断分析：

1）这台加工中心采用 FANUC-BESK 6ME 数控系统，401♯报警的内容是"速度控制单元的 READY（准备好）信号断开"。

2）检查 Z 轴伺服电动机以及连接电缆，没有发现问题。

3）使用交换法，分别将 X 轴、Y 轴、Z 轴的伺服驱动器对换。此时 3 个轴的伺服电动机都有振动现象。可见故障不只在 Z 轴上，很有可能 3 个轴都无法正常工作。只不过 Z 轴伺服驱动器的调整特性比较差，问题比较突出。

4）将 Z 轴伺服驱动器上的短路棒 S20 断开，使"电机失控"报警 TGLS 无效，拆下 Z 轴伺服电动机的动力线，再通电试车，用手摇脉冲发生器分别摇动 X 轴和 Y 轴，结果 X 轴和 Y 轴都不能启动，并出现 410♯和 420♯报警。提示"机床停止时，X 轴和 Y 轴误差寄存器的内容大于允许值"。这是由于手摇脉冲发生器发生指令后，电动机没有转动而产生的报警，由此证明了 3 个轴都不能正常工作。

　　5）3 个轴同时损坏的可能性不大，很可能是它们的公共部分有故障。于是检查伺服变压器和＋24V、＋15V、－15V 直流电源，都在正常状态。

　　6）检查另一个公共部分——同步信号电路。观察中发现同步变压器初级的噪声滤波器（其电路见图 6-11）有异常现象：R35 和 R36 两只电阻有烧蚀的痕迹，电容器 C41 旁边的印刷板有烧坏炭化现象。用万用表测量，R35 和 R36 都已开路，同步变压器 T15 原边的直流电阻比 T13 和 T14 小得多，其原因是有一根细小的导电裸线落在了印刷板烧坏的地方，造成短路故障。

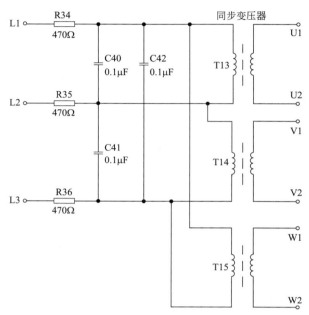

图 6-11　同步信号电路中的噪声滤波器

　　故障处理：更换 R35 和 R36，并清除印刷板的炭化部分，使 T15 的原边电阻恢复到正常数值，此后故障不再出现。

例 234　伺服电动机剧烈振动（2）

　　故障设备：EMS-10AM-D06 型交流伺服电动机，功率 1kW，额定扭矩 6.37N·m，转速 1500rpm。它用于驱动某数控铣床的 Y 轴。

　　控制系统：埃斯顿 EDB-10PS-D06 型伺服驱动器。

　　故障现象：机床通电后，Y 轴伺服电动机出现剧烈振动，并发出刺耳的尖叫声。

　　诊断分析：

　　1）Y 轴伺服电动机与进给驱动机构是通过滚珠丝杠连接的，将滚珠丝杠脱开，把伺服电动机放在立柱顶端并摆放平稳，动力线、反馈线都按照原来的连接不变，并由专人扶住电动机，然后通电进行空运转试验，伺服电动机仍然发出尖叫声。

　　2）检查伺服驱动器，没有发现异常现象。试换 Y 轴伺服电动机，也未能排除故障。

　　3）询问机床制造厂家，对方建议对机床的参数进行全面的检查。但是原来没有对 Y 轴伺服电动机的参数进行记录，不能确定其是否正确。分析认为，X、Y 两轴的伺服参数，特别是几个关键的参数应当接近。

　　4）对照检查发现：Y 轴的"速度环增益"、"电子齿轮比"等都与 X 轴有很大区别。由此怀疑 Y 轴的参数不正常。

故障处理：参照 X 轴的伺服参数，修改 Y 轴的对应参数。再次试车时，Y 轴伺服电动机的振动和尖叫声消除，工作完全正常。

例 235 工作一小时后剧烈振荡

故障设备：交流伺服电动机，用于驱动某数控车床的 Z 轴。

控制系统：以交流伺服驱动器为主的半闭环伺服系统。

故障现象：机床开机后，动作完全正常，加工的零件精度合乎要求。但是工作一个多小时后，Z 轴出现剧烈振荡，机床无法工作。

诊断分析：

1）关机后重新启动，不论是手动还是自动方式，只要移动 Z 轴，在所有的速度范围内，都发生剧烈振荡。但是如果关机时间比较长，机床又可以正常工作一个多小时，然后再次出现上述故障。

2）这台机床采用半闭环伺服系统，为了分辨故障是在机械方面还是在电气方面，首先将 Z 轴滚珠丝杠与伺服电动机脱开，在无负载的情况下，运行加工程序，此时故障仍然存在，但发生故障的时间进一步延长。因此，可以确认故障在 Z 轴伺服系统的电气方面，并且与温升有关。

3）数控机床伺服进给系统的电气部件包含 CNC、伺服驱动器、伺服电机三大部分。现在，将 Z 轴伺服驱动器与 X 轴伺服电动机相连接，此时没有出现故障。反过来，将 X 轴伺服驱动器与 Z 轴伺服电动机相连接，工作一个多小时后，故障再次出现，Z 轴电动机出现振荡现象。显然，故障就在 Z 轴电动机上。

4）对 Z 轴伺服电动机进行仔细检查。刚开机时，电动机的绝缘电阻基本正常；故障出现时，绝缘电阻显著下降。拆开伺服电动机，露出绕组后，发现绕组与引出线的连接部分有一些冷却水，这导致绝缘下降。

故障处理：将电动机绕组烘干，并采取防水措施后，振荡现象消失，机床恢复正常工作。

经验总结：通过上述诊断分析的过程，可以推断出这台机床发生故障的过程。电动机停止工作后，因为绕组中还有较高的温度，原来渗入的冷却水被烘干，再次开机时，便能工作一段时间。在随后的加工过程中，冷却水又沿着电动机的引出线流进电动机内部，造成绝缘下降，出现上述故障现象。

例 236 停机后振动并有电流声

故障设备：交流伺服电动机，用于驱动某加工中心的 Y 轴。

控制系统：以交流伺服驱动器为主的全闭环进给系统。

故障现象：Y 轴在移动时正常，但停机后电动机出现振动现象，并伴有电流声。

诊断分析：

1）Y 轴是水平轴，在停机后出现振动现象和电流声，说明伺服驱动器有电压和电流输出。但此时驱动器并没有工作指令。根据维修资料，如果进给轴在停止时处于不稳定状态，是由于电机惯量太低，此时可以将参数 2021（负载惯量比）的设置值减小。但是减小此值后，短时间可以起作用，时间稍长又旧病复发。

2）检查系统的电源模块、Y轴伺服驱动模块、Y轴动力线、反馈电缆线、插接件等，都没有找到故障迹象。

3）在Y轴停止时，观察伺服调整画面，发现位置偏差量为$4\mu m$，速度为$10r/min$，电动机电流约为额定电流的50%。将滚珠丝杠与伺服电动机完全分离后，再观察停止状态下的伺服调整画面，发现位置偏差、速度和电流均为0。由此判断伺服驱动器、伺服电动机都正常，故障在机械方面。

4）滚珠丝杠与伺服电动机是弹性连接，检查连接部位没有松动。把丝杠螺母副拆卸下来进行分解后，发现在螺母的端部，封堵滚珠的塑料盖被顶丝顶破。

故障处理：调节顶丝，修复破损处。封盖顶破后，在Y轴停止时，破损处的顶丝会对丝杠产生机械扰动。此扰动量通过位置编码器反馈到位置比较电路，打乱了Y轴的平衡状态。Y轴伺服系统需要寻找新的平衡点，因而向伺服电动机发出运转指令，并造成上述故障现象。

例237　伺服电动机响声异常

故障设备：三台交流伺服电动机，分别用于驱动某加工中心的X、Y、Z伺服进给轴。

控制系统：以Σ-Ⅱ型伺服驱动器为主的全闭环进给系统。

故障现象：机床在调试时，X、Y、Z三个轴的伺服电动机都出现异常响声。

诊断分析：

1）检查伺服驱动器、伺服电动机、滚珠丝杠，都未发现异常情况。

2）分析认为，在系统部件都正常时，这种故障与进给系统参数的设定有关。当速度环增益设定过高，或积分时间设定不合适时，就有可能出现这种故障。

故障处理：这台机床采用Σ-Ⅱ型伺服驱动器，其中的参数Cn-04用于调整速度环的增益，Cn-05用于调整积分时间。Cn-04的设定值原为80，现在更换为60。修改之后故障不再出现。

经验总结：伺服电动机在使用几年之后，机械特性会改变。电动机和丝杠有时产生高频振动，甚至出现刺耳的尖叫声。这时需要调整伺服系统的参数，即降低速度环的增益，以限制速度负反馈的频率，抑制速度的高频变化，滤掉外界窜入的干扰，使速度保持在稳定状态。如果降低速度环的增益后，尖叫声变小，但是不能完全消除，可以同时降低速度积分时间常数，提高速度比例增益。

例238　调试中电动机出现尖叫声

故障设备：两台交流伺服电动机，分别用于某进口立式加工中心的X轴和Y轴。

控制系统：SIEMENS 611A型双轴伺服驱动器。

故障现象：在调试过程中，发现双轴伺服驱动器损坏，更换驱动器后开机调试，X、Y两轴伺服电动机同时出现尖叫声。

故障处理：

1）使用SIEMENS 611A伺服驱动器时，如果驱动器与进给系统的匹配没有达到最佳值，就很容易产生尖叫声。在这种情况下，需要正确地调节驱动器的速度环增益和积分时间。

2）根据伺服电动机和驱动模块的型号、规格，利用驱动器调节板上的S2设定电流值。

3）驱动器正面有一只调节电位器T_n，将它逆时针调至极限值，使速度调节器的积分时间$T_n \approx 40ms$。

4）驱动器正面还有一只调节电位器K_p，将它调整至中间位置，使速度调节器的比例$K_p \approx 8$。

5）经过以上调整后，就可以消除尖叫声，但是调整工作不能就此结束，因为动态特性还不好，需要做进一步的调整。

6）顺时针缓慢旋转积分时间调节电位器 T_n，减小积分时间，直到电动机出现振荡声。然后再逆时针稍稍旋转 T_n，使电动机尖叫声刚好消除。

7）至此，调整过程结束，机床可以正常工作了。所调节的电位器要保持在以上位置，并做好记录。

经验总结：使用 SIEMENS 611A 伺服驱动器时，需要正确地调节驱动器的速度环增益和积分时间，使驱动器与进给系统的匹配达到最佳值，否则可能产生尖叫声。

例 239　伺服电动机温度太高

故障设备：交流伺服电动机，用于驱动某加工中心（日本制造）的进给轴。

控制系统：以交流伺服驱动器为主的全闭环进给系统。

故障现象：机床安装好后试运行，工作一段时间后，CRT 上就显示出过载报警。

诊断分析：

1）手摸几台伺服电动机外壳，感觉温度太高。检查机械部分，动作很灵活，不存在负荷过重的问题；检查电源电压，三相都很正常；检查其他电气控制环节，也没有发现任何异常现象。

2）仔细阅读机床的使用说明书，伺服驱动器的输入交流电压要求是 220V/60Hz，或者是 200V/50Hz。由于现场的供电电压刚好为 220V，所以日方调试人员便将此 220V 电源接至机床。

3）分析认为，所连接的电源虽然是 220V，但是中国电网的工频频率为 50Hz，与说明书的要求不相符，所以电源的连接是错误的。

故障处理：配置了一个 380V/200V 的电源变压器，将 200V 电压接至机床，这只变压器要有足够的功率，否则变压器发热。此后电动机温度正常。

经验总结：供电电源的连接看起来很简单，但影响却很大，轻则电动机过载报警，重则烧坏电气设备，所以不能马虎。特别是对进口的数控机床，必须仔细地阅读使用说明书，正确地连接电源。

例 240　无运动指令时自由旋转

故障设备：交流伺服电动机，用于驱动某加工中心（制造大型发电机机座）的 C 轴。

控制系统：以交流伺服驱动器为主的全闭环进给系统。

故障现象：机床启动后，在没有任何运动指令的情况下，C 轴电动机自由旋转一定角度，然后产生急停报警，并停止下来。

诊断分析：

1）C 轴位置反馈系统如图 6-12 所示。将其位置环断开，即把机床伺服参数（Servo Parameter）中的位置环改为开环形式，再单独检查伺服系统，其状态完全正常。

2）接入一个编码器，再按闭环方式让加工中心工作，此时故障现象消失。拆下图中的位置反馈装置，检查编码器，在正常状态。给消隙电动机通电测试，也没有问题。

3）进一步检查，发现在固定离合器的轴时，旋转消隙电动机的轴端齿轮，编码器亦跟着旋转。这样就查出了故障：传动齿轮的固定销断成了几节，失去了固定作用，从而使消隙电动机在机床送电完毕后，就一直保持着送电状态，带动编码器旋转。

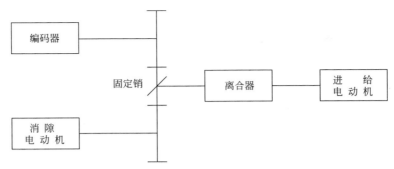

图 6-12 C 轴位置反馈示意图

故障处理：更换断掉的固定销，恢复整个反馈系统后，故障得以排除。

例 241 移动尺寸偏离设置值

故障设备：两台交流伺服电动机，用于驱动某数控车床中的 X 轴和 Z 轴。

控制系统：交流伺服驱动器。

故障现象：机床启动后，X 轴和 Z 轴的动作完全正常，但是两轴的实际移动尺寸与设置值不相符。

诊断分析：

1）故障仅仅是移动的实际值与理论值不相符，因此可以判定机床的硬件没有问题，很可能是机械传动系统参数与控制系统的参数没有匹配。

2）数控机床控制系统匹配的参数，通常有电子齿轮比、指令倍乘系数、检测倍乘系数、编码器脉冲数、丝杠螺距等。在不同的数控系统中，参数有所不同。在机床中以上参数必须合理设置，以保证系统的指令值与坐标轴的实际移动值完全一致。

3）查看控制系统所设置的各项参数，没有发生变化。其中 X 轴编码器脉冲数设置为 2500 个脉冲，Z 轴编码器脉冲数设置为 2000 个脉冲。

4）再查看实际安装的 X 轴和 Z 轴的伺服电动机，它们的型号完全相同，但是它们的内装式编码器有区别：X 轴编码器每转 2000 个脉冲，而 Z 轴编码器每转 2500 个脉冲。这个脉冲数与系统的设定值正好相反。

5）经了解，在此故障之前进行电气维修时，曾经拆下 X 轴和 Z 轴伺服电动机，但安装时没有注意到两个编码器有所区别，将两台电动机交换了位置，此后就出现上述故障。

故障处理：将 X 轴与 Z 轴伺服电动机再次交换，恢复到原来的位置后，故障得以排除。

例 242 主轴在启动时出现报警

故障设备：交流伺服电动机，用于驱动某数控铣床的主轴。

控制系统：交流伺服驱动器。

故障现象：机床通电后，主轴电动机不能启动，显示器上出现了"主轴没有准备好"的报警。

诊断分析：

1）主轴电动机由伺服驱动器控制，对伺服驱动器的供电电路进行检查，电源进线正常，但是伺服单元没有任何显示。

2）检查伺服驱动器的 BKH 电源单元，已经被烧坏。

3）图 6-13（a）是电动机主回路的电路图，其中电阻 R 与扼流圈 L 的作用是：在启动时防止浪涌电流对主轴单元的冲击。要求伺服单元通电启动时，KM5 先闭合，接入电阻 R 进行限流。2～3s 后，KM6 闭合，将电阻 R 短接。

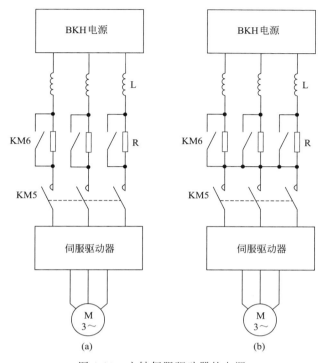

图 6-13　主轴伺服驱动器的电源

4）图 6-13（b）是实际接线图。在这里，三相电阻的下端连接在一起，形成了星点，这样，即使 KM5 在闭合状态，三相电源回路中也只有限流元件 R 和 L，而根本没有负载，导致电流太大。而 KM6 闭合时，R 也被 KM6 短接了，仅仅只有限流元件 L，此时电流更大，BKH 电源单元也被损坏。同时，三只电阻因通以大电流而烧成糊状。

故障处理：按图 6-13（a）重新接线，并更换电源单元和限流电阻，其后故障得以排除。

例 243　主轴电动机超温报警

故障设备：交流伺服电动机，用于驱动 DMC103V 型加工中心的主轴。

控制系统：611D 数字交流伺服驱动器。

故障现象：机床在加工过程中，CRT 上显示 300613♯ 和 300614♯ 报警。

诊断分析：

1）这台加工中心采用 SINUMERIK 810D 数控系统，300613♯ 报警和 36014♯ 报警都提示主轴电动机超温。300613♯ 报警提示温度超出了 MD1607♯ 参数所允许的数值；300614♯ 报警则提示温度不仅超出了 MD1602♯ 参数所允许的数值，也超出了 MD1603♯ 参数所允许的时间。

2）主轴采用 611D 数字交流伺服系统。测量主轴电动机的电流，在正常范围，电动机没有超温的迹象。查看 MD1602♯、MD1603♯、MD1607♯ 参数，都在正常范围。

3）温度传感器 KTY84 连接到电缆插头 X412 的 13 脚和 25 脚，从这里测量 KTY84 的阻值，达到 7kΩ，而正常阻值应该在 500Ω 左右。这说明温度传感器已经损坏，不能反映正常的电动机温度，并导致系统出现错误的报警信息。

故障处理：虽然故障原因水落石出，但是处理起来非常棘手，因为温度传感器是封装在电动机内部的，无法更换它。为了不耽误生产，只好暂时进行应急处理：断开温度传感器，在 X412 的 13 脚和 25 脚上并联一只 1kΩ 的多圈电位器。机床启动后，缓慢调整电位器的阻值，使得参数中显示的电动机温度在 50℃ 左右。这样可以消除报警，让机床继续工作。

经验总结：这种处理方式也存在隐患，电动机真正过载超温时，不能进行保护。

例 244 Z 轴刚一移动就出现报警

故障设备：交流伺服电动机，用于驱动某数控铣床的 Z 轴。

控制系统：以 611Ue 型伺服驱动器为主的全闭环伺服系统。

故障现象：当 Z 轴移动 0.62mm 时，便出现 ALM380500 报警，提示 PROFIBUS DP 驱动器的连接出错。

诊断分析：

1) 检查交流伺服电动机与伺服驱动器的连接、驱动器与编码器的位置反馈连接、驱动器与 CNC 的连接、电动机接地连接等，不存在接触不良的问题。

2) 核对编码器类型、位置反馈极性、脉冲数的设定等，都是正确的。

3) Z 轴和 Y 轴共用一个双轴驱动模块，为了判断驱动器是否有故障，把两轴电动机的动力线及反馈线交换，结果还是 Y 轴运动正常，而 Z 轴不能移动，这说明伺服驱动器本身没有故障。

4) 用天车吊起主轴配重进行检查，配重链条可以自由地上下移动，因此也不怀疑存在机械故障。

5) 根据经验判断，如果 Z 轴通电后刹车没有完全松开，也可能使电动机负载增大，出现上述故障报警。于是把电动机从机床上拆卸下来，对刹车进行检查。发现刹车的安装不合乎要求，影响了伺服电动机的正常运转。

故障处理：对刹车进行仔细调整后，机床恢复正常工作。

经验总结：在数控机床中，有少数报警所提示的内容与实际情况不相符。

例 245 驱动器显示 B504 报警

故障设备：交流伺服电动机，用于驱动某数控铣床的主轴。

控制系统：611U 型交流伺服驱动器。

故障现象：机床在加工过程中，显示器上间歇性地出现 ALM380500 报警。与此同时，伺服驱动器 611U 也显示 B504 报警。

诊断分析：

1) 在 611U 伺服驱动系统中，B504 报警的含义是"编码器的电压太低，编码器反馈监控生效"，而 ALM380500 报警可能是由 B504 报警引起的。

2) 停下机床后，重新进行启动，B504 报警自动清除。伺服驱动器在通电后，可以通过硬件的自检，并自动进入 RUN 状态，而且铣床可以工作相当长的时间。从这一点分析，可以认为故障不同于一般情况——编码器不一定有问题，应该从其他方面查找原因。

3) 仔细进行观察，发现故障总是在驱动器"驱动使能"信号加入的同时出现。因此认为，可能是在伺服电动机通电的瞬间产生电磁脉冲，干扰了伺服驱动器的正常工作。

4）进一步检查，发现数控转台的伺服电动机使用的是屏蔽电缆，而且是通过插接件连接的。在插接件的两侧，屏蔽线未做连接，即屏蔽线在这一点处于开路状态。

故障处理：重新连接屏蔽线后，故障不再出现。

例 246　伺服驱动器出现 35# 报警

故障设备：交流伺服电动机，用于驱动德国 EMAGSN310 型数控凸轮轴磨床中的 B 轴进给机构。

控制系统：611D 型交流数字伺服驱动器。

故障现象：通电开机后，各轴均没有返回参考点的动作，改用手动方式也不行。打开电控柜后，发现 B 轴 611D 交流数字伺服驱动器中的 35♯ 报警灯（红灯）亮起。

诊断分析：

1）35♯ 红灯亮，一般原因是伺服驱动器过载，需要检查伺服电动机和机械负载。

2）对 B 轴的机械部分进行仔细检测，不存在机械卡死、摩擦力过大等问题。

3）试换 611D 型驱动器的控制板，故障现象不变。

4）拆下 B 轴电动机的动力线，将数字万用表拨至二极管挡，对伺服驱动器中的功率模块（如图 6-14 所示）进行检测。分别测量直流母线 P600（直流正极）、M600（直流负极）与电动机连接端子中的 U、V、W 之间的直流电阻，都在正常状态。

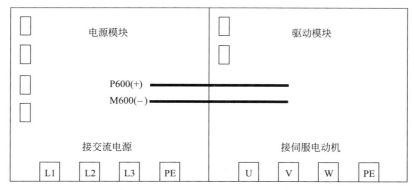

图 6-14　伺服驱动器功率模块示意图

5）对伺服电动机进行检测。三相绕组的直流电阻误差很小，这说明不存在绕组间短路的问题。

6）用绝缘摇表测量电动机对地电组，只有 0.1MΩ。怀疑这就是故障点。

7）B 轴的这台电动机是力矩电机，采用水冷结构进行冷却，解体电动机后做进一步检查，发现转子线圈与冷却水之间的隔离物体有破损之处。这导致冷却水和潮气进入线圈，引起电动机绝缘下降。

故障处理：对转子线圈与冷却水之间的隔离物体进行修复，并对电动机进行烘干处理后，绝缘达到 2MΩ 以上，机床恢复正常工作。

经验总结：低压伺服电动机的对地绝缘必须达到 0.5MΩ 以上，才能正常运行。

例 247　更换铣头时出现报警

故障设备：交流伺服电动机，用于驱动 POWER TEC6500AG-SC 6×18m 型大型数控龙门铣床的主轴。

控制系统：611D 型交流伺服驱动器。

故障现象：更换铣头时，出现 510309♯ 报警，此时主轴不能启动，但是其他各轴都能正常工作。

诊断分析：

1）这台数控铣床采用 SINUMERIK 840D 数控系统，510309♯ 报警是在上铣头过程中，提示执行到哪一个步骤，若该步骤结束则报警自动消失，但此时 510309♯ 报警没有消失，说明有关的步骤没有结束。

2）根据 510309♯ 报警，检查 PLC 相关程序，发现输入点 I29.0 的状态为"0"，这说明 C1 轴鼠牙盘没有拉紧。

3）详细检查铣头部分，发现鼠牙盘确实没有拉紧。鼠牙盘为内外齿结构，鼠牙盘拉紧时，内外齿相嵌。鼠牙盘松开时，内外齿脱离。

4）鼠牙盘靠液压装置拉紧，拉紧时压力为 9～12MPa。用压力表检测，压力为 10MPa，说明压力在正常范围，但是找不到其他问题。

5）此后又出现 25201 伺服报警，其含义是"轴%1 伺服故障"。根据报警提示，检查伺服系统电气元器件，更换 611D 驱动器控制模块，并更换电动机编码器电缆，故障仍未排除，分析可能是伺服电动机内置的编码器不正常。

故障处理：更换电动机内置编码器，然后用百分表校对实际位置偏差，并通过机床数据 MD34090 进行补偿校正，使 C1 轴达到控制要求，此后故障得以彻底排除。

经验总结：回顾修理的全过程，产生故障的根本原因是编码器不正常，导致鼠牙盘旋转位置错误。鼠牙盘拉紧时，齿与齿相顶，不能拉紧到位。

例 248　出现 401# 和 414# 报警

故障设备：交流伺服电动机，用于驱动 FV-1200 型立式加工中心的 X 轴。

控制系统：以交流伺服驱动器为主的全闭环伺服进给系统。

故障现象：机床在移动 X 轴时，出现 401♯ 和 414♯ 报警。

诊断分析：

1）这台加工中心采用 FANUC OMC 数控系统，401♯ 和 414♯ 报警说明 X 轴伺服准备信号断开、伺服系统存在故障。

2）按下复位键，401♯ 报警被消除，但是 414♯ 报警却不能消除。

3）用万用表测量伺服驱动器与伺服电动机之间的线路，在完好状态。

4）检测伺服电动机出线端子的绝缘电阻，与外壳之间的阻值接近于零。拧开电动机的插头时，大量切削液从插座处向外流放。进一步检查，电动机的线圈已烧毁。

5）重绕电动机线圈后，再进行试验，用手轮方式转动 X 轴时，显示器上又出现 410♯ 和 411♯ 报警。向+X 方向继续转动手轮并观察丝杠，发现滚珠丝杠有时转动，有时却不动。

6）查阅 720.5♯ 诊断信息，以及 X 轴伺服放大器所显示的数码，都是正常值"0"，维修工作一时走入死胡同。

7）冷静分析认为，伺服电动机在维修过程中，可能出现差错。对伺服电动机再次进行检查，发现绕组的相序接反了。

故障处理：将电动机送往电动机维修组，重新进行接线。再次安装后，机床恢复正常工作。

例 249　返回参考点时出现报警

故障设备：两台交流伺服电动机，用于驱动 TRUMPF TC260 型数控步冲机中的 C1 轴和 C2 轴。

控制系统：交流伺服驱动器。

故障现象：当返回参考点时，上模 C1 轴左转某一角度，而下模 C2 轴完全不动，并出现 "Failure：regulation of drive" 以及 "emergency off" 报警。

诊断分析：

1）关断电源，手动检查 C1 和 C2 的机械部分，未发现任何异常情况，说明机械传动部分是正常的。

2）检查两轴伺服电动机的动力电缆和控制电缆，都很正常，不存在连接方面的问题。

3）在"自动"方式的"status"菜单下，将 C1 轴关闭，仅让 C2 轴工作，此时系统没有报警，这说明 C2 轴正常。再将 C2 轴关闭，让 C1 轴工作，返回参考点时出现了报警，说明故障在 C1 轴上。

4）在 C1 轴伺服电动机中，编码器与电动机轴是直接连接的。检查连接部位，没有发现异常情况。

5）拆下 C1 轴伺服电动机的编码器，并通电开机，同时用手旋转编码器。从显示器上可以看到，C1 轴位置值不是均匀地变化，而是出现了间断和跳跃。用同样的方法检测 C2 轴，显示的位置值很正常。由此判断 C1 轴的编码器不正常。

6）编码器决定轴的定位，当它出现编码跳跃和丢失时，数控系统检测到的位置信号无法与驱动单元相匹配，从而引发上述故障。

故障处理：更换编码器。此时需注意调整相关参数，使零位参考信号与机械实际位置相互匹配。

例 250 返回参考点时 520# 报警

故障设备：交流伺服电动机，用于驱动 XH755 型加工中心的 Z 轴。

控制系统：以 α 交流伺服系统为主的闭环伺服进给系统。

故障现象：Z 轴返回参考点时，当移动到离减速开关还有 120mm 时，出现 520♯报警，无论如何操作，都不能返回到参考点。

诊断分析：

1）这台加工中心采用 FANUC OMC 数控系统，520♯报警的内容是 "OVER TRAVEL：+Z"，它提示 "Z 轴在正方向出现硬件超程"。

2）检查 Z 轴减速开关，在完好状态；查看减速挡块，位置也没有挪动。

3）经了解，故障的起因是 Z 轴伺服电动机曾出现异常声响，维修电工在拆卸电动机时，Z 轴下面没有托起，拿下电动机时 Z 轴向下滑动。

4）Z 轴使用绝对值编码器。分析认为，当伺服电动机脱开后，编码器位置出现了偏移，没有回到原来的位置，导致不能返回参考点。

故障处理：将 Z 轴托住后，使电动机与滚珠丝杠脱离，使用手轮使伺服电动机向正方向转动，同时从显示器上观察，将 Z 轴的数值增大到参考点距离之外，最后将电动机重新装上，再次回零时，故障不再出现。

经验总结：这种故障很少见，是在检修过程中方法不当，人为的因素造成新的故障。如果使用的编码器是增量式，则不会出现这种故障现象。

第7章

直流伺服电动机控制系统疑难故障诊断

◀◀◀

例 251　主轴电动机不能启动

故障设备：直流伺服电动机，用于驱动某数控铣床的主轴。

控制系统：直流伺服电动机的驱动系统。

故障现象：机床通电开机后，主轴电动机不能启动，并出现代码为 F10 的故障报警。

诊断分析：

1）F10 报警表示主轴电动机的驱动系统有故障。这个系统的工作原理是：将输入给定值与实际反馈值进行比较后，由速度调节器和电流调节器控制触发回路。触发脉冲经脉冲变压器隔离后输出，控制晶闸管导通，使电动机通电，带动主轴运转。

2）查看驱动装置的各个状态指示灯，发现在 A6 SNC236 电流调节板上，监测信号灯 VL201 不亮，它是系统的操作准备信号，不亮就表示操作准备没有完成。这一部分控制电路见图 7-1。晶体管 VT101 的基极接收到操作准备信号后，VT101 导通，引起继电器 KR101 吸合；KR101 的常开触点闭合后，又引起继电器 K17 吸合，将主轴电机的晶闸管触发回路接通。

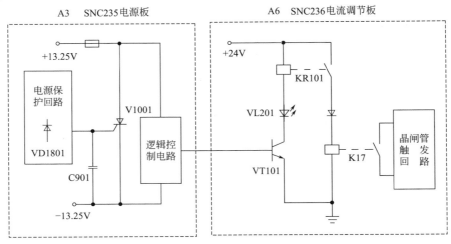

图 7-1　主轴电机控制回路（部分）

3）测量图 7-1 中的 24V 直流电压，在正常状态，继电器等元件也完好无损。但是在 VT101 的基极检测不到控制电压。这个控制电压是由电源板 A3 SNC235 提供的 +13.25V 电压，经过一系列的逻辑电路加上去的。

4）进一步检查电源板 A3 SNC235，发现在它的电源保护回路中，二极管 VD1801 性能发生变化，反向电阻很小。它漏电后引起保护晶闸管 V1001 导通，将 ±13.25V 直流电源短路，并造成 VT101 的基极无控制信号。

故障处理：更换二极管 VD1801 后，机床恢复正常工作。

例 252 主轴不能正向运转

故障设备：直流伺服电动机，用于驱动某数控车床中的主轴。

控制系统：三相全波可逆无环流直流调速装置。

故障现象：机床在执行主轴工作指令时，只能反向运转，而不能正向运转。显示屏和主轴控制板上也没有任何报警。

诊断分析：

1）根据故障现象，需要重点关注两个信号：一个是速度指令信号 VCMD；另一个是方向信号 SIGN。

2）检测发现，速度指令信号 VCMD 正常，但是方向信号 SIGN 有问题。而引起 SIGN 不正常的原因是电流控制比例积分电路 IC10 的输出信号异常。其正确的输出值 V_o 是 $-2.1V$，而实际输出是 0V，所以要对 IC10 进行重点检查。

3）有关的电路如图 7-2 所示。电流给定信号 VS1 与电流反馈信号 VS2 叠加组合后，由反向端输入到运算放大器 IC10 中。如果 VS1 与 VS2 的比例没有调整好，则输出信号 V_o 可能出现异常情况。所以在 VS1 为正的情况下，要调整好 VS1 与 VS2 的比例，使 $|VS1/R1| >$ $|VS2/R2|$，以保证 V_o 的输出为负值。

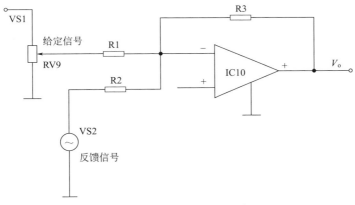

图 7-2 IC10 比例积分电路

故障处理：调整电位器 RV9，适当增大 VS1 后，实现了 V_o 为正值的要求，主轴恢复了正转功能。

经验总结：RV9 还影响到主轴电动机转矩的限制值，如果调得太大，会失去过载保护功能。

例 253 主轴突然停止运转

故障设备：直流伺服电动机，用于驱动某卧式加工中心（FANUC 0i-MA 数控系统）中的主轴。

控制系统：以直流伺服驱动器为主的速度控制系统。

故障现象：在自动加工过程中，主轴突然停止运转，而刀具还在继续进给，造成刀具撞坏。CRT上也没有显示任何报警。

诊断分析：

1）关机后，重新启动机床，在加工中进行观察，谨防刀具再次撞坏。工作一段时间后，主轴又突然停止运转。询问操作员工，了解到仅在使用$\phi63mm$的铣刀时，才会偶然出现这种故障，此时机床的振动较大。另外每次都是在X轴进给时出现故障。

2）在手动数据输入状态下，单独执行主轴正转、反转、停止指令，机床工作正常。在自动状态下进行空运转，也不出现故障。这说明机械部分是完好的。

3）检查主轴参数和运行指令，都在正常状态。执行语句中的速度指令已经给出。主轴伺服驱动器上也没有显示任何报警代码。

4）观察CRT的监视画面，发现在运转中主轴正向旋转信号SFR突然消失，怀疑线路中某处接触不良。

5）经过仔细查找，是SFR信号导线在插针处虚焊。当机床振动时，虚焊处产生接触不良的现象。

故障处理：重新焊接好SFR信号线。

例254   X轴高速移动时振动

故障设备：直流伺服电动机，用于驱动某四坐标轴数控铣床的X轴。

控制系统：TPY-3型直流伺服驱动装置。

故障现象：X轴在低速进给时完全正常，而以较高的速度进给时，出现振动现象。

诊断分析：

1）这台机床使用直流伺服系统，出现这种故障很可能是伺服系统的问题。由于X轴和Y轴的伺服系统完全相同，适合于用替换法检修。

2）将X轴与Y轴的直流伺服电动机对调，故障现象不变，说明伺服电动机是正常的。

3）将X轴与Y轴速度反馈系统的测量反馈线对调，然而故障依然在X轴，说明这部分没有问题。

4）将X轴与Y轴的直流伺服驱动装置TPY-3对调，故障便出现在Y轴上，说明X轴原来的伺服驱动装置有故障。

5）进一步检查，在伺服驱动装置的晶闸管模块TT104N中，有一只晶闸管不正常，其控制极与阴极之间的阻值为无穷大，而正常值是几十欧姆。

故障处理：更换同型号的晶闸管模块后，故障得以排除，X轴恢复正常工作。

例255   Y轴加工时强烈振动

故障设备：直流伺服电动机，用于驱动某立式加工中心的Y轴。

控制系统：以直流伺服驱动器为主的全闭环进给系统。

故障现象：在加工过程中，Y轴出现强烈振动现象。

诊断分析：

1）坐标轴出现振动，原因是伺服电动机不正常、伺服进给系统参数设置不当，也可能是机械传动部分不正常。

2）在手动方式下，摇动脉冲发生器使 Y 轴移动，故障现象不变。几分钟后，Y 轴伺服驱动器显示过电流报警。

3）用手盘动 Y 轴，没有沉重的感觉，证明机械方面没有问题。

4）检查进给系统的参数，在正常范围。更换伺服驱动器，故障现象不变，怀疑电动机不正常。

故障处理：试换直流伺服电动机后，故障立即消除，这说明伺服电动机有故障。拆开 Y 轴电动机，发现它的 6 个电刷中，有 2 个弹簧已经折断了，这造成了伺服电动机的电枢电流不平衡，又导致输出转矩不平衡。故而引起 Y 轴负载加重，并引起 Y 轴过电流和强烈振动。

经验总结：在直流伺服电动机中，电刷和弹簧是容易发生故障的部位。在使用中要定期检查电刷接触的情况，把故障消除在萌芽状态。

例 256 主轴出现异常响声

故障设备：直流伺服电动机，用于驱动辛辛那提 A850 型数控车床中的主轴。

控制系统：两组晶闸管反向并联的三相半波可逆调速系统。

故障现象：主轴在反转时，出现异常响声。

诊断分析：

1）在这台机床中，主轴是直流伺服电动机，根据检修经验，故障原因是一般是主轴测速发电机碳刷磨损，或换向器太脏，造成速度反馈电压不稳定，只要更换碳刷，清洁换向器就能排除故障。但是照此处理后，故障现象不变。

2）检查主轴电动机换向器，发现其碳刷被磨出 1mm 宽的沟槽。将沟槽车平后再试车，异常响声还是存在。

3）主轴电动机三相半波可逆调速系统的主回路如图 7-3 所示。主轴正转时，VTH1、VTH2、VTH3 导通；主轴反转时，VTH4、VTH5、VTH6 导通；用示波器观察主轴电动机电枢电压的波形，在正转时每个周期内有三个波峰，这是正确的，它们代表三相交流电的峰值。而主轴反转时，每个周期内只有两个波峰，这是不正常的，它说明有一只晶闸管没有导通。其原因是晶闸管损坏，或触发脉冲不正常。

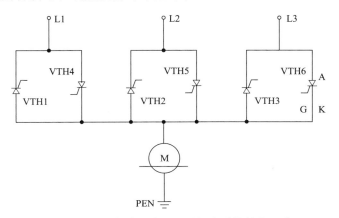

图 7-3 三相半波反并联可逆调速系统的主回路

4）检测反转组的晶闸管 VTH4、VTH5、VTH6，都在正常状态。检查反转组的触发脉冲，发现晶闸管 VTH6 的脉冲极性出现错误，脉冲的正极应该连接到晶闸管的门极 G，负极连接到晶闸管的阴极 K，但是实际接线与此相反，这造成主轴反转时晶闸管 VTH6 不能导通，电枢处于间歇通电状态，变速系统的齿轮不能均匀地转动，故而产生异常的响声。

故障处理：改正触发脉冲的错误连接。经了解，在发生故障前，维修电工曾经更换过晶闸管，不小心将触发脉冲接错。

例 257　主轴运转时声音沉闷

故障设备：直流伺服电动机，用于驱动 MCP-800 型数控仿型铣床中的主轴。

控制系统：FANUC 15 型直流主轴伺服系统。

故障现象：主轴在运行时，声音沉闷难听。工作一段时间后，显示屏上就会出现"FEED HOLD"报警。

诊断分析：

1）观察主轴直流伺服装置，发现红色指示灯 LED2 亮，这是过流报警，主轴也因此而不能再次启动。

2）先着手检查机械部分，未发现异常情况。再检查主轴电动机绕组和接线，都是正常的。查看碳刷和换向器，虽然有点磨损，但还是接触良好。

3）这是一个令人头痛的"软故障"，遂把注意力集中到主轴控制系统上。它采用 FANUC 15 型直流主轴伺服系统，这是一个由电流环构成内环，速度环构成外环的双环直流电机调速系统。主回路采用晶闸管三相全桥反并联可逆整流电路。伺服控制板上有几百个电子元件，逐一排查非常困难。先检查容易出问题的晶闸管，但是它们都在正常状态。

4）观察故障发生的规律，每天上午刚上班时，最容易出现这种故障。分析认为，此时电气元器件都在低温状态。针对这一特点，在机床刚通电时，用电吹风在距离线路板 8～10mm 处加热升温。当加热到点弧脉冲发生器这部分线路时，沉闷声立即消失。

5）用示波器观察这部分电路的输出波形，发现在常温下，两块 HA11A-OS03 芯片有点弧脉冲输出，这是正常的。而另外一块同型号的芯片没有点弧脉冲输出，这造成与 U 相连接的四个晶闸管失去触发脉冲。其后果是：整流出来的电压和电流波形出现很大的缺口，脉动成分显著加大，电动机换向困难，声音沉闷。由于整流后的直流电压低于正常值，电动机在驱动同样的负载时，要输出更大的电流，控制系统因此产生过流报警。

故障处理：更换损坏的 HA11A-OS03 芯片后，故障不再出现。

例 258　有"咔咔"的冲击声

故障设备：直流伺服电动机，用于拖动某机床中的主轴。

控制系统：无环流可逆控制系统。

故障现象：当使用 M03 指令启动主轴时，有"咔咔"的冲击声，电动机换向器上有轻微的火花，启动后运转时却表现正常。

诊断分析：

1）改用 M05 指令使主轴停止运转，换向器上的火花更为强烈，还伴有"啪啪"的放电声，接着交流回路的熔断器烧断。

2）换上熔断器后再观察，发现火花的强烈程度与电动机的转速有关，转速越高时，火花也越大，启动时的冲击声也越明显。

3）主轴电动机的驱动系统，是一个无环流可逆控制系统，任何时候不允许正、反转两组晶闸管同时导通，否则会造成严重的短路。主轴在正常停机时采用回馈制动，制动过程为"本桥逆变—电流为零—他桥逆变制动"。在停机过程中烧坏熔断器，说明故障与他桥逆变电路有关。

4）他桥逆变时，电动机运行在发电机状态，这时晶闸管触发控制电路必须在适当的时刻发出脉冲，使已经导通的晶闸管承受反向电压而关断。如果任其继续导通，就会进入整流状态，其输出电压与电动势顺极性串联，造成短路，引起换向器上出现火花，并将熔断器烧断。另外在启动过程中，若漏发触发脉冲，则晶闸管输出断断续续，造成电动机启动时出现冲击现象。由此分析认为，晶闸管的触发电路有故障，不能按时发出触发脉冲。

故障处理：试换触发板后，机床恢复正常工作。

例 259　X 轴定位不准确

故障设备：直流伺服电动机，用于某数控液压板料折弯机。

控制系统：以直流伺服驱动器为主的闭环进给系统。

故障现象：X 轴（后挡料）在折弯定位时，定位不准确。每次开机时，定位精度在 0.05～0.1mm 之间无规律地变化，而且在连续折弯时误差不断地积累，例如连续折弯 4 次，工件尺寸误差就会超过 0.3mm。

诊断分析：

1）检查电动机与丝杠联轴器，并用百分表检测丝杠的轴向串动，都没有问题。检查后挡料（X 轴）传动链，不存在传动间隙。

2）用手正反向转动滚珠丝杠，检查丝杠螺母的反向间隙，误差在规定的范围之内。

3）检查数控系统的参数，各项设置完全正确。

4）打开电动机的后盖检查，发现紧固编码器和电动机轴的顶丝已经松动，这造成电动机在正反向转动时，编码器不能正确地反映实际位置。转动次数越多，检测的理论位置与后部挡料实际位置误差越大。

故障处理：对顶丝进行紧固。

经验总结：这台设备使用时间不长就出现了这种故障，其原因是生产厂家在安装编码器时，没有将顶丝紧固。一颗小小的螺钉，就会造成比较复杂，难以查找的故障。在电气传动设备的制造、使用、保养、维修的整个过程中，自始至终必须一丝不苟！

例 260　Z 轴误差寄存器出错

故障设备：直流伺服电动机，用于驱动 M52100A 型数控导轨磨床中的 Z 轴。

控制系统：直流伺服驱动器。

故障现象：在移动 Z 轴时，CRT 上出现 31♯报警。

诊断分析：

1）这台数控磨床采用 FANUC 3 数控系统，31♯报警提示 "Z 轴误差寄存器出错"。

2）对 X 轴和 Y 轴进行检查，工作完全正常，这说明数控系统没有问题。

3）将 Z 轴的速度控制单元与 X 轴交换使用，故障现象没有改变，这说有 Z 轴的速度控制单元不存在问题。

4）对故障发生的过程进行仔细地观察，发现 CRT 在显示 31♯报警之前，还出现过 35♯报警，只不过显示 35♯报警的时间很短，稍不留心就被忽视了。35♯报警的内容是 "Z 轴漂移补偿太大"，其原因有导线连接不良、数控系统设定的漂移量太大等。

5）对 Z 轴主回路和反馈回路的电缆、插接件进行检查，没有发现接触不良的问题。

6）对伺服电动机进行检查，发现有一个碳刷上的弹簧断为三节，导致伺服电动机的电源不能正常接通。

故障处理：更换损坏的碳刷。

例 261   加工的产品完全报废

故障设备：直流伺服电动机，用于某数控折弯机。

控制系统：以直流伺服驱动器为主的半闭环伺服驱动系统。

故障现象：机床使用几年后，加工的产品尺寸误差太大，以致完全报废。

诊断分析：

1）对折弯机的加工过程进行观察，发现其后部挡位块位置偏高。挡位块由一个半闭环的伺服驱动轴进行驱动，其定位取决于伺服电动机。检查伺服电动机的控制回路和驱动器，都在正常状态，这说明电气部分是完好的，需要检查机械传动部分。

2）打开伺服电动机与滚珠丝杠的传动箱盖，可以看到电动机与丝杠由一条同步齿形带相连接，其中间有一个凸轮，用以调节同步齿形带的张紧程度。使用几年后，同步齿形带已经严重变形，长度增加，凸轮已经无法调节同步齿形带的张紧程度。

3）在这种情况下，当伺服电动机转动时，齿形带有时会错位，从而导致挡位块偏离正常位置，并导致轴定位出现偏差，轻则使加工工件报废，重则导致意外事故。

故障处理：更换齿形带，并重新调整其张紧程度。

例 262   主轴的转速不能提升

故障设备：直流伺服电动机，用于驱动 TH6350A 型卧式加工中心的主轴。

控制系统：以直流伺服驱动器为主的速度控制系统。

故障现象：机床在工作过程中，主轴转速不能提升到指定的数值，并显示 2003♯ 报警，负载表指向红区。

诊断分析：

1）这台加工中心采用 FANUC BESK 6 数控系统，2003♯ 报警为主轴伺服报警。负载表指向红区，也说明主轴负载过重。

2）根据直流伺服系统的特点，首先检查电刷和整流子，发现整流子上有严重灼伤的疤痕，这说明电刷剧烈打火。用细砂纸将整流子打磨干净后，电火花基本消除。

3）此时主轴转速有所提高，但是仍然达不到设定的转速，无论是低速还是高速，实际转速与设定转速总是相差一定的比例。于是怀疑主轴转速的倍率不对。

4）检查转速倍率开关，设定在 70% 挡位，难怪实际转速与设定转速总是存在一定的比例。

故障处理：

1）将转速倍率开关改至 100% 挡位后，主轴转速提高，接近设定速度，2003♯ 报警不再出现，负载表也退出了红区，但是转速还是有些偏低。

2）根据维修手册的提示，将主轴伺服板上的电位器 RV3 逆时针调整一格。其后主轴转速完全达到设定值，故障彻底排除。

例 263   主轴在高速挡不旋转

故障设备：55kW 的直流伺服电动机，用于驱动 17-10GM300/NC 型数控龙门镗铣床中的主轴。

控制系统：直流伺服驱动装置。

故障现象：机床用自动运行方式工作时，主轴电动机只能低速运转，转速一旦升高，就会出现过载报警，加工自行停止。

诊断分析：

1）检查主轴直流伺服装置，发现三相进线的 L1、L2 两相保险已经烧断。

2）更换保险后，主轴可以在手动方式下以 10r/min 的低速运转，但是转速很不稳定，在 3～12r/min 的范围内变化。电动机的电枢电流也超过正常值。

3）转入自动运行方式，L1、L2 两相保险又立即熔断。

4）主轴的伺服装置中，采用了三相桥式整流电路，如图 7-4 所示。经了解，这个故障是在一次电网突然拉闸停电后出现的。

5）根据电气原理，电动机在高速运转时，如果突然断电，在电机的电枢两端会产生一个很高的反电势，其数值大约是电源电压的 3～5 倍。在这个伺服单元中，对晶闸管没有采取保护措施，难以抵御偶发性浪涌过电压，所以电路中的元件，特别是晶闸管等很容易击穿，造成失控状态。

6）对图中的元件进行检测，VTH1 和 VTH4 阳极与阴极之间的绝缘电阻为 1.2MΩ，其余 4 只都在 10MΩ 以上，说明这两只管子的性能很

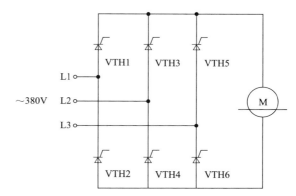

图 7-4　伺服电机三相桥式可控整流电路

差，但是没有完全击穿。在低速、小电流的情况下，它们还可以勉强工作。当转速升高，电流增大时便被击穿而造成短路。

故障处理：更换 VTH1 和 VTH4 这两只性能不良的两只晶闸管。

经验总结：还需要在各只晶闸管上并联一只压敏电阻，进行过压保护，以预防同类故障。

例 264　主轴运转时力量不足

故障设备：直流伺服电动机，用于驱动 200 型数控铣床中的主轴。

控制系统：西门子 6R27A 型直流伺服驱动装置。

故障现象：主轴中的直流伺服电动机启动后，运转中力量不足，很少的吃刀量就出现闷车现象。

诊断分析：

1）查看伺服系统的参数，没有发生变化。

2）对主轴电动机、励磁主回路、外围线路进行检查，没有发现异常现象。

3）对励磁限幅值等相关参数进行调整，也不起任何作用。

4）测量励磁装置的输出电压，仅为 70V 左右，远远低于励磁装置所显示的电压值，这造成励磁不足，主轴电动机不能达到额定功率，分析可能是外部干扰所造成。

故障处理：对励磁给定值 P76 进行调整，将其调整到设备出厂时的设置值，再通电试车，励磁输出电压恢复正常，故障不再出现。

　　另有一台俄罗斯制造的 125 型数控镗床，在使用几年后，对其直流伺服驱动部分进行改造，采用了英国欧陆公司的 590C 型数字直流调速装置，替换原驱动控制部分。在调试时发现 Z 轴（伺服进给轴）在加工过程中有"偷跑"现象。检查数控系统控制参数，设置是正确的。电气元件和外围线路也没有问题。分析认为是调速装置中的积分环节设置不当，对给定环节的反应太慢。改变调速装置中的 409♯ 参数后，故障得以排除。

例 265   X 轴电动机高速运转

　　故障设备：SIEMENS 1HU3076 型直流伺服电动机，用于驱动某数控铣床的 X 轴。

　　控制系统：以伺服驱动器为主的全闭环进给系统。

　　故障现象：机床在进行自动加工时，X 轴伺服电动机以非常高的速度转动，CRT 上显示 ALM410 报警。

　　诊断分析：

　　1）这台数控铣床使用 FANUC 6M 数控系统，ALM410 报警的内容是"在机床停止时，X 轴误差寄存器的内容大于允许值"。通俗地说，就是指 X 轴的位置误差大于设定值。

　　2）根据检修经验，产生这种故障的根源在伺服系统中，可能是伺服电动机的电枢极性接反、测速发电机的反馈极性接反等。

　　3）经了解，这台铣床刚刚进行过修理，并对 X 轴伺服电动机进行了重新安装，这是修理后首次投入使用。这台直流伺服电动机的型号是 SIEMENS 1HU3076，它不带测速发电机，通过对编码器的 F/V 转换，获得电动机的转速反馈信号。因此不存在测速发电机的反馈极性接反的问题，很可能是电动机电枢线的极性接反。

　　故障处理：直接交换伺服电动机电枢电源的正、负极，故障不再出现。

　　经验总结：如果调换测速发电机极性，要将伺服电动机与机械传动装置的连接脱离开，以防止伺服电动机再次高速启动，因冲撞而损坏进给机构。

例 266   一通电就快速运动

　　故障设备：直流伺服电动机，用于驱动 YQC20/50B 型立式加工中心的 Y 轴。

　　控制系统：以直流伺服驱动器为主的全闭环进给系统。

　　故障现象：机床通电后，CNC 刚刚完成启动，还没有发出任何操作指令，Y 轴就以极快的速度运动，达到极限位置才停止下来。此时机床伴有强烈的振动，但是 CRT 上没有显示任何报警。

　　诊断分析：

　　1）这种故障很容易损坏机床，不能在运动中进行多次观察。

　　2）Y 轴进给驱动采用的是直流伺服电动机，关断伺服驱动器的电源，对 CNC 进行检查，它没有向 Y 轴发出不正常的运动指令。

　　3）从机床伴有强烈振动这一点来看，Y 轴伺服驱动器发生故障的可能性比较大。

　　4）拆开伺服驱动器，进行检查和比较，发现有一个厚膜驱动块损坏，其型号是 DK421B。

　　故障处理：试换厚膜驱动块后，通电再试，故障没有再次出现。

　　另有一台波兰制造的机床，在 X 轴加工过程中，突然出现飞车现象，并出现 104♯ 报警："KAC Limit Reachd"。将 X 轴伺服电动机的位控板与 Y 轴互相交换后，故障和报警便转移到 Y 轴上，这说明 X 轴的位控板有故障。断电后取出位控板检查，没有发现哪只元件损坏，只是板上太脏，堆积着很多灰尘。清除位控板灰尘后，机床故障排除。

例 267　C 轴的运转速度太快

故障设备：直流伺服电动机，用于驱动 EDNC-32 型数控电火花切割机床的 C 轴。

控制系统：以直流伺服放大器为主的闭环速度控制系统。

故障现象：机床在进行切割加工时，C 轴的运转速度太快，影响到正常加工，但是没有出现报警信号。

诊断分析：

1）出现失速故障，问题一般在伺服环节，通常是速度指令、测速反馈回路、伺服放大器不正常。

2）利用 HP54602 型数字记忆示波器，观察送往伺服放大器的速度指令信号 VCMD，这个信号完全正常，这说明数控系统没有问题。

3）试换伺服放大器，故障现象不变。

4）检查测速反馈回路，其电路方框图见图 7-5。在这台机床中，C 轴直流伺服电动机没有配置测速发电机，只安装了脉冲编码器。由编码器送出的反馈信号，经过"频率—电压转换器"（F/V）转换后，形成与转速成正比的电压信号，对速度实行反馈调节。为了防止干扰，对一些重要的信号采用光电耦合隔离。例如编码器与 CNC 之间增加了一个隔离放大器；脉冲编码器的电源，也使用了一个 DC-DC 直流变换器，＋5V 直流电源经隔离变换后，再加到编码器上。

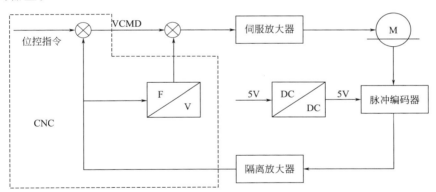

图 7-5　C 轴测速反馈电路方框图

5）用示波器观察脉冲编码器输出的反馈信号，发现与正常信号有很大区别。进一步检查，是 5V 直流电压不稳定，有时下降到 3V 左右。接着检查 DC-DC 直流变换器的输入电源，5V 电压很稳定，这说明直流变换器有故障。

故障处理：用一只国产的 5V 直流变换器，替换原来的变换器。

例 268　停机瞬间转速反而升高

故障设备：直流伺服电动机，用于驱动某镗铣床（英国制造）中的立柱进给机构。

控制系统：直流伺服驱动器。

故障现象：当立柱进给加工结束时，按下停止按钮，在停止瞬间直流伺服电动机不能停止下来，转速反而迅速升高，造成刀具损坏。特别是带着铣头进行铣削加工时，将铣头打坏。

诊断分析：

1）对直流伺服电动机的主回路和控制回路进行直观检查，没有发现任何异常现象。

2）测量控制回路中各个关键点的电压，发现在电子调速系统中，速度调节器 ST 的输出端 U_o 有不正常的信号输出。其电路如图 7-6 所示，ST 的反相输入端通过正反转继电器 KH1、KH2 的常闭触点接地（实际连接的是控制柜的金属外壳）。

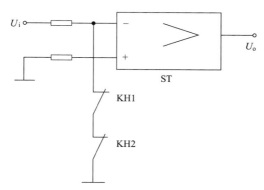

图 7-6　速度调节器反相输入端的接地

3）在系统没有输入信号时，KH1、KH2 的常闭触点都处于闭合状态，ST 的输出电压 U_o 应为 0V，以避免干扰信号进入后级放大器。而现在却有几伏的信号输出。

4）用毫伏表对反相输入端进行测量，在无任何信号输入时，竟有 100mV 以上的电压，幅值也一直在变化，这是一个来历不明的信号。

5）在这台机床中，交流电源的零线也连接到控制柜的金属外壳上，并与保护接地线相连接，怀疑从交流电源的零线上引入了干扰信号。

故障处理：将零线 N 从控制柜外壳上拆除，此时反相端的信号电压为 0V，故障不再出现。

经验总结：在电子设备中，各种形式的干扰信号都会通过交流电源和其他途径进入设备。所以最好不要将交流电源的零线 N 与电子设备的地线（机壳线）连接在一起。若不可避免地接在一起，则要采取相应的抗干扰措施，否则将对电子线路产生干扰，影响设备的正常工作。

例 269　转速一升高就烧保险

故障设备：直流伺服电动机，用于驱动某数控龙门镗铣床的主轴。

控制系统：直流伺服驱动装置。

故障现象：在自动方式下，主轴转动时突然停车，并发出报警提示过负荷。

诊断分析：

1）检查直流伺服驱动装置的三相进线，L3 相保险已经烧断。

2）更换保险后再启动，故障又重复出现。

3）再次更换保险，试用手动方式，在 3～12r/min 之间可以运行，但是转速一升高又不行了。

4）经了解，这台机床原来工作很正常。前几天在加工途中，伺服电动机正在以高速运转时，外部电网突然停电。来电后再启动就不正常了，频频烧保险。

5）检查三相电源都正常，机床的机械部分也没有异常情况，不存在负载过重的问题。

6）检查伺服装置的驱动板，发现有两只晶闸管被击穿，处于短路状态。

故障处理：更换损坏的晶闸管，并将新元件的耐压提高一个等级，以防止在突然停电时再次被击穿。

经验总结：主轴正在高速运转时，如果电网突然停电，在电动机的电枢两端会产生一个很高的反电动势，其数值约为电动机额定电压的 3～5 倍。在这个电压作用下，伺服装置中的晶闸管很容易被击穿。

例 270　主轴一加载就会跳闸

故障设备：直流伺服电动机，用于驱动某数控铣床的主轴。

控制系统：直流伺服驱动装置。

故障现象：主轴在空转时运转正常，一旦加上负载，主轴电动机就立即跳闸。

诊断分析：

1）从故障现象来看，主轴电动机或机械部分可能存在故障。

2）关断机床电源，用手盘动主轴，转动轻松自如，无异常响声和摩擦现象，由此认定机械部分在完好状态，要重点检查电气控制部分。

3）测量三相电源电压，也在 380V 的正常范围。

4）检查主轴的直流伺服电动机，绕组完全正常，对地绝缘电阻也高达数兆欧。

5）用钳形表测量主轴电动机电流，三相完全平衡，而且数值小于额定电流，这进一步说明机械和电动机没有问题。

6）怀疑电动机保护电路误动作。测量主轴电动机内部的热敏电阻，其阻值忽大忽小，无规律地变化。

故障处理：当时时间紧迫，急于交货，如果更换主轴电动机内部的热敏电阻，要大拆大卸，有较大的难度，故将热敏电阻的接线断开，在伺服控制板上另外加上一只 300Ω、1/8W 的电阻，以代替热敏电阻，这样主轴立即恢复正常工作。

例 271　工作一段时间后报警

故障设备：直流伺服电动机，用于驱动 S3/3TA-242 型数控车床中的 X 轴。

控制系统：以直流伺服驱动器为主的闭环进给系统。

故障现象：机床工作一段时间后，出现 01♯ 报警，加工自动停止。

诊断分析：

1）这台数控车床采用 FANUC 3M 数控系统，01♯ 报警的内容是机床处于过载状态。当伺服电动机、伺服驱动器、伺服变压器等部件过热时，其内部的检测元件（热电阻检测开关等）将过热信号传递给数控系统，在显示屏上显示 01♯ 过载报警。

2）关断电源后，用手试探 X 轴和 Z 轴伺服变压器、伺服电动机的温度，感觉到 X 轴伺服变压器、伺服电动机的温度都比较高，故障很可能在 X 轴中。

3）在正常情况下，热电阻检测开关的电阻值为零；当它检测到过热信号时，电阻值接近无穷大。用万用表测量，X 轴伺服变压器检测开关的电阻值为零，而伺服电动机检测开关的电阻值接近无穷大，这说明伺服电动机的温度过高，处于过载状态。

4）这台伺服电动机是直流伺服电动机，检查发现碳刷磨损比较严重，怀疑其接触不良。更换碳刷后，未能排除故障。

5）将伺服电动机从机床上拆下，松开抱闸后用手旋转，感到有阻滞现象。将它解体检查，发现端部的轴承已经严重磨损。

故障处理：更换轴承后，机床恢复正常工作。

第8章

<<<

测速发电机控制系统疑难故障诊断

例 272　纵切机 Z 轴不能启动

故障设备：测速发电机，用于瑞士数控纵切自动机中的 Z 轴，对进给速度进行自动检测和反馈。

控制系统：带有测速发电机的全闭环伺服进给系统。

故障现象：机床通电后，Z 轴不能启动，显示器上出现 222♯报警。

诊断分析：

1）这台数控纵切自动机采用 SINUMERIK 8MC 数控系统，222♯报警提示"伺服控制环没有准备好"。因此要重点检查 Z 轴伺服进给单元。

2）检查 Z 轴直流伺服单元，发现"Fault"红色故障指示灯亮，初步判断 Z 轴伺服放大单元不正常。

3）采用"替换法"更换伺服放大板后，在空载运行时，机床工作正常，但加上负载进入实际工作时，又出现同样的故障现象。

4）在这台机床中，伺服电动机与测速发电机做成一体。用万用表测量电动机阻值，在正常状态。

5）再测量测速发电机绕组的阻值，达到数百欧，并且随着旋转角度变化。

6）怀疑测速发电机有问题，拆开后检查，发现是电刷严重卡阻。

故障处理：小心地将电刷拆下，在细砂纸上轻轻打磨，同时清扫换向器的污垢，再重新装好。开机后故障不再出现。

例 273　刚一通电就高速运转

故障设备：测速发电机，用于某加工中心的 X 轴，对进给速度进行测量和反馈。

控制系统：带有测速发电机的全闭环伺服进给系统。

故障现象：机床刚一接通电源，X 轴伺服电动机就高速运转，同时 CRT 上出现 410♯报警。

诊断分析：

1）这台加工中心采用 FANUC 6ME 数控系统，410♯报警提示"在机床停止时，X 轴误差寄存器的内容大于允许值"。

2）经了解，在发生故障之前，由于 X 轴伺服电动机损坏，进行了更换，然后出现这种速度失控的故障。

3）分析认为，在更换伺服电动机时，很有可能将测速发电机线圈的极性接反了。

故障处理：直接调换测速发电机线圈的极性。再次通电后，故障不再出现。

经验总结：

1）这种故障在第一次开机调试中经常碰到，常见原因是测速发电机线圈的极性接反了，也可能是伺服电动机的电枢极性接反。

2）为了防止伺服电动机再次高速运转，损伤传动系统，在维修时应将电动机与机械传动系统脱开。

例 274　主轴的转速不稳定

故障设备：测速发电机，用于某加工中心主轴，对运转速度进行检测和反馈。

控制系统：带有测速发电机的闭环速度控制电路。

故障现象：在加工过程中，主轴电动机的运转速度不稳定，时快时慢。

诊断分析：

1）观察故障现象，向主轴发出 100r/min 的运转指令后，主轴先以（110±3）r/min 的速度运转。几分钟后，主轴发出变速齿轮声，速度下降到 92r/min 左右。稳定一段时间后，又上升到 110r/min 左右，然后又返回到 92r/min 左右。如此反复循环，而正常的速度应当是（100±1）r/min。

2）对电气和机械部分反复排查，还进行了人工模拟试验，都没有找出故障原因，于是怀疑主轴电动机有故障。

3）这台机床的主轴采用直流伺服电动机。将它拆开后，先对故障率比较高的测速发电机进行检查。测量换向片之间的电阻，多数是 5.5Ω 左右，但是有少数在 4Ω 以下，有的甚至低于 1Ω，这说明换向片之间存在着短路现象。

故障处理：对换向片之间的脏物进行仔细清理，使电阻值都恢复到 5.5Ω 左右，故障不再出现。

经验总结：在直流伺服系统中，测速发电机的故障占有相当大的比例。

例 275　U 轴低速时走刀不稳

故障设备：测速发电机，用于德国 ⌀160mm 数控镗铣床的 U 轴，对进给速度进行测量和反馈。

控制系统：带有测速发电机的全闭环伺服进给系统。

故障现象：U 轴低速走刀时，速度不稳定，类似于爬行，U 轴数显表也时快时慢。

诊断分析：

1）仔细观察，发现数显表有反方向计数现象。将 U 轴速度提高之后，故障便消失。

2）为了减轻工作台的负荷，将工作台的气压适当调高。调整后工作台能浮起 5～7μm，但故障现象不变。

3）判断机械系统有无故障。将机械部分与电动机脱开，对电动机空转试车，发现电动机有反转现象，并且是间歇性地出现，由此说明故障在电气方面。

4）怀疑调速系统的低速特性不良。于是调节系统的比例增益电阻，以改善低速特性，但是情况没有好转。

5）由于 B 轴和 U 轴系统相同，遂将两个系统的调速装置进行对换，但故障现象不变。

6）怀疑 U 轴电气部分与系统之间的连接导线有问题。用兆欧表检查电动机的相线，绝缘电阻正常。

7）再检查测速发电机的导线，发现绝缘电阻很低。将导线从线槽中拉出，发现它已浸入水中。这台机床使用循环水进行冷却，水又不断地溅入线槽中，损坏了导线的绝缘。

故障处理：更换测速发电机的导线。

276 X 轴电动机突然失控

故障设备：测速发电机，用于某数控铣床的 X 轴中，对进给速度进行测量和反馈。

控制系统：带有测速发电机的全闭环伺服进给系统。

故障现象：在自动加工过程中，X 轴电动机突然失控，X 轴以极快的速度向正方向移动，造成刀具损坏，工件报废。

诊断分析：

1）为了确认故障部位，将 X 轴与 Y 轴的伺服电动机交换，然后再次试验，发现故障转移到了 Y 轴。由此可以判定故障是由 X 轴原来的伺服电动机引起的。

2）将全闭环控制改为半闭环控制，然后将 X 轴伺服电动机与滚珠丝杠的连接脱离开，编制一个试验程序，以检验 X 轴能否正常工作。进行十几次的反复试验，发现故障出现在 X 轴启动的瞬间。

3）进一步检查发现，当 X 轴失控时，位置测量部位有反馈信号，伺服驱动器的输出电压也达到了最大值。由此初步判定位置测量元件——脉冲编码器工作正常，很可能是测速发电机有问题。

4）拆下伺服电动机，仔细检查它的内装式测速发电机，发现电刷弹簧片已经失去弹性，不能灵活地移动，造成电刷与滑环接触不良。

故障处理：将电刷弹簧片全部更换，并仔细调整好电刷位置。

另有一台 IRB2000 型工业机器人，在加工过程中控制轴速度失控，且有不正常的振动，同时出现 509 237 报警。查阅使用说明书，509 237 报警的内容是"第七轴的测速发电机不良或断路"。测量测速发电机的绕组，发现内部已经断线。这个绕组所用的漆包线线径仅为 0.2mm，绕制非常困难，于是向原生产厂家订货。更换测速发电机后，设备恢复正常。

例 277 Y 轴进给速度太快

故障设备：测速发电机，用于 JCS-018 型立式加工中心的 Y 轴，进行速度测量和反馈。

控制系统：带有测速发电机的全闭环伺服进给系统。

故障现象：加工时 Y 轴速度太快，并且出现 37♯ 报警。

诊断分析：

1）查看这台机床的维修手册，37♯ 报警的内容是"Y 轴位置控制偏移量过大"。其原因有两条：一是伺服电动机无电源或者电源线开路；二是伺服电动机与位置检测器之间的连线松动。现在伺服电动机可以运转，说明其电源和线路正常。要集中精力进行第二个方面的检查。

2）分析 NC 系统的 01GN710 位置控制器，它的 X、Y、Z 三个伺服驱动系统的结构和参数完全一致，其接线框图如图 8-1 所示。由于 X 轴和 Z 轴工作都正常，可以用替换法进行检查。

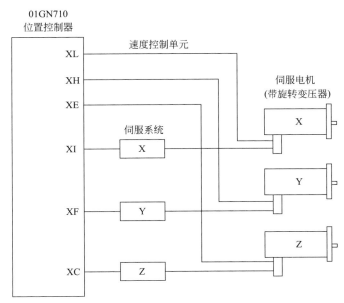

图 8-1 三轴直流伺服系统接线图

3）将图中的连接线 XI（X 轴）与 XF（Y 轴）对换，即用 X 轴的信号去控制 Y 轴，而用 Y 轴的信号去控制 X 轴。结果依然是 Y 轴有故障，这说明 NC 系统是正常的。

4）将 X 轴和 Y 轴的伺服驱动系统进行对换，Y 轴故障还是存在，这说明伺服驱动系统也没有问题。

5）测速发电机是产生速度控制信号，对伺服电动机做恒速控制的重要元件，如果发生故障，就会影响进给轴速度的位移量。因此不能忽视对测速发电机的检查。

6）拆开 Y 轴伺服电动机，发现它与测速发电机之间的连接齿轮松动。此时，测速发电机的取样就偏离了实际情况，从而造成 Y 轴速度异常。

故障处理：将连接齿轮紧固，还要亡羊补牢，定期进行检查。

例 278　X 轴在进给时振动

故障设备：测速发电机，用于某数控铣床的 X 轴，对进给速度进行测量和反馈。

控制系统：带有测速发电机的全闭环伺服进给系统。以伺服驱动器为主的进给系统。

故障现象：这台数控铣床的 X 轴在进给运动过程中，出现比较大的振动，并伴有噪声，但是 CRT 和伺服驱动器上都没有出现任何报警信息。

诊断分析：

1）观察发现，X 轴振动的频率与运动速度有关，运动速度慢则振动频率较低，运动速度快振动频率就升高，故障很可能与速度反馈环节有关。

2）检查 X 轴伺服电动机的内装式测速发电机，发现换向器表面沉积着较多的碳粉，用压缩空气进行吹扫后，故障未能消除。

3）用万用表测量 X 轴测速发电机换向片之间的电阻值，经对比，发现有一对极片间的电阻值不正常，远远大于其他各对极片间的电阻值，这说明测速发电机绕组内部存在断路现象。

故障处理：更换新的测速发电机后，机床恢复正常工作。

经验总结：在数控机床中，进给轴振动和速度不稳定是比较常见的故障，常伴有跟踪误差不稳、轮廓监控报警、伺服单元过载报警。进给速度的不同也会导致不同的报警。常见的原因是伺服单元和位置反馈元件出现故障，有时是机械故障。在机械上动手往往工作量很大，所以要先排除电气故障，避免不必要的大动大拆。

例 279　Y 轴移动时强烈振动

故障设备：测速发电机，用于 XK715F 型立式数控铣床的 Y 轴，对进给速度进行检测和实时反馈。

控制系统：带有测速发电机的闭环伺服进给系统。

故障现象：当 Y 轴移动时，出现强烈的振动，快速移动时振动更为明显，加工出来的工件也不合格。

诊断分析：

1）对其他轴进行检查，没有出现这种故障现象。这说明故障在 Y 轴伺服进给电路或 Y 轴速度反馈电路中。

2）检查 Y 轴控制板上的速度指令信号，在正常状态；检测速度反馈信号，发现其中夹杂着不规则的脉冲信号。分析问题存在于速度反馈元件——测速发电机中。

3）当 Y 轴伺服电动机运转时，测速发电机输出与电动机的转速成正比的反馈电压。在低速状态下，用示波器观察 Y 轴测速发电机的输出电压波形，并与 X 轴测速发电机的输出电压波形相比较，发现 Y 轴电压的波形有较大的波动，而 X 轴电压的波形相当平稳。

4）检查测速发电机，其碳刷完好无损，但是换向器被碳粉填塞，阻碍了速度信号的传递，导致反馈信号中出现不规则的脉冲，驱动系统输出的电流时大时小，主轴也产生抖动和噪声。

故障处理：清除碳粉后，装上测速发电机，再用示波器观察波形，纹波大大减小。移动 Y 轴时，不再出现振动，机床恢复正常工作。

例 280　Z 轴出现无规则的振动

故障设备：测速发电机，用于 HR-5B 型加工中心的 Z 轴，对进给速度进行测量和反馈。

控制系统：带有测速发电机的闭环速度控制系统。

故障现象：使用几年后，Z 轴在进给运动中产生无规则的振动，影响到加工精度。

诊断分析：

1）检查 Z 轴的参数设置，与 X 轴、Y 轴没有区别。

2）拆开 Z 轴的直流测速发电机，发现换向器表面比较毛糙，有放电所产生的凹凸不平的斑痕。

3）打磨换向器和碳刷后，情况有所好转，但仍有振动现象。

4）再次逐一检查各只碳刷，发现有一只碳刷的弹簧严重变形，引起压力不足，碳刷和换向器之间接触不良。

故障处理：经过调整和修复，4 只碳刷的压力基本相等，振动现象完全消除。

经验总结：直流测速发电机在闭环控制回路中起关键作用，它是由碳刷、换向器、转子等组成的精密机械器件。但是碳刷、换向器之间的机械触点容易出现振动、放电、发热及变形现象，使进给系统出现一些故障，这一点在检修时要引起注意。

例281 出现剧烈窜动的现象

故障设备：测速发电机，用于某加工中心的 Z 轴，进行速度测量和反馈。

控制系统：带有测速发电机的闭环速度控制电路。

故障现象：Z 轴伺服电动机在启动加速时，出现振动现象。转速低时振动较小，转速升高时振动加大，Z 轴甚至出现剧烈窜动的现象，随后自动停车。显示器上出现 05♯ 和 07♯ 报警。

诊断分析：

1）这台数控机床采用 FANUC 7M 数控系统，05♯ 和 07♯ 报警分别提示"系统处于急停状态"、"伺服驱动系统未准备好"。

2）检查机床的滚珠丝杠、联轴器、导轨镶条等机械部件，无卡堵和呆滞现象，导轨润滑良好。

3）检测伺服驱动板及有关电气元件，都在正常状态。

4）拆开直流测速发电机检查，发现有不正常的情况：两换向片之间的电阻正常值应为 31Ω，经逐片测试，发现 3、4、5、6 片之间两两不通，这说明转子中有好几个线圈断路。这造成反馈电压时有时无，比较器中指令电压和反馈电压的差值忽高忽低，经闭环控制后，伺服电动机转速时快时慢，产生振荡和窜动，并引起急停和报警。

故障处理：更换测速发电机的转子、修整碳刷后，机床恢复正常工作。

例282 出现较大幅度的振荡

故障设备：测速发电机，用于某车削加工中心的 Z 轴，对进给速度进行测量和反馈。

控制系统：带有测速发电机的全闭环伺服进给系统。

故障现象：Z 轴出现较大幅度的振荡，发出停止指令也不能停机，必须关断电源才能使 Z 轴停止，但是显示器上没有出现任何报警。

诊断分析：

1）观察机床的振荡情况，振荡频率不高，也没有出现异常的声音。怀疑故障与数控系统的闭环参数有关，如积分时间常数过大、系统增益太高等。

2）检查系统闭环参数的设置，伺服驱动器的增益、积分时间等，都在合适的范围，与故障发生之前的设置没有区别，这说明故障与闭环参数无关。

3）记录好原来的参数后，试将这些参数进行调节，故障现象不变。

4）对伺服电动机与测量系统进行检查，发现伺服电动机轴与测速发电机转子铁芯之间，是用胶粘接的。经过长期的加、减速运动和正反向旋转，使得粘接部分脱开，连接出现松动。其后果是：测速发电机的转子与电动机的传动轴之间出现了相对运动，测速发电机不能准确地反馈速度信号。显然，这就是故障的根源。

故障处理：重新连接松动部位后，Z 轴振荡现象不再出现。

例283 高速进给时出现振荡

故障设备：测速发电机，用于 CINCINNATI 型四坐标轴数控铣床的 X 轴，对进给速度进行检测和反馈。

控制系统：带有测速发电机的闭环速度调节电路。

故障现象：X轴在低速进给时基本正常，但是如果采用较高的速度，就出现振荡和摆动现象，显示器上偶尔出现超差报警。

诊断分析：

1）观察其他几个轴的工作，都在正常状态，这说明NC系统没有问题。

2）在低速和高速两种状态下，对X轴的运动进行仔细的观察，发现低速时的跟踪误差也不稳定，只是误差较小，不容易察觉。高速时误差则明显变大。

3）检查X轴的重复定位精度，在正常状态，分析是伺服驱动系统有问题。进一步检查，故障原因是直流测速发电机的碳刷过度磨损，导致接触不良。

故障处理：更换测速发电机的碳刷。

经验总结：数控系统的速度环是一个闭环反馈调节系统，有一定的校正能力。如果碳刷接触不良，在低速时速度环尚能进行调节补偿，所以振荡不明显，也不会出现报警；速度较高时波动太大，超过了NC系统的矫正能力，伺服轴就会出现明显的振荡，有时会伴有报警。

例284 点动时出现自振荡现象

故障设备：测速发电机，用于17-FP175NC型龙门式加工中心的Z轴，对进给速度进行测量和反馈。

控制系统：带有测速发电机的全闭环伺服进给系统。

故障现象：在手动方式下，Z轴滑枕正、反方向点动时，出现自振荡现象，完全失去控制，直到出现报警才能停止。

诊断分析：

1）根据伺服系统的控制原理，进给轴闭环系统是按照指令位置和实际位置的偏差来发出进给指令的，这个偏差称之为速度偏差或跟踪偏差，用E表示。如果反馈信号不正常，就会使E值处于不稳定的状态，出现自激振荡现象。

2）检查机械部分，滚珠丝杠与螺母之间的间隙合适，丝杠没有轴向窜动，平衡油缸处于正常状态。

3）检查电气部分，Z轴的伺服驱动器、伺服电动机都没有问题。

4）从接线端子上测量Z轴测速发电机的阻值，发现大大高于正常情况。

5）进一步检查，发现由于坦克链长期拖动，将测速发电机的导线磨损，当Y轴溜板移动到W轴横梁的中间段时，导线出现开路情况，导致速度反馈信号中断。

故障处理：更换测速发电机的导线。

还是这台加工中心，在另一次故障中出现飞车现象，速度完全失控。经过一系列的检查，发现在接线时将测速发电机的极性搞错，使控制系统处于正反馈状态，纠正极性后，飞车现象消除。

第9章

<<<

其他电动机控制系统疑难故障诊断

例 285　高速电主轴不能启动（1）

故障设备：高速电主轴，用于驱动 MZW208 型数控内圆磨床的磨削砂轮。

控制系统：佳灵 JP6C-Z9B2-10kV·A 变频器。

故障现象：机床通电后，电主轴（即砂轮电动机）不能启动。

诊断分析：

1）电主轴由一台变频器进行调速控制，变频器的型号是 JP6C-Z9B2-10kV·A。打开变频器柜，检查其三相输入电压 R、S、T 正常，但是输出电压 U、V、W 均为零，说明变频器内部存在故障。

2）这台变频器用 IGBT 作输出模块，检查 IGRT 没有损坏，但变频器的主控板没有输出 25V 的触发脉冲。

3）拔下主控板的各个连接端子，拿下板子进一步检查，发现脉冲变压器初级线圈直流电阻为无穷大，说明线圈已经开路。这导致电路既不能产生振荡，也不会有脉冲输出。

4）这个变压器的绕组和结构比较特殊，在市面上难以买到，于是以快递方式直接从制造厂家购回。

5）更换脉冲变压器后，装回主控板，再次通电试验，电主轴仍然不能启动，变频柜上的操作显示板也一片漆黑，未能正常地显示字符。观察柜内的主控板，两只发光二极管均已点亮，这说明触发脉冲已经产生。

6）仔细检查发现，主控板与外电路相连接的七、八个插座中，有两个插座的结构完全相同，容易搞错，其中的一个就是连接到操作显示板。由于在拔下时没有做好标记，怀疑是这两个插座互相错位。

故障处理：更换这两个插座后，变频器故障全部排除，电主轴启动运转正常。

例 286　高速电主轴不能启动（2）

故障设备：高速电主轴，用于驱动 MZW208 型数控内圆磨床的磨削砂轮。

控制系统：佳灵 JP6C-Z3B2-15kV·A 变频器。

故障现象：机床通电后，高速电主轴不能启动。

诊断分析：

1）电主轴由一台变频器驱动，变频器的型号为 JP6C-Z3B2-15kV·A，工作在 400Hz。它故障发生时，其面板上出现 3♯报警，查看使用说明书，报警是由晶体管模块损坏等故障所引起。

2）检查发现果然有一只大功率晶体管模块损坏，在其内部的两只晶体管中，有一只的集电极-发射极被击穿，呈现短路状态，模块的型号是 2DI-50Z-100。

3）手中没有这种模块做替换，但是有另外一种模块，其型号是 2DI-75D-100。两者属同一类型，但前者是 50A、1000V；后者是 75A、1000V。修理人员认为，用 75A 的模块代替 50A 的模块，是以大代小，应该完全能够胜任。

4）但是事与愿违，换上 75A 的模块后，又出现完全相同的故障。再次检查，又有一只模块损坏，而且损坏的正是这只 75A 的模块。

5）仔细想想，也有一定的道理。这两种模块虽属同一类型，但是规格不一致，性能有一定的差别。在如图 9-1 所示的变频器功率输出级电路（逆变主回路）中，因为模块 2DI-75D-100 的电流较大，它在逆变换流的过程中不容易关断，造成上面的管子 T5 和下面的管子 T6 同时导通，导致逆变失败。此时两个桥臂 A 和 B 直通，550V 的直流电压被 T5 和 T6 短路，模块出现大电流而烧坏。

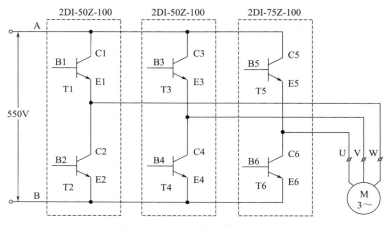

图 9-1　变频器的功率输出级

故障处理：从因特网上查找到 2DI-50Z-100 模块的供应商。邮购并换上 50A 的模块后，变频器故障排除，电主轴工作正常。

例 287　高速电主轴不能启动（3）

故障设备：高速电主轴，用于驱动 MK2015/XC 型数控内圆磨床的磨削砂轮。

控制系统：中远 MF30-10G3 型变频器（7.5kW）。

故障现象：机床通电后，电主轴（即砂轮电机）不能启动，变频器显示"OC"，提示变频器过流。

诊断分析：

1）检查变频器的三相电源和所有的接线，都没有问题。用手转动电主轴，运转很灵活，没有轴承损坏等异常情况。

2）根据变频器使用说明书的提示，修改变频的有关参数。将启动加速时间 F01 由 20s

延长到 30s；过载保护（电子热继电器）系数由 100％ 调整到 150％。仍然不能排除故障。

3）用兆欧表摇测电主轴电源线的绝缘电阻，相线对地接近于零，这说明绝缘存在严重的问题。

4）拔下电主轴的电源连接插头，发现内部很潮湿，这使得绝缘电阻大大下降。

故障处理：将连接插头烘干后，再摇测绝缘电阻，达到 10MΩ。通电试验，故障排除，机床恢复正常工作。

例 288 高速电主轴不能启动（4）

故障设备：高速电主轴，用于驱动 MZW208 型数控内圆磨床的磨削砂轮。

控制系统：佳灵 JP6C-Z3B2-15kV·A 变频器。

故障现象：机床通电后，电主轴（砂轮电动机）不能启动。

诊断分析：

1）检查电源电压正常，润滑油泵已经启动，但是控制砂轮电动机的变频器没有输出电压。

2）进一步检查发现，变频器的三个达林顿功率模块中，已有一个损坏。

3）这个模块的型号是 2DI-50Z-100，内含两只 NPN 型达林顿管，如图 9-2（a）所示。正常情况下，基极 B 与发射极 E 之间的正、反向电阻均为 410Ω 左右，现实测其中的 T1 只有几欧，说明发射结已经击穿。此外 T1 集电极与发射极之间的电阻也很低，处于击穿状态。

故障处理：

1）需要更换达林顿功率模块，但是手中没有现成的元件，邮购元件又来不及。分析认为，这个达林顿功率模块内含两只管子，现在只损坏了一只，而另一只还是好的。如果另外有一个同型号的达林顿功率模块也是如此，那么可以采用"嫁接法"，将两个模块凑成一个来使用。

2）在原来丢弃的已经损坏的模块中，果然找到了一只这样的模块。于是动手进行"嫁接"。2DI-50Z-100 模块的外部端子见图 9-2（b），现在手中的两个模块，一个是 T1 损坏，另一个是 T2 损坏。于是按照图 9-2（c）连接，使第一个模块中的 T2 开路，第二个模块中的 T1 开路，就凑成了一个完好的模块。

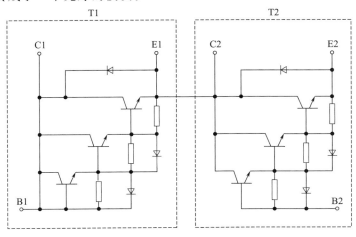

(a) 2DI-50Z-100达林顿模块(50A、1000V)

图 9-2

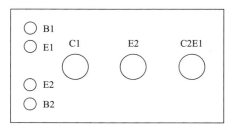

(b) 达林顿模块的外部端子

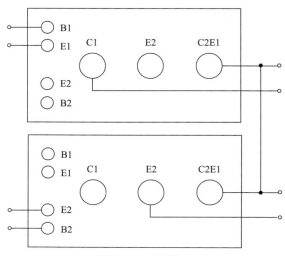

(c)"嫁接"后的达林顿模块

图 9-2   达林顿功率模块 2DI-50Z-100

3）在变频器的安装底板上，原模块位置的上方恰好有一大块空闲的位置。用电钻在底板上打好安装孔，在模块的散热片上涂上导热硅脂，最后将模块紧固在底板上，接好连接导线。

功夫不负有心人！试用后完全正常，不仅解决了生产所急，而且节省了几百元资金。

例 289   高速电主轴不能启动（5）

故障设备：高速电主轴，用于驱动 MZW208 型全自动内圆磨床中的磨削砂轮。

控制系统：佳灵 JT6P-Z9 型变频器。

故障现象：机床通电后，电主轴（即砂轮电机）刚一启动就跳闸了，变频器显示报警代号"5"，提示变频器"欠压"。

诊断分析：

1）这台电主轴由 JT6P-Z9 型变频器控制，检查三相电源和电主轴的接线，都没有问题。用手转动电主轴，运转很灵活，没有轴承损坏等异常情况。

2）利用变频器面板上的电位器将输出电压调低，变频器则可启动，但输出电压不足200V。此时电动机可以空载运转，但是一开始磨削就跳闸了。

3）打开变频器柜进行检查，无意中发现启动电阻 R 严重发烫。

4）进一步检查，发现变频器的启停控制回路中，启动继电器 KA 的接线有严重错误。

正确的接线如图 9-3 所示，三相桥式整流后得到的直流电源（约为 550V），经启动电阻 R 送往后级，用按钮 SB1 启动 KA 后，其常开触点（一共有四对）闭合，电阻 R 被短接，550V 直流电压全部加到控制回路和逆变回路上。但是实际接线中，与 R 并联的三对触点不是常开触点，而是常闭触点。这样，KA 吸合后，常闭触点断开，R 未短接，变频器后级主回路、控制回路的电源线上都串联着一个大电阻 R，造成电压严重下降，引起"欠压"报警和跳闸，并导致 R 过热发烫。

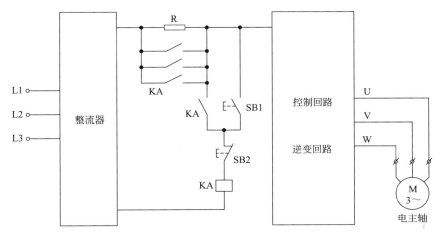

图 9-3　变频器的启停控制回路

故障处理：将与 R 并联的三对常闭触点更正为常开触点后，故障排除，机床恢复正常工作。经了解，这个接线错误是上次维修时不小心造成的。

例 290　高速电主轴不能启动（6）

故障设备：高速电主轴，用于驱动 MZW208 型数控内圆磨床的磨削砂轮。

控制系统：变频器。

故障现象：机床通电后，高速电主轴不能启动。

诊断分析：

1）检查可编程控制器有关的输入点，发现 3.3 没有亮起来。3.3 是反映主轴变频器正常工作的信号，它不亮说明变频器有故障。

2）果然，变频器的操作显示面板一片漆黑。检查发现它没有 5V 直流电源。

3）打开主轴变频器的盖板，在没有详细图纸的情况下，通电测量几只容量较大的电解电容的电压。当测量到一只 $1000\mu F/16V$ 的电容时，几乎测不到电压。

4）拆下电容器，用万用表的 $10k\Omega$ 挡进行检查，发现表针不能回到"∞"的状态，根据经验可知，这只电容器漏电相当严重。

故障处理：更换电容器后，5V 直流电压正常，故障得以排除。

经验总结：在电源电路中，大容量的电解电容一般接在整流电路后面，起低频滤波、储存电能的作用，为系统或某一局部电路提供工作电源。根据其耐压值，可估计供电电压的数值范围。

例 291　电主轴在启动中途停止

故障设备：高速电主轴，用于驱动 3MK2316 型数控外圈滚道磨床的磨削砂轮。

控制系统：YK1-2000 型变频器和 PLC 可编程序控制。

故障现象：起床通电后进行磨削加工，但是电主轴刚刚启动，还没有达到规定的转速就停止下来。

诊断分析：

1）这台机床的电主轴由 YK1-2000 型变频器控制，工作频率设置为 300Hz。观察发现，当按下变频器的启动按钮时，频率从 0 开始上升，达到 120Hz 时，就不能再上升了。

2）怀疑电主轴的线圈短路或接地，于是将它的三相导线 U、V、W 断开，让变频器空载启动，但是故障现象不变。

3）变频器通过航空插头与外部控制元件相连接。断开航空插头后，改用变频器面板上的软键启动变频器，可以正常启动了，频率达到 300Hz，还可以上升到更高的频率。这说明外部元件或控制线路有故障。

4）变频器的控制线路如图 9-4 所示，一共有 5 根导线，3 根用于变频器的外部启停控制，另外 2 根导线的编号是 114 和 OD，它们接入 PLC 中，用于变频器的过载保护。

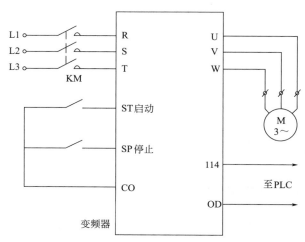

图 9-4　变频器的控制电路

5）断开 OD 线（取消过载保护）时，变频器可以正常启动了。继续检查，OD 线没有问题，变频器内过载保护也没有动作，分析是 PLC 对变频器产生某种干扰。

故障处理：变频器本身有过载保护功能，因此可以取消 PLC 中的"变频器过载保护"部分。此时要将 PLC 输入点中的 114 和 OD 线短接，否则 PLC 会出现故障报警，机床不能启动。

例 292　电主轴突然停止运转

故障设备：高速电主轴，用于驱动 3MK2316 型数控外圈滚道磨床的磨削砂轮。

控制系统：佳灵 JP6C-Z9B2-25kV·A 变频器。

故障现象：机床在进行自动循环磨削时，电主轴突然停止运转，整个机床全部断电。

诊断分析：

1）这台机床的电主轴（砂轮电动机）由变频器进行调速。除机床主开关 QF1（50A）跳闸之外，变频柜内部主控板上的保险管 FU1 也爆裂，它旁边的另一个保险管 FU2 也被炸得支离破碎，这意味着变频器存在着异常严重的短路故障。

2）根据检修经验，输出级发生这种短路的可能性比较大。检查发现，主控板上的大功率场效应晶体管 K1317 完全击穿，集成块 FA5311 也只剩下半个身子。更换这两个元件（因手中没有 FA5311，用同类型元件 FA5511 代替）之后，变频器仍然不能启动。

3）进一步的检修举步维艰，因为手中没有这台变频器的电气原理图和接线图，但是为了摸索出这类变频器的检修方法，为今后长期的检修打下基础，采用蚂蚁啃骨头的办法，按照线路板上元件的分布和线条的走向，细致地绘出了板上振荡级和输出级的原理图，见图 9-5。

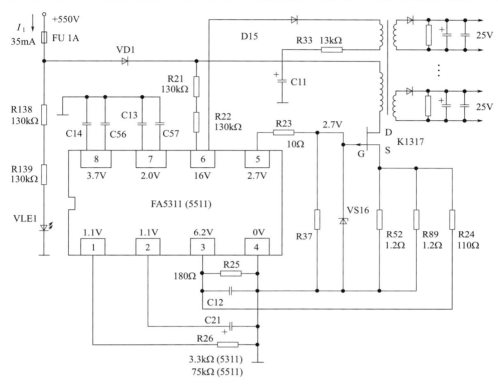

图 9-5　变频器的震荡、输出级控制原理图

4）对图 9-5 中的元件进行仔细的检查，发现二极管 VD1、稳压管 VS16（稳压值为 2.7V）也被击穿，遂一并更换。

5）再次通电试验，并用数字万用表测量输出脉冲，四组脉冲都已达到正常值 25V，但是大功率场效应晶体管 K1317 严重发烫。测量板上的总电流 I_1，约为 90mA，而正常值仅为 35mA。这个电流绝大部分是 K1317 的漏极电流，这说明 K1317 严重过载。

6）电话咨询变频器制造厂家的工程师，对方告知：集成电路 FA5311 和 FA5511 都是起振荡作用。使用 FA5311 时，其 1、4 脚之间的电阻 R26 为 3.3kΩ，而使用 FA5511 时，R26 应为 75kΩ，其他元件完全相同。如果使用 FA5511 时，R26 仍为 3.3kΩ，就会引起 K1317 严重过载甚至烧毁。

故障处理：按照以上的提示，将电阻 R26 由 3.3kΩ 更换为 75kΩ，I_1 立即下降到 35mA，K1317 不热不烫，变频器恢复正常工作。

例 293　调速电动机突然停止

故障设备：1.5kW 的电磁调速异步电动机，用于拖动热处理车间的淬火槽。

控制系统：JDIB-11型异步电动机电磁调速控制器。

故障现象：在工作过程中，调速电动机突然停止运转。

诊断分析：

1）电磁调速异步电动机中包含着转差离合器，检查其控制电路，发现转差离合器功放级直流电压不足，只有9.2V，而正常值是24V。

2）有关电路见图9-6。怀疑功放管VT1有问题，将其拆下后再测量直流电压U_d，也只有13V，而此时的U_d是空载电压，应该在30V左右。

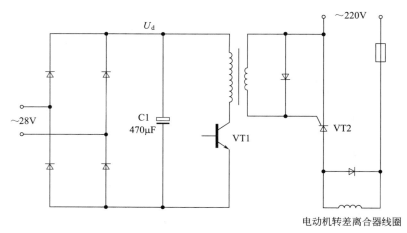

图9-6　转差离合器的功放电路

3）仔细观察电路中的元件，发现滤波电容C1的引脚处已经烧裂焦化。取下测量，无充放电现象，说明电解液已经干涸。

4）换上新电容器，空载电压上升到28V，接上功放管时下降为20V，电动机可以运转了。但是为什么达不到正常电压24V呢？进一步分析认为，桥式整流电路可能有一臂损坏。经测量，果然有一只二极管的正向电阻太大。

故障处理：更换滤波电容和整流二极管后，电路中各点电压正常，故障不再出现。

经验总结：这只二极管正向电阻变大，使桥式整流变为半波整流，电流纹波显著加大，滤波电容C1充放电负担加重导致发热，从而缩短了使用寿命，最终彻底损坏。这时功放电路输出的脉冲幅度太低，不能触发单向可控硅VT2，电动机的转差离合器无法工作，造成电动机停止运转。

例294　磨头在低速时不能工作

故障设备：双速低压三相交流异步电动机，额定功率为2.1/2.8kW，低速1480r/min，高速时2870r/min，用于驱动M7120A型平面磨床中的磨削砂轮。

控制系统：继电器-接触器控制电路。

故障现象：当磨头控制开关置于低速时，电动机可以启动，但噪声很大，转动3min左右便自动停止。

诊断分析：

1）检查主回路和控制回路，没有发现不正常之处。

2）测量电动机三相电流，发现低速时的电流超过了额定电流的3倍，所以不能正常工作。

3）用直流电桥检测电动机定子绕组的直流电阻值，在正常状态。摇测绕组对地绝缘，也在完好状态。

4）这台电动机的绕组原来烧坏，重新进行了绕制。观察引出线的端子，已经无法辨认首端和尾端的标号。因而怀疑绕组的首尾端接错，需要分辨双速电动机的首端和尾端。

5）这台磨头电机三相绕组的引出线端是 D1～D6，改变引出线端的连接方式，可以得到低速和高速两种转速。如图 9-7（a）所示，将端头的 D1、D2、D3 开路，在 D4、D5、D6 端头上接入三相电源，则为三角形连接，实现低速运转。如图 9-7（b）所示，将 D4、D5、D6 接为星点，而在 D1、D2、D3 端头上接入三相电源，则演变为双星形连接，实现高速运转。由此可见，通过改变端头的连接，就可以从一套三相定子绕组中获得两种电动力矩，相当于两台功率和转速都不相同的单速电动机。

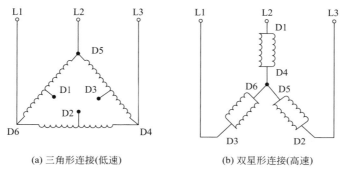

(a) 三角形连接(低速)　　　　　(b) 双星形连接(高速)

图 9-7　磨头电机三相绕组的连接

6）对于单速电动机，通过转子切割定子磁场，在定子绕组中感应到电动势，可以判断出定子绕组的首端和尾端，这种方法也适用于双速的电动机。将万用表置于毫安挡，慢慢转动电动机的转子，使其切割定子绕组空间磁场，产生感应电动势。如果三相绕组的首端和尾端连接正确，则感应电动势的矢量和等于零，此时万用表指针不动。反之，如果三相绕组中有一相的首端与尾端接反，则三相绕组中感应电动势的矢量和不为零，万用表指针摆动。

7）用上述方法检测时，万用表指针有摆动，这说明有一相绕组的首端与尾端接反。

故障处理： 慢慢转动电动机的转子，在切割定子绕组空间磁场的过程中，交换各相绕组的首端和尾端，并观察万用表的指针。当指针不摆动时，说明接线正确。

经验总结： 双速电动机引出线端的首端和尾端不能搞错，否则会造成三相绕组磁场不平衡、电流增大，不能正常运转。如保护装置不能及时动作，可烧毁电动机的定子绕组。

例 295　离心水泵不能正常工作

故障设备： 某村民家中的一台 1.1kW 单相交流电动机，用于拖动一台小水泵。

控制系统： 水位控制器。

故障现象： 连日以来，村民赵先生为家中用水的事发愁。他家的水源是自备的，屋后有一眼水井，三楼屋顶有水箱，通过一台小水泵把井水抽到屋顶水箱后，供家中使用。以前用水一直很正常，但最近几天经常停水，给生活带来不便。

诊断分析：

1）查看电动机和水泵，感到水泵出力不正常，不能将井水送到屋顶水箱。

2）怀疑电动机或水泵不正常，换上新设备后，故障现象没有变化。

3）维修电工进行检测，发现电压太低，不到 180V。

4）赵先生住宅前面有一条三相四线制架空线路。经了解，这条线路因使用年久，经常发生故障，前几天电力部门对线路进行改造，将原来的线路全部拆除，重新敷设新的线路。

5）在改造过程中，对沿途用户的供电线路重新进行了搭接，部分用户的相别也发生了变化。赵先生家原来使用的是 L2 相，改造后使用 L3 相。测量发现，L2 相电源很正常，而 L3 相负载太重，电压大大低于正常值，导致赵先生家中的水泵不能正常工作。

故障处理：将赵先生家中所用的相电源改回到 L1。

经验总结：在改造或架设新的供电线路时，对接入用户的电源要进行检测，保证供电电压符合要求。

例 296　退磁电动机不能停止

故障设备：单机交流异步电动机，用于 MM7132A 型精密磨床中的退磁电动机。

控制系统：继电器-接触器控制电路。

故障现象：退磁电动机在运转时，按一下退磁机的停止按钮 SB8，放手后退磁电动机继续转动而不能停止。

诊断分析：

1）这台退磁机的电路设计得比较巧妙，其原理图见图 9-8。按下启动按钮 SB7，退磁接触器 KM7 得电，退磁电动机 M7 即被启动。通过减速机构带动退磁机转动，进行自动退磁。与此同时，时间继电器 KT1 也得电，在位置开关 XK4 未动作之前，其常闭触点（通电后延时 5s 断开）维持 KM7 线圈的电流通路。电动机转过一定的角度之后，XK4 被压合，其常开触点闭合。稍后 KT1 的常闭触点断开。当退磁机构转动一圈回到原位时，XK4 断开，电动机停止转动，完成一次自动退磁。

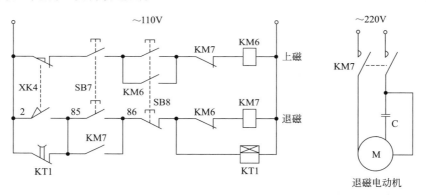

图 9-8　退磁机电控原理图

2）断开 XK4 常开触点的连接线，按下 SB7，延时约 5s 后 KM7 断电，电动机停转，这说明时间继电器工作正常。

3）断开 KT1 常闭触点的连接线，用螺丝刀压住 XK4，按下 SB7，待退磁机构转过一定的角度后 XK4 进入压合状态，再松开螺丝刀，退磁机构转动一圈回到原位，此时 XK4 断开，电动机停止转动，这说明位置开关也没有问题。

4）两个控制支路单独控制时都正常，为什么衔接在一起就会出现这种奇怪的故障现象呢？维修电工大伤脑筋。仔细分析图 9-8 的电路后，认为 KM7 在线圈断电后，常开触点的释放可能"慢半拍"，即在 XK4 常开触点断开的瞬间，KM7 和 KT1 的线圈都失电，KT1 的常闭触点瞬间闭合，节点 2 与 85 之间保持连通。由于 KM7 线圈动作"慢半拍"，其常开点仍处于闭合状态，节点 85 与 86 之间也保持连通，KM7 的线圈重新得电并自保了，导致电动机 M7 转动不停。

5）拆开 KM7 进行检查，发现其铁芯衔铁部分有明显的油污，使衔铁在断电后不能立即释放。

故障处理：将油污擦拭干净后，故障立即消除。

经验总结：继电器、接触器断电后动作"慢半拍"，这在一般场合仍然可以满足要求，但是对于动作时效性要求较高的场合，有时会出现误动作。

例 297　高速电主轴不能停止

故障设备：高速电主轴，用于驱动 3MK2110 型数控内圈滚道磨床的磨削砂轮。

控制系统：YK1-2000-3-15kV·A 变频器。

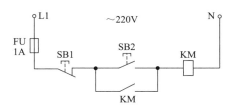

故障现象：机床在进行磨削加工时，一旦砂轮电主轴启动，就不能停止下来。只有断开主开关，切断整个机床的电源，才能使电主轴停止运转。

诊断分析：

1）在这台内圈滚道磨床中，电主轴的功率是 3kW，它由变频器进行控制和调速。变频器的启停控制方式原来设置为"OFF"（外接端子控制），即按下电控柜面板上的启动按钮 SB1 进行启动，按下停止按钮 SB2 便可停止。故障现象说明，这种控制方式已经失灵了。

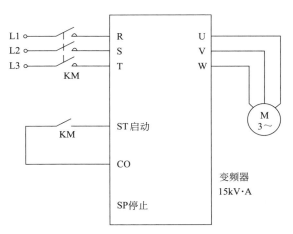

2）将启停控制方式改为"ON"（操作面板按键控制），即通过变频器操作面板上的按键进行控制，但是故障现象不变，电主轴只能启动，还是不能停止下来。

3）拆开变频器进行检查，未发现明显的问题，分析是变频器主控板中有故障，需要更换主控板，但是购买配件需要较长的时间。

图 9-9　电主轴变频器的控制电路

故障处理：考虑到变频器的其他功能都正常，只是启动后不能停止，于是按照图 9-9 进行处理：增加一个交流接触器 KM（其型号规格是 CJ-20，20A，线圈电压~220V）。利用电控柜面板上原有的启动按钮 SB1，控制 KM 的吸合和自保，KM 的主触点接通变频器的交流电源，辅助常开触点接入变频器的外接启动端子 ST 和 CO，以启动变频器。利用原有的停止按钮 SB2 控制 KM 的释放。这样，按下 SB1 时，KM 吸合，变频器正常启动，电主轴运转；按下 SB2 时，KM 释放，变频器断电，电主轴停止运转，实现了原来的控制功能。

例 298　启动潜水泵后总开关跳闸

故障设备：潜水泵中的单相交流异步电动机。

控制系统：由漏电开关进行启动/停止控制和短路保护。

故障现象： 这台潜水泵和另外几台三相交流异步电动机的控制设备安装在同一个控制箱中，三相电动机都可以正常工作，而潜水泵启动后，总开关就跳闸了。

诊断分析：

1）潜水泵的电路见图9-10，总开关QF0是额定电流为225A的漏电开关（即剩余电流动作断路器），动作电流为100mA。潜水泵使用单相~220V电源，控制其启动/停止的是漏电开关QF4，漏电动作电流为30mA。

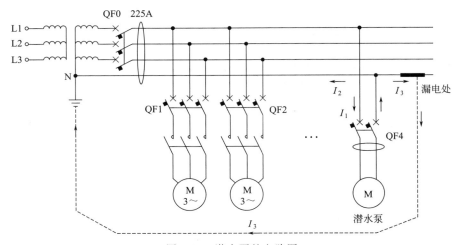

图9-10   潜水泵的电路图

2）对潜水泵进行检查，在完好状态，电动机绕组没有损伤，对地绝缘电阻接近10MΩ。

3）对中性线进行检查，发现其绝缘严重老化，这很可能泄漏了部分电流。

4）为什么三相电动机可以正常工作呢？因为电动机是三相对称负载，运转时电流只在三根相线中流过，与中性线基本无关。只要相线对地绝缘电阻符合要求，没有明显的漏电，通过QF0中零序电流互感器的电流就基本为零，此时漏电保护不会动作。

5）潜水泵的功率为1000W，电流 $I_1 = 1000/220 \approx 4.55A$（未考虑功率因数），这个电流必须通过中性线。此时，如果中性线上有一处泄漏或接地，那么中性线上的电流就变成了两个回路：一个是电流 I_2，它按正常途径流回到变压器的中性点；另一个是电流 I_3，它泄漏到大地，然后再流回到变压器的中性点。如图9-10中的虚线所示。I_3 的大小取决于泄漏处的绝缘电阻值，如果 I_3 大于100mA，达到动作电流值，就会导致QF0跳闸。

6）另外一个问题是：QF4的漏电动作电流为30mA，小于QF0的动作电流100mA。为什么在QF0跳闸时，QF4却没有跳闸呢？这是因为泄漏点在中性线上，而潜水泵的电流并没有泄漏，QF4零序电流互感器的电流为零，因此不会跳闸。

故障处理： 更换绝缘严重老化的中性线。

例299 双速抽风机自行停止

故障设备： 5.5/7.5kW的低压双速电动机，用于拖动室内的空气循环通风机。

控制系统： 手动操作的双速控制电路。

故障现象： 这台抽风机在低速时工作正常，而使用高速排风时，每次只能工作10min左右，然后自行停机了。

诊断分析:

1) 抽风机的控制电路如图 9-11（a）所示。仔细检查主回路和控制回路，均未发现问题。

2) 检查电动机，也在正常状态。

3) 找来相关技术资料，着手进行理论分析：这种双速电机的绕组如图 9-11（b）所示，为 2Y/△形接线。低速运行时，绕组应按△形接法，如图 9-11（c）所示，这时由 1KM 控制运行；高速运行时，绕组应接成双 Y 形，如图 9-11（d）所示，这时由 2KM 和 3KM 控制运行。线路中使用了两只热继电器，1FR 用于低速即 5.5kW 的过载保护；2FR 用于高速即 7.5kW 的过载保护。1FR 的动作电流应整定在 12A 左右；2FR 的动作电流应整定在 16A 左右。

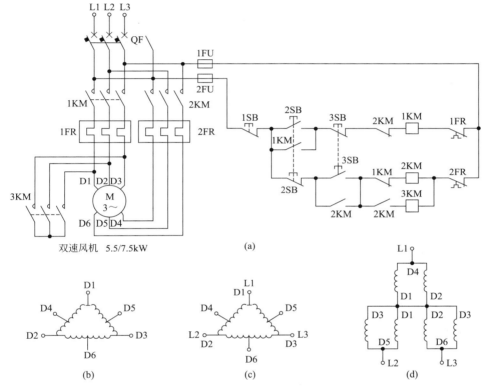

图 9-11 双速风机控制电路

4) 对照实际元件进行检查，1FR 选用 JR36-32/22A 型热继电器，整定值约为 16A；2FR 选用 JR36-32/16A 型热继电器，整定值约为 12A，这样两只热继电器的整定值被颠倒了。1FR 整定值太大，起不到保护作用；2FR 整定值太小，在高速运行时很快就发热引起停机。

故障处理： 更正热继电器的规格和整定值，1FR 选用 JR36-32/16A 型热继电器，整定值约为 12A；2FR 选用 JR36-32/22A 热继电器，整定值约为 16A。

经验总结： 一些电工认为总是△形接法时功率大，Y 形接法时功率小，而忽视了这里的 Y 形是 2Y 形，功率比△形还要大，所以出现上述接线错误。

例 300 高速电主轴自行停止

故障设备： 高速电主轴，用于驱动 3MK2316 型数控外圈滚道磨床的磨削砂轮。

控制系统： 中远 MF30-15G 型，15kV·A 变频器。

故障现象：磨床按照设计的程序和参数进行加工，用砂轮轴对工件进行磨削，但工件还没有磨好，电主轴就自动停止运转。

诊断分析：

1）电主轴俗称磨头电动机，它由变频器驱动。如果变频器停止工作，砂轮轴就会停止运转。经检查变频器没有问题，它所输出的300Hz、380V中频电压完全正常。

2）检查电主轴，以及电动机与变频器之间的动力电缆，都在完好状态。

3）如果伺服系统的进给速度太快，就会加重砂轮轴的负荷，造成电动机堵转。从CRT的参数页面中查看进给速度，没有发生变化。

4）断电后，用手动方式移动进给托板，没有沉重的感觉，这说明机械负荷也正常。

5）经了解，这台机床原来是加工直径较小的轴承套圈，工作一直正常，而现在加工直径较大的轴承套圈，因而出现这种故障。这说明机床本身没有问题，只是磨头电动机功率偏小，机械负荷加大后，造成电动机堵转。

故障处理：可以采取以下三种方法。

1）采用功率较大的磨头电动机；

2）降低伺服进给系统的进给速度，以减小机械负荷；

3）降低变频器的输出频率，即降低磨头电动机的运转速度。

例 301　头架电动机没有高速

故障设备：双速低压三相交流异步电动机，用于驱动某半自动丝锥磨床中的头架。

控制系统：继电器-接触器控制电路。

故障现象：在加工过程中，头架电动机可以低速运转，但是当转换开关4ZK拨向高速位置时，头架电动机不能转动。

诊断分析：

1）头架电动机的控制电路如图9-12所示，需要低速时，将挡位转换开关4ZK拨向低速位置，按下启动按钮SB2，AC 110V交流电经过 SB1→SB2→4ZK低速挡→KM6常闭触点加到KM5线圈上，KM5得电并自锁，其主触头闭合，电动机得电低速运转，带动头架作低速运动。需要高速时，则将4ZK拨向高速位置，AC 110V交流电经过 SB1→SB2→4ZK高速挡→KA5常开触点→KM5常闭触点加到KM6线圈上，KM6得电并自锁，电动机带动头架做高速运动。

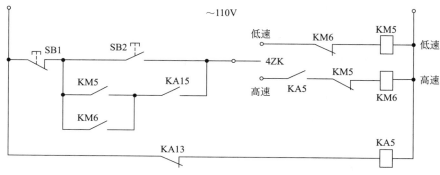

图 9-12　头架的控制电路

2）在操作过程中，发现头架只能低速运动，高速时不能启动，而且在低速启动后不能停止（按下停止按钮 SB1 时可以停车，手一松开又运动起来）。

3）对图 9-12 的电路进行分析，找不出故障原因，而故障有时出现，有时又自动恢复正常，难以捉摸。

4）仔细观察后，发现交流接触器 KM5 的常开主触头被电流烧损，断电后有时不能分离。在这种情况下，KM5 始终处于自保状态，其常闭触点也因此不能复位，导致 KM6 的线圈无法接通控制电源，头架不能高速运动。

故障处理：更换 KM5 后，故障得以排除。

经验总结：在电控系统中，接触器、继电器的触点磨损和接触不良是一种多发故障。经常更换元件，既影响生产，又增加维修费用。在选取这类元件时，要留有一定的裕量。一般来说，元件的额定电流应为正常工作电流的两倍左右。

例 302　高速电主轴速度变慢

故障设备：高速电主轴，用于驱动 MZW208 型数控内圆磨床的磨削砂轮。

控制系统：佳灵 JP6C-Z3B2-10kV·A 变频器。

故障现象：机床在进行自动磨削加工时，电主轴和砂轮的旋转速度变慢，工件加工的时间大大延长。

诊断分析：

1）检查电主轴的机械部分。用手转动电主轴，轻松自如，没有任何卡阻现象，说明轴承完好，机械部分没有问题。测量电主轴的电流，也在正常范围之内。

2）砂轮由电主轴带动旋转，电主轴则受变频器控制。怀疑变频器有故障。脱开电主轴，让变频器空载启动运行，状态完全正常。更换另一台同型号的电主轴，故障现象不变。

3）分析认为，这台磨床原来一直是加工小型号的轴承套圈，电主轴上的功率较小，安装的砂轮也小，其直径不超过 20mm。现在加工较大型号的轴承套圈，砂轮的直径在 50mm 左右，负荷加重，而变频器的容量为 10kVA，过载能力较差，不能带动现在的电主轴，因此必须换用容量较大的变频器。

故障处理：更换 25kV·A 的变频器后，电主轴转速正常，机床恢复正常工作。

例 303　力矩电动机转速变慢

故障设备：YLJ160-100-6 型三相力矩电动机（堵转转矩为 100 N·m，转速为 200～800r/min），用于驱动 TSG-3150 型端轴式收线机。

控制系统：YLJK-3 型力矩电动机控制器。

故障现象：在运行过程中，力矩电动机出现噪声增大，转速变慢，收线无力的现象。

诊断分析：

1）检查电源电压和主回路接线，都在完好状态。

2）将控制器拆下后，接到其他力矩电动机上试验，工作完全正常，这说明控制器本身没有问题。

3）对电动机进行解体检查，发现转子铜条与端环接口多处脱焊，造成转子铜条断开，定子绕组也严重烧毁。

4）转子铜条会引起定子绕组电流变化，以这台电动机为例，极数为 6 极，转子有 12 根导条，笼型转子的极数总是与定子绕组的极数相同，也就是说转子电流产生的磁场也是 6

极。转子导条内的电流是呈正弦分布的，且以速度 sn_1（s 为转差率，n_1 为同步速度）移动。当转子铜条断开时，断开处的电流便降为 0，转子磁通发生变化。根据电磁感应定律，转子磁通总是与定子磁通相反，因而去磁作用改变，引起定子绕组的自感电动势和电流变化，使得定子电流发生振荡。如果在这种故障状态下长时间运行，就会烧毁定子绕组。

故障处理：对电动机进行大修，重绕定子绕组，焊好转子铜条。

经验总结：岗位操作人员要时刻注意设备运行状况和电流表的指示，维修人员应当经常对设备进行巡视，发现故障及时处理。

例 304　分接开关调挡不能到位

故障设备：单相交流异步电动机，用于控制某变电站主变压器的有载分接开关。

控制系统：HMK7 型电动控制器。

故障现象：通过有载分接开关对主变压器进行调压时，分接开关停留在 4 挡和 5 挡之间，调挡不能到位。

诊断分析：

1）停电后，用手摇动有载分接开关，可以进行换挡，没有发现卡涩现象，这说明机械传动机构良好。

2）通过电动操作进行升挡，此时电动机转动缓慢，转动几圈后停止，分接开关没有到位。再按下电动降挡按钮，电动机转动几圈后又停止，还是不能到位。

3）控制分接开关的电动机是单相交流异步电动机，额定电压为 220V。检查电动机的 HMK7 型控制器，其内部没有继电器、接触器等元件，而其他元件和导线的连接都在完好状态。

4）该电动机的定子上有两套绕组：一套是主绕组，另一套是启动绕组，它们在空间上相差 90°。绕组的接线如图 9-13 所示，在启动绕组上串联了一个启动电容器。绕组的线圈本身是感性的，和电容器串联后，就会抵消掉一部分感性，改变串联支路的电流相位。此时两个绕组的电流有接近 90°的相位差，从而使两个绕组产生的磁场合成为一个旋转磁场。旋转磁场切割转子，产生转子电流。载流导体（电动机的转子）在磁场中受到电动力的作用后转动起来。

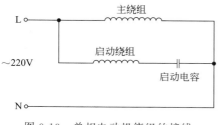

图 9-13　单相电动机绕组的接线

5）根据维修电风扇的经验，如果电容器的容量下降，会使电动机在启动时的电磁转矩变小，导致转动缓慢。

6）用万用表对电容器进行检测，其容量很小，与标称值相差甚远。

故障处理：更换电容器后，有载分接开关挡位调节恢复正常，故障不再出现。

经验总结：有载分接开关及其电动操作系统，是电力变压器的重要组成部分，必须处于完好状态，否则会影响变压器和供电线路的安全运行。

例 305　机组的耐压试验不合格

故障设备：JZF-315kW/6kV 耐氟高压特种电机，用于驱动一台新安装的 FLZ-1000B 型离心式冷水机组。

控制系统： 高压开关柜控制的合闸、分闸电路，以及冷水机组控制、保护电路。

故障现象： 在交流耐压试验中，要求电动机耐压值达到 13000V，并持续 1min，但是当交流电压升至 8000V 时，电动机的绝缘就被击穿。

诊断分析：

1）该电机的定子绕组利用冷水机组的制冷剂氟里昂进行冷却，绕组与整个冷水机组内部是连通的。

2）对试验现场进行查看，发现在进行交流耐压试验的同时，冷水机组正在进行机械真空耐压试验。

3）分析认为，在真空状态下，电动机的三相绕组对机壳的绝缘耐压大大降低，这是绝缘被击穿的主要原因，所以交流耐压试验要在真空耐压试验结束之后再进行。

故障处理： 在真空耐压试验结束后，对冷水机组内充以氮气，这时电动机绕组的绝缘恢复到正常状态。接着进行交流耐压试验，此时耐压值达到 13000V 以上，时间超过 1min，完全合乎要求。

经验总结： 这种与机械连成一体的特种电机，在做交流耐压试验和试运行之前，必须把整台机组的机械结构、工艺路线等情况搞清楚，否则会走弯路，甚至人为造成故障。

例 306　绝缘良好的开关带电伤人

故障设备： 11kW 低压三相交流防爆电动机，用于某矿井掘进工作面中的装岩机。

控制系统： 80A 的防爆铁壳开关，以及继电器-接触器控制电路。

故障现象： 这台开关以前工作一直正常，后来突然防爆外壳带电，工人不敢操作。

诊断分析：

1）经查验，铁壳开关的外壳的确带电，对地电压大约是 220V。

2）检查绝缘，各相对地、相与相之间的绝缘电阻都大于 $50M\Omega$，完全符合要求。

3）开关既不漏电，又为何带电伤人呢？试断开它的负载——一台装岩机，又不漏电了。经检查，电动机的电源线中，有一相接地了。

4）为何电动机一相接地会导致开关带电？从图 9-14 可知，开关中的三相导体与开关外壳之间存在着分布电容 Ca、Cb、Cc（如图 9-14 中虚线所示）。当它们数值相等时，外壳便成为分布电容的中性点 O。此时中性点并不带电。这台开关因移动作业，经常搬来搬去，又没装接地线，安放在干燥的木板上，对地是绝缘的。当电动机有一相接地

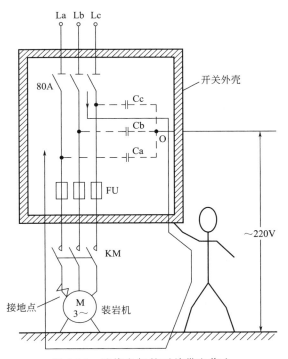

图 9-14　绝缘良好的开关带电伤人

时，中性点 O 对地电压就相当于相电压，基本上是 220V。当工作人员站在大地上触摸开

关时，220V 电压就加在人体上了。设 A 相接地，则 B、C 相电源经 Cb 和 Cc、O 点、人体、大地、电动机、接触器、熔断器、A 相构成电流回路，导致触电伤人。而此时电动机三相电压均衡，仍能正常运转。

故障处理：改用金属材料作支架，开关和支架同时做好保护接地。

经验总结：在矿井的电气设备中，容易出现类似的故障。在安装井下电气设备时，要用金属材料作支架，开关和支架都要做好保护接地。

例 307　直线电动机出现低频振动

故障设备：直线电动机，用于驱动某数控端面磨床中的进给轴。

控制系统：以 611D 型交流伺服驱动器为主的全闭环伺服进给系统。

故障现象：这台机床的 X 轴由直线电动机拖动。这种电动机将电能直接转换成直线运动机械能，而不需要任何中间转换机构的传动。在液压系统启动后，电动机出现"嗡嗡嗡"的低频振动响声，但是没有显示任何报警。

诊断分析：

1）测量零件的加工精度，完全合乎要求，这说明伺服驱动器、位置反馈系统在正常状态。

2）观察 X 轴工作台，当使能信号加上后，即使是在静止状态，也伴有低频振动，但是机床并没有明显的故障。

3）检查 NC 中与伺服驱动有关的参数，都在合理的范围。

4）分析认为，可能是机床长期使用后，机械性能发生变化，电气参数与机械负载没有处在最佳匹配状态。

故障处理：利用 840D 系统自带的伺服驱动自动优化功能，对 X 轴进行优化，此后不再出现低频振动响声。

经验总结：某些数控机床在长期运行后，电气控制系统与机械负载不再匹配，可能产生低频或高频振动，出现某些异常的响声。若从机械方面着手，难以排除这种故障。通过自动优化功能，改善匹配状态，往往可以消除振动，也可以手动修改伺服驱动器中的增益参数来消除这种振动。

例 308　主轴和变速箱声音异常

故障设备：1PH5 型三相感应式主轴专用电动机，用于 THY5640 型立式加工中心，对主轴进行驱动。

控制系统：西门子 6SC-6502 型主轴控制器。

故障现象：主轴转速在 500r/min 以下时，主轴电动机及变速箱等处有异常声音；在 1201r/min 以上时，异常声音又消失，机床无任何报警。

诊断分析：

1）观察主轴电流表，发现指针摆动很大，这说明电动机的输出功率处于不稳定的状态。

2）这台机床采用西门子 6SC-6502 型主轴控制器，经检查，控制器中预设的参数正常，控制板也完好。查看电路板上有较多的灰尘，清洗后再开机，故障现象不变。

3）将电动机与机械装置脱离后再试。电动机转速指令接近 450r/min 时，开始出现异常的声音；但达到 1201r/min 时，异常声音又能自然消失。

4）进一步对主轴部分进行检查，发现无论是低速时的 450r/min，还是高速时的 1201r/min，对于电动机来说实际上都是一样的转速。其区别在于低速时通过齿轮箱进行了减速。根据维修经验，异常声音可能是主轴电动机轴承不良引起的。拆开电动机进行检查，发现轴承确实已经损坏。

故障处理：更换轴承后，机床恢复正常工作。

例 309　投入电容柜时总开关跳闸

故障设备：串励电动机，用于 JYN2-10 型 10kV 手车式高压补偿电容柜的操作机构。

控制系统：带有储能串励电动机的高压电容柜操作系统。

故障现象：春节过后，公司恢复生产，变电所合上各路开关柜中的断路器，向各车间送电。当负荷电流达到一定数值时，投入电容补偿柜，对功率因数进行补偿，此时总开关柜突然跳闸，导致全公司停电。

诊断分析：

1）电容柜通过储能串励电动机进行电动合闸。对控制回路进行检查，发现总柜控制母线上的熔断器熔断了。

2）更换这只熔断器后，再检查有关的电路，没有发现异常情况，于是再次向各车间送电，当再次投入电容柜时，总柜又跳闸了，这使得值班电工非常被动。

3）退出电容柜手车仔细检查，发现柜内的储能串励电动机绕组接地了，但是电容柜控制母线上的 10A 熔断器并没有熔断。熔断的还是上级总柜控制母线上的熔断器，这是为什么呢？

4）这两只熔断器的接线见图 9-15（a）。查看总柜控制母线上的熔断器 FU1，也是 10A 的，与电容柜控制线路上的熔断器 FU2 为同一规格。但是 FU2 接在 FU1 的后面，通过 FU2 的电流仅为 FU1 电流的一部分，即 FU1 所通过的电流大于 FU2 的电流，所以 FU1 先熔断，造成总柜越级跳闸。

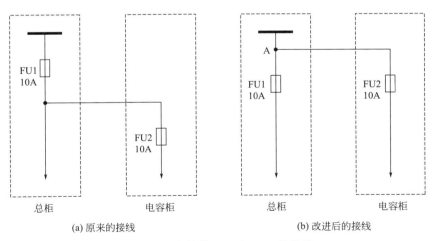

图 9-15　熔断器 FU1 和 FU2 的接线

故障处理：

1）更换电容柜内的储能串励电动机。

2）按图 9-15（b）改接，将熔断器 FU2 接到 A 点。

例 310   控制器出现通信故障

故障设备：永磁无刷电动机，用于某自动控制系统中的执行机构。

控制系统：永磁电动机智能控制器。

故障现象：永磁电动机高速启动后，上位总控系统向控制器发出 150r/min 的减速指令，此时控制器没有任何反应，电动机没有减速，状态信息也不上传。显然，控制器发生了通信故障，不能接收和传输指令。

诊断分析：

1）进行上百次的重复测试，所有测试点观测到的信号完全正常，故障现象没有再次出现，说明这种通信故障具有偶发性，这使得故障的排查相当困难。但是只要故障现象出现一次，就证明隐患的存在，可能导致永磁电动机控制失灵，所以决不能掉以轻心。

2）电磁干扰可能引起偶发性故障，但是在设计时，控制器已经采取了相应的屏蔽、隔离、滤波去耦、地线处理等电磁兼容措施，因而具有较强的抗干扰能力，由此可以排除电磁干扰问题。

3）对与通信有关的程序进行测试和分析，程序中采用一个定时器，按时向总控系统上传状态信息。接收指令设计为中断方式，一旦收到总控系统发出的启动或停机指令，程序立即响应中断，跳入指令处理段。这种控制逻辑简单清晰，编程方面也无懈可击，不会引起通信故障。

4）控制器的印制电路板上绝大多数都是集成电路和表贴器件，引脚细小密集，用光学放大镜对 DSP、RS422 等器件进行详细检查，没有发现元器件不良和引脚虚焊。

5）对与通信有关的集成芯片（包括处理器、隔离器件、收发器），进行声学扫描显微镜检查，发现在 RS422 通信收发器集成电路内部，引线架与塑封界面之间有轻微的分离。这种现象与引脚虚焊相似，有可能导致通信故障。

故障处理：更换收发器集成电路之后，经过长时间的试运行，故障没有再次出现。

经验总结：电子产品的偶发性故障不容易诊断，需要进行耐心细致的排查。

例 311   出现 300504# 报警

故障设备：2SP120 系列高速电主轴，用于驱动某五轴加工中心的主轴。

控制系统：2SP120 系列电主轴驱动控制器。

故障现象：机床通电后，接通主轴使能，主轴可以正常工作。如果再接通某一进给轴的使能，则出现 300504# 报警。

诊断分析：

1）这台加工中心采用 SINUMERIK 840D 数控系统，300504# 报警的内容是 "Axis SP1 drive B measuring circuit error of motor measuring"，即 "SP1 主轴测量回路" 故障。

2）观察故障现象，发现施加使能信号的进给轴越多，越是容易出现 300504# 报警。

3）2SP120 系列电主轴尤其适用于小转矩、高转速的轻金属加工。检查所有电缆的屏蔽和接地，都在完好状态。

4）检查电主轴所用的电气元器件，在电主轴和驱动控制板之间，配用的信号反馈电缆是 6FX8002-2CA31 系列。

5）查阅西门子的相关资料后，得知这种反馈电缆需要配带 C/D Tracks 温度传感信号线，否则需要使用 6FX8002-1AA51 系列适配器，见图 9-16（a）。而在实际连接中，既没有配带 C/D Tracks 信号线，也没有使用适配器。在这种情况下，电动机绕组的端部所寄生的耦合电容，会对相邻的信号线产生干扰。启动的进给轴越多，干扰越严重。干扰信号窜入控制回路，引起系统报警。

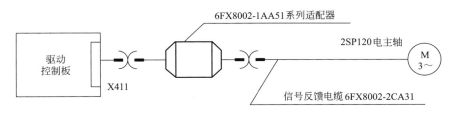

(a) 2CA31反馈电缆 (通过适配器连接)

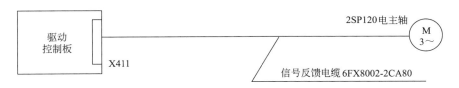

(b) 2CA80反馈电缆 (直接连接)

图 9-16　驱动控制板与 2SP120 电主轴的连接

故障处理：拆去 FX8002-2CA31 反馈电缆，改用 6FX8002-2CA80 系列反馈电缆，后者不需要配带 C/D Tracks 温度传感器信号线，可以直接连接在电主轴和驱动控制板之间，如图 9-16（b）所示。

例 312　变频器出现 4# 报警

故障设备：5.5kW 的高速电主轴，用于驱动某数控内圆磨床的磨削砂轮。

控制系统：佳灵牌 JP6C-Z3B2 型变频器（7.5kW）。

故障现象：电动机和变频器在停用两个月后再开机，电动机不能启动了，变频器的数码显示屏上显示 4# 报警。

诊断分析：

1）在这台变频器中，4# 报警的含义是"电机对地绝缘损坏"。

2）这种变频器是通过同轴插头插座与电动机相连接的，如图 9-17 所示。拔下插头，脱开电动机再试，仍然显示"4"，这说明故障在变频器内部。

3）检查变频器的输出模块，未见有损坏情况。

4）仔细查看同轴插头插座，发现插座内有很多灰尘，圆形插座的相线与外壳之间有烧灼留下的金属毛刺，这说明插座在以前使用时就有绝缘较低、对地放电打火的现象。在停用两个月之后，因受潮使绝缘进一步降低，引起上述故障。

故障处理：将毛刺和灰尘清除干净后，用灯泡把插座烘烤1h，然后再次通电试机，一切都正常了。

经验总结：这种变频器的插头插座安装在变频器的底部，容易受到灰尘和潮气的浸蚀，造成绝缘下降，在春季尤其要

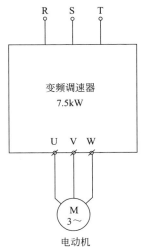

图 9-17　变频器与电动机的连接

注意。

例 313　变频器出现"FL"报警

故障设备：4.5kW 的高速电主轴，用于驱动某全自动磨床中的磨削砂轮。

控制系统：JP6C-Z9 型中频变频器。

故障现象：高速电主轴的转速由变频器调节，变频器工作频率为 400Hz。在加工中变频器突然停机，其控制面板上的 LED 显示器上出现"FL"报警。

诊断分析：

1）在这台变频器中，"FL"报警的内容是"主器件自保护"，它说明主回路中某一元器件不正常。

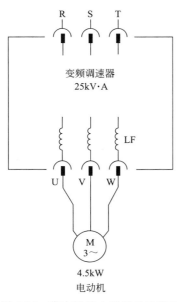

图 9-18　带有滤波电抗器的变频器

2）检查主回路中的主要元器件，发现三相滤波电抗器（安装在变频器底部）中，有一相温度明显高于其他两相。

3）摇测电抗器的对地绝缘，在正常状态，怀疑是绕组匝间短路。

4）用电桥测量、对比三只电抗器的直流电阻，发现温度高的这只电阻较小，这说明绕组匝间确实短路了。

故障处理：在这种情况下，电抗器线圈必须重绕，可是当时生产任务很繁重，又没有替换的变频器，能否暂时取消滤波电抗器呢？分析认为：

1）该滤波电抗器 LF 与电动机绕组串联（见图 9-18），其作用是平滑输出电压和电流的波形。变频器最高工作频率为 1500Hz，而现在使用频率仅为 400Hz，不用电抗器 LF 时波形稍差，但仍可正常工作。

2）这台变频器的额定容量为 25kV·A，可带动 15kW 的电动机，实际电动机为 4.5kW，负载很轻，暂不使用电抗器没有大的影响。

试取消电抗器，经用示波器观察比较，输出电压波形与原来差别很小。实际使用中工作很正常。

例 314　变频器出现"OL"报警（1）

故障设备：5.5kW 的高速电主轴，用于驱动某数控磨床的磨削砂轮。

控制系统：佳灵牌 JP6C-T9 型变频器（7.5kW）。

故障现象：这台电主轴用变频器调节运转速度。一次在正常工作中，变频器控制面板上的 LED 数码显示器，忽然显示出"OL"报警。

诊断分析：

1）在这台变频器中，"OL"报警的含义是"变频器过载"。

2）这台电动机的功率仅为 3kW，而变频器的功率是 7.5kW，从进线电源侧测量工作电流，仅为 3.2A，而变频器的额定电流为 18A，属于轻负载工作。过载报警的整定值为 8A，远远大于工作电流 3.2A，说明远远没有过载。

3) 怀疑变频器的保护误动作，为减轻其干扰，遂将过载报警整定值逐步提高到15A，没想到工作30分钟后仍然显示出 "OL"，并自动停机。

4) 检查变频器有关的运行参数设置情况，Cd05（启动加速时间）、Cd07（转矩提升）、Cd29（启动频率）等都很合适。据此，认为故障原因是变频器内部的过流保护环节误动作。

故障处理：在生产任务繁忙，设备不能长时间停机的情况下，可以临时性地采取一种特殊的处理措施——让过载保护不动作。恰好，这台变频器具备这种功能，只要将功能码Cd08由 "1"（过载时保护动作）更改为 "0"（过载时保护不动作）即可。如此处理后，变频器工作很正常。

例315 变频器出现 "OL" 报警（2）

故障设备：5.5kW的高速电主轴，用于驱动某数控磨床的磨削砂轮。

控制系统：佳灵牌 JP6C-T9 型变频器（7.5kW）。

故障现象：这台电动机由变频器调节运转速度。在运行过程中，电动机突然停机，变频器的数码显示器上出现 "OL" 报警，提示 "变频器过载"。

诊断分析：

1) 查看变频器的过载电流限制值，设定为6A。测量进线侧的稳态电流，仅为1.6A，二者尚有很大的差距，这说明变频器并没有过载。

2) 根据变频器的运行经验，可知在运行电流正常的情况下，如果某些运行参数设置不合理，也会造成过载保护动作。检查运行参数中的Cd07（转矩提升），原来设置在15，这说明原来将转矩提升得太高，而电动机工作于频率较低的30Hz，这导致电动机的反电势过低。为了拖动电动机，变频器需要输出更大的电流，因而引起电流过大而跳闸。

故障处理：将参数Cd07的设置值降低到10，再启动试机，很长时间都没有过载跳闸现象。

经验总结：除上述因素之外，变频器的某些其他运行参数如果设置不当，也会引起过载跳闸，主要如下。

1) 启动频率选得太低。此时变频器输出电压也很低，但二者并非完全成正比关系。有时启动转矩不够大，启动时间较长，超过变频器过载限制值而跳闸。

2) 启动加速时间过短。电动机加速过程中，其转矩必须大大超过负载转矩，才能按设定的加速度提速。若加速时间设定太短，所需的电流就更大，往往引起变频器过载跳闸。

参考文献

[1] 王振臣，齐占床. 机床电气控制技术. 北京：机械工业出版社，2014.

[2] 王兰君，黄海平，邢军. 新电工实用电路 600 例. 北京：电子工业出版社，2015.

[3] 阎伟. 维修电工从业技能深入精通. 北京：人民邮电出版社，2013.

[4] 贾晓兰. 维修电工 500 问. 北京：化学工业出版社，2016.

[5] 胡学明等. 电气设备特殊故障诊断 300 例. 北京：化学工业出版社，2016.

[6] 方大千等. 实用电动机控制线路 326 例. 北京：金盾出版社，2004.

[7] 黄海平，黄鑫. 实用电工电路图集. 北京：科学出版社，2014.

[8] 杨清德. 电工师傅的秘密之精典电路详解. 北京：电子工业出版社，2015.

[9] 咸庆信. 变频器电路维修与故障实例分析. 北京：机械工业出版社，2014.

[10] 蔡杏山. 电动机控制线路. 北京：机械工业出版社，2014.

[11] 吴敏，陈菊华，汤泽容. 电机与电气控制技术. 北京：机械工业出版社，2014.

[12] 辛长平. 维修电工技能实战 400 例. 北京：中国电力出版社，2014.

[13] 方大千，方立等. 继电保护及二次回路实用技术 300 问. 北京：化学工业出版社，2016.

[14] 周希章. 实用电工手册. 北京：金盾出版社，2005.

[15] 杨清德，电工必备手册. 北京：中国电力出版社，2016.

[16] 孙克军. 简明电工手册. 北京：化学工业出版社，2016.

[17] 黄伟. 电工技师手册. 北京：化学工业出版社，2016.

[18] 邱立功，方光辉. 实用电工手册. 长沙：湖南科学技术出版社，2016.